基于 Overlay Network
应用层与网络层协同组播机制研究

王德志　著

吉林科学技术出版社

图书在版编目（CIP）数据

基于 Overlay Network 应用层与网络层协同组播机制
研究 / 王德志著 . -- 长春 : 吉林科学技术出版社,
2020.10（2022.3重印）

ISBN 978-7-5578-7780-4

Ⅰ . ①基… Ⅱ . ①王… Ⅲ . ①互连网络－通信协议
Ⅳ . ① TN915.04

中国版本图书馆 CIP 数据核字（2020）第 199785 号

基于 Overlay Network 应用层与网络层协同组播机制研究

著　　者	王德志
出 版 人	宛　霞
责任编辑	李思言
封面设计	李　宝
制　　版	宝莲洪图
开　　本	16
字　　数	250 千字
印　　张	11.5
版　　次	2021 年 3 月第 1 版
印　　次	2022 年 3 月第 2 次印刷
出　　版	吉林科学技术出版社
发　　行	吉林科学技术出版社
地　　址	长春净月高新区福祉大路 5788 号出版大厦 A 座
邮　　编	130118

发行部电话 / 传真　0431—81629529　　　81629530　　　81629531
　　　　　　　　　　　 81629532　　　81629533　　　81629534

储运部电话　0431—86059116

编辑部电话　0431—81629520

印　　刷	北京宝莲鸿图科技有限公司
书　　号	ISBN 978-7-5578-7780-4
定　　价	75.00 元

前　言

由于现有组播技术的缺陷，导致组播至今未得到广泛的部署和应用。本书利用 Overlay Network 虚拟和自适应的特点，将组播基于 Overlay Network 之上进行研究。提出基于 Overlay Network 应用层与网络层协同组播网络体系结构的逻辑框架，在此基础上对协同组播的相关机制与关键问题进行深入研究。

本书主要内容包括：

（1）针对协同组播 Overlay Network 构造问题，提出组播代理部署问题的贪婪算法 Greedy_MPP 和改进遗传算法 GA_MPP，及虚拟链路选取问题的改进蚁群算法 IACO。

（2）对协同组播机制进行详细描述，利用 Petri 网验证相关机制的正确性和完备性。

（3）针对协同组播域内和域间静态及动态路由问题，提出域内静态克隆算法 MCQCSA 和动态算法 MCQDRA，域间静态算法 DCLSPT 和动态算法 IMDRA；对域间组播树聚集问题，提出组播树聚集匹配算法 ATMA。

（4）针对协同组播拥塞控制问题，提出基于速率的拥塞控制机制，共享拥塞链路消除算法 SCLE，及协同组播树的恢复机制。

（5）针对协同组播安全问题，提出基于认证矩阵的高效组播源认证方案及分层结构的密钥分配方案。

目 录

绪 论

本章首先阐述了组播技术的需求及其本质特征,分析了目前组播技术所面临的问题及发展趋势,对组播技术的研究现状进行了综述,明确了基于 Overlay Network 协同组播技术的研究目标及其关键技术,最后介绍了本书研究的核心思想、主要工作和贡献以及论文的组织结构。

第一节　研究背景及意义

一、网络层组播所面临的问题

在 Internet 成长过程中,新的通信需求不断推动 Internet 技术的发展。在最新的 Internet 上,电子邮件和 FTP 服务对绝大多数用户来说已经足够。而随着 WWW 的兴起,人们已经不再满足于单纯的文字交流,人们希望获得图片等信息含量更高的媒介。随着 Internet 的日益普及,实时音频、视频等多媒体信息的交流迫切需要 Internet 提供更好的服务。当代社会已经进入信息时代,网络技术在飞速发展,由于视频会议、大规模协作计算、为用户群进行软件升级、网络代理、镜像和高速缓存站点等多媒体应用,都依赖于一个主机向多个主机或者从多个主机向多个主机发送同一信息的能力,而在 Internet 上发布信息的主机的数目可能达到数十万台,发送信息需要更高的带宽,并且大大地超出了单播的能力,因而一种能最大限度地利用现有带宽的有力技术——IP 组播(网络层组播)技术发展起来。

网络层组播是一个开放的模型,用户可通过 IGMP 组管理协议加入某个组播组,由组播路由协议来生成和维护组播生成树。相应的路由协议包括用于自治系统内的 DVMRP, MOSPF, PIM-DM, PIM-SM, CBT, OCBT 等和用于域间组播路由的 MSDP 和 MBGP 等。

虽然网络层组播具有高效性的特点,但自其提出到现在已经有十多年了,却仍然没有得到广泛的应用,总结起来,其主要困难是:

(1)网络层组播需要路由器维护每组会话的状态,这违背了 Internet 无状态体系结构的结构原则,也给 IP 层带来了新的复杂性,使其可扩展性受到限制。

(2)网络层组播模型允许任意源向任意组发送数据,易受恶意网络攻击,使网络管理和监控变得更为复杂。

(3)网络层组播的每个组需要从组播地址空间中动态获得一个全局唯一的地址,这种编址方式要实现可扩展的、分布的、一致的寻址将会十分困难。

(4)网络层组播是尽力服务,要像单播那样向上层提供可靠、拥塞控制、流量控制、安全保障等功能将会非常困难。

(5)网络层组播需要对网络基础设施进行全网范围的改造,这阻碍了网络层组播的大范围部署的步伐。

二、应用层组播的提出及其特点

组播作为 Internet 上的重要通信方式,面对网络层组播所遇到的各种困境,一些研究者开始反思网络层组播体系结构自身的问题。近年来研究人员开始重新考虑 Internet 的路由机制,重新考虑网络层是否实现组播功能最合适的层次,提出了将复杂的组播功能放在端系统实现的新思想,即组播作为一种叠加业务由 Internet 端系统实现,无需网络层路由器提供组播功能的支持；成员主机之间建立一个叠加在 IP 网络之上的、实现组播业务逻辑的功能性覆盖网络（Overlay Network），并自行建立组播转发拓扑结构。数据路由、复制、转发功能都由成员主机完成。由此，组播路由离开了网络层，组播路由计算也不再由路由器实现，这便是应用层组播（Application Layer Multicast）的概念。

应用层组播有许多优点：

（1）应用层组播能够很快部署应用，不需要改变现有的网络路由器。

（2）接入控制更容易实现，由于单播技术比较成熟，而应用层组播是通过终端系统之间单播来实现的，所以差错控制、流量控制、拥塞控制容易实现。

（3）地址分配问题也有相应的解决方案。

但应用层组播也有自身的缺点：

（1）终端系统的可靠性比路由器差。

（2）网络底层路由信息对应用层组播来说是透明的，所以可扩展性受限。

（3）延迟比较大，网络层组播主要是链路上的延迟，而应用层组播没有很好利用网络本身的拓扑结构，因而延迟相对要更大。

（4）传输效率不如网络层组播。应用层组播在数据传输过程中会产生数据冗余，效率比网络层组播差。

三、应用层与网络层协同组播的提出及意义

根据上文对网络层组播和应用层组播的特点论述可知，两种组播技术虽然都各有特点，但又由于自身缺陷的限制，而没有得到很好的发展。目前，具有组播功能的路由器已经分布在实际网络中，而且在现有的 Internet 网络上已经具有一定的比例，如 MBone 等。但是这些具有网络层组播功能的区域之间，或与无网络层组播功能的区域之间不能够互相通信或通信技术相当复杂，已不适应当前网络组播应用发展的需求，如何利用已有的网络层组播功能和新兴的应用层组播技术合作来实现全网组播通信的目的，从而能够实现组播在大范围的应用是一个急待研究和解决的问题。

因此，在当前的应用层组播的研究中，已经开始考虑利用网络层提供的网络拓扑结构信息，从而利用网络层组播的高效性与应用层组播的灵活性来实现更加合理的组播方案，实现更为便捷、可靠的组播应用，但目前还缺乏完善的机制，不能将两者很好地结合。在此基础上，本课题组提出基于 Overlay Network 应用层与网络层协同组播的概念，将应用层组播的灵活性和网络层组播的高效性合理地结合起来使其协同工作，并对协同组播的各种关键技术进行了深入的研究，以期达到组播的大范围部署与应用。

本课题的研究意义在于，组播技术现在还处于研究发展期间，还没有得到广泛的应用，不论是网络层组播还是应用层组播都因为自身所固有的缺点或不足之处而没有得到广泛的部署和应用。但是，随着互联网技术的快速发展，网络带宽的不断增加，尤其是以多媒体技术为代表的网络应用的不断发展，例如视频、音频会议，视频点播等等，都迫切需要组播技术的支持。组播技术虽然已经出现了一段时间，但这仅仅是组播时代的开始，可以肯定组播是从 www 技术推广后出现的最重要的网络技术之一。随着骨干网带宽的增加，因特网视/音频的广泛应用成为可能。随着小区网络中视/音频应用的不断丰富，以及种种依赖于组播技术才能实现的应用的出现，越来越多的设备供应商在其产品中增加了对组播技术的支持，但现有的组播技术，包括网络层和应用层组播技术在内都不能够很好地满足这些要求，因此提

出一种新的组播技术，结合网络层组播和应用层组播两者的优势，实现全网的组播服务的部署，达到组播快速部署和高效转发数据的目的是具有重要理论与实用意义的，必然将对我国社会和经济的发展、科学研究、以及人们的生活和工作方式产生重要的影响。

第二节　组播技术的研究现状

一、网络层组播的研究现状

网络层组播模型是由 Steve Deering 于 1989 年首先提出的。网络层组播功能是在网络层即 IP 层实现的。在网络层组播体系结构中，IP 层路由器采用相关路由分布式算法构造数据转发树。当组播分组沿着转发树进行转发时，在树的分支节点处，由组播路由器实现对组播数据的复制转发。第一个 Internet 组播模型称为主机组（Host Group）模型，在此模型中，加入同一个组播会话的主机组成一个组播组，由 D 类 IP 地址标记，相应的 Internet 组管理协议 IGMPv1 用来完成组成员的管理功能，1997 年又发布了 IGMPv2。

当前，组播路由协议研究主要集中在以下三个基本类型：密集模式协议、稀疏模式协议和链路状态协议。其中密集模式协议（如 DVMRP, PIM-DM 等），假定每个子网都存在接收者，组播信息在开始时扩散到所有的网络站点。它的优点是对于接收者较多且集中的网络，效率较高。稀疏模式协议（如 PIM-SM, CBT 等），假定在子网中都没有组播信息的接收者，缺省不向网络中转发组播信息。接受者通过一个显式的加入机制来申请加入到组播组中。链路状态协议（如 MOSPF 等）与密集模式协议具有相似性，使用 SPT（Shortest Path Trees），向网络中组播源主机发送组播信息流。但是，链路状态协议不使用密集模式的扩散和剪枝机制，而是扩散特殊的链路状态信息。这些信息可随时随地识别网络组成员（也就是接收站点）。组播路由器利用本组成员的链路状态信息来建立从源到所有接收站点的最短路径树，使所有组成员加入到组播组中。

在网络层组播体系结构中，路由器构造的数据转发树称为 Steiner 树。求解 Steiner 树是 NPC 问题，研究人员已提出许多数据转发树求解算法，并试图通过对多目标约束 Steiner 树问题的研究，以提供对组播 QoS 的保证。目前组播路由算法主要分为静态和动态路由算法。静态路由算法是针对初始组播成员建立的组播树，它不能根据实际情况而改变路由，只能按照开始时设计的路由传输信息。目前静态路由算法方面的文章很多，但在实际的网络中存在很多的动态因素，例如网络拓扑结构的变化、组成员的加入和退出、网络状态信息的改变等，所以动态的组播路由算法就是根据此情况提出来的。目前对组播树动态组播路由的研究已渐成热点。相关研究成果中关于约束 Steiner 树算法的有 BSMA 算法、KPP 启发式算法、Haberman 算法、kompella 分布式算法、Jia 分布式算法等，关于动态路由算法 M.IMASE、R.Sriram、F.bauer 等都已经取得了一定的研究成果。

为了使具有网络层组播功能的自治区域之间以及与无网络层组播功能的自治区域之间通信，把它们连通起来，共同实现大范围组播的应用，科研人员也进行了深入的科学研究。其中 MBone 采用 IP-in-IP 隧道的方法连通各个组播自治区域，这意味着 MBone 需要组播路由器系统的支持，更进一步，建立组播自治区域之间的通道需要在路由器上手动配置和管理，这些因素使广范围地提供网络层组播服务变得代价极大，不利于网络层组播的扩展。UMTP 和 MTunnel 采用 UDP 隧道技术，它们不需要特殊授权管理，采用 UDP 通道之间能够转发 IP 层组播数据包。UMTP 采用 SSM（Source-Specific Multicast）路由方法建立通道发送数据。

AMT 通过专门的服务器和 IGMP 来建立隧道，它仅支持 SSM 数据。 Castgate 采用类似 DNS 的分级数据库来支持 MBone 通道的管理。但是，这些方法只能够支持建立静态的通道，它们都不支持动态、自组织的通道的建立，而且它们都需要路由器或者特殊服务器的支持，不利于大范围的组播服务部署。

目前，IETF 对域间组播技术的应用和评测正在加紧进行。解决域间组播问题的方案可以分为近期方案和长远方案两类。近期方案包括三个部分：单播域间路由协议 BGP 的扩展 MBGP（Multiprotocol Border Gateway Protocol），组播源发现协议 MSDP（Multicast Source Discovery Protocol），协议无关组播稀疏模式 PIM-SM。这些方案建立在现有协议基础上，是一个可行的解决方案，并且已经有了成功的应用。但是这种解决方案还存在一些不足：比较复杂、可扩展性较差。MSDP 在组动态变化频繁的情况下的加入时延问题和突发源问题以及可扩展性问题都需要进一步的研究。解决域间组播的长远方案有两种努力方向：基于现存的 IP 组播标准的方案和改变现有模型试图简化问题的方案。MASC/BGMP 策略继续维持了传统 IP 组播模型。为了克服此方案的复杂性以及满足安全性和计费等需求，一些新方案被提交讨论。EXPRESS （Explicitly Requested Single Source multicast）协议和 Simple Multicast 是两个早期的 RAMA （Root Address Multicast Architecture）方案。特定源组播协议 SSM （Source Specific Multicast）是在 EXPRESS 协议的基础上发展起来的，是目前最受关注的组播路由协议。SSM 协议最突出的优点就是将发现组播源的工作从网络中剔除出去，类似 MSDP 协议完成的工作已经不再需要了。2000 年以来，RAMA 型的组播协议越来越受到关注，尤其是 PIM+SSM 的研究前景十分看好。

二、应用层组播的研究现状

应用层组播协议通常按照两个拓扑结构，即控制拓扑和数据拓扑来组织组播组成员。控制拓扑中的组成员周期性地交互刷新消息以互相标识身份并从节点失效中恢复。而数据拓扑通常是控制拓扑的子集，它用于标识组播转发时使用的数据路径。一般来说，数据拓扑是一棵树，而控制拓扑则具有更一般的结构。因此在许多协议中，控制拓扑称为网（mesh），而数据拓扑称为树。根据构造控制拓扑和数据拓扑的顺序，可以把应用层组播协议分为基于 Mesh 网的策略、基于树的策略和基于隐含组播转发拓扑结构的策略。Narada 模型是最早（2000 年）提出的应用层组播协议之一。它是基于 mesh 网的应用层组播策略，可较好地支持多个数据流组播应用，适用于中小规模的交互式会议。类似的应用层组播协议还有 Scattercast、Kudos 等。基于树的应用层组播协议 Yoid，其数据转发树不依赖于所创建的 mesh 的质量。Yoid 提出一系列的协议用于实现完整的组播体系结构，包括认证协议、传输协议和树构造协议等。ALMI 采用了集中式的策略来保证组播树的一致性和效率，类似的基于树的应用层组播协议还有 Host Multicast、Switch−trees、Overcast 等。近些年，研究人员又提出了基于隐含组播树转发拓扑结构策略的应用层组播协议，代表性的是 NICE，可支持低带宽要求、有大量接收者的组播应用，具有可扩展、低延迟和错误恢复能力，控制负载相对也较低，类似还有 Delaunay Triangulations、CAN-Multicast 等。而 Scribe 和 Bayeux 则分别基于对等网络中 Pastry 和 Tapestry 查找机制的应用层组播协议。但是，应用层组播是否能和网络层组播很好结合，并向用户提供更好的服务，仍是未解决的问题。

目前，在应用层组播的研究中，有研究者已经开始考虑利用网络层提供的网络拓扑结构信息，构造更加合理、高效的应用层组播树，从而实现更为便捷、高效、可靠的组播应用。Minseok Kwon 提出一种对底层网络拓扑敏感的组播树构造算法 TAG，利用网络层的拓扑结构信息构造更高效的组播转发树，Host Multicast 试图利用 IP 层路由信息对应用层组播的路由进行优化。但是，这些方法都没有很好地协调应用层组播与网络层组播的关系，不能将两者很好地结合起来，共同实现全网组播的目的；它们没有提出基于应用层与网络层协同组播路由的概念、模型、机制和形式化描述方法，缺少这方面的研究。

本课题组已经开始这个方面的研究工作，从网络体系结构的角度考虑构造一种新的组播体系结构，刘克俭博士前期已经开展了一些工作，提出基于 Overlay 的层间协同组播（Inter-layer Cooperation Multicast ICM）的概念模型。ICM 在构造 Overlay 网络时采用组播路由器和部分应用层组播节点协同构造覆盖网，以网络层路由器信息为基础、网络层节点为主干、自下而上的层间协同组播的思想和理论框架。但是在 Overlay 网络的构造方法上，以及域间协同组播等方面需要进一步研究。本课题将从构造覆盖网入手，提出新的构造方法，以覆盖网为基础提出一种新的应用层与网络层协同组播机制，以解决上述方案的不足之处。

三、当前组播技术的研究热点

QoS 路由是组播需要解决的问题之一，目前所提出的组播方案大多只能提供尽力发送的服务。对于组播服务来说，用户在时延和稳定性方面需要达到一定要求；而对于网络系统而言，需要保证整个网络带宽的利用率，减少构造组播树的代价。如何为不同的组播组提供不同服务质量要求的服务则是当前需要进一步研究的问题。

动态性是组播的一个特点，即组成员可以随时加入和离开组播组。当组播树建立以后，组成员地动态变化会使已经建立的组播树性能下降。如何改善组播组动态变化后的组播树性能是一个需要解决的问题。这个问题在数学上被称为动态 Steiner 树问题。目前所提出的解决方法中，未能做到完全的健壮有效，因此组播的动态性需要进一步研究。

可靠组播研究取得了很多进展，但还有很多问题尚待进一步研究。分级机制在 NCK 聚合和本地恢复方案中被广泛使用，如何能随网络拓扑、接收者数目和接收能力地变化自动调节网络层次，避免由于网络层次变化而引起路由计算的不稳定都是需要解决的问题。

应用层组播由于没有网络层的支持，因此在延迟性能方面和网络层组播相比有一定的差距，而且由于分组重复传送等原因，应用层组播会给网络层增加一定的负担，这些都是应用层组播需要进一步研究解决的问题。

基于对等网络的应用层组播方案具有良好的可扩展性，是目前应用层组播研究的一个方向。但是目前还很难建立比较理想的反映底层物理网络拓扑结构的覆盖网络。如何在基于应用层组播路由机制的基础上，结合网络拓扑结构信息，是目前应用层组播研究的另一个热点。

任何一个需要在 Internet 上推广的应用服务都必须解决安全问题，组播也不例外。组播应用由于参加者众多，网络条件各不相同，因此安全问题是组播应用研究中的难点。目前虽然有一些安全解决方案，但是大多是面向网络层组播的，大规模应用层组播安全策略，仍然是一个有待研究解决的问题。

组播拥塞控制作为实现可靠组播的关键性技术也是一个研究难点，单独的某种组播拥塞协议不可能满足所有应用的需求，必须针对不同的应用设计不同的协议。只有提供可靠的拥塞控制方案才能保证组播技术得到扩展。

由于网络层组播和应用层组播理论模型所存在的缺陷，组播服务至今不能在全网得以实施。目前，许多研究已经开始考虑把应用层组播和网络层组播结合，充分利用网络层组播的高效和应用层组播的灵活，向用户提供更为现实的组播服务。

第三节　本书研究的出发点及核心思想

根据上文对网络层和应用层组播模型所存在的优缺点的讨论，本书从组播网络体系结构研究入手，深入研究组播机制，综合应用层组播和网络层组播的优点，充分发挥应用层组播易于部署和网络层组播转发高效的优势，提出通过覆盖网（Overlay Network）技术来实现应用层与网络层协同完成组播功能，并以此向全网提供协同组播服务的思想。

Overlay Network 是建立在一个或者多个已经存在的物理网络之上的虚拟网络，无需物理构造而只需逻辑融合，就可以对基础网络提供所需的服务。本书利用 Overlay Network 网络技术，提出基于 Overlay Network 应用层与网络层协同组播的方案，其基本思想是：组播应用的源端和目的端必为应用层节点；在加入组播组的应用层节点间，通过部署一定的组播代理服务节点，构造一个基于 Overlay 网络可综合利用网络层组播资源和应用层组播资源的逻辑拓扑结构；在 Overlay 网络中，为保证组播应用的效率和稳定性，最大限度地合理利用网络层组播功能节点和其间的组播链路；为提高组播应用的灵活性，尽可能合理利用应用层组播资源；为保证转发拓扑的费用最优，应合理利用网络层拓扑信息。

其中，协同覆盖网的构造是协同组播的基础部分，通过合理构造的协同组播覆盖网，在其上构造协同组播树，并以此协同覆盖网为基础，向用户提供组播服务，综合网络层组播的高效性和应用层组播的灵活性，以期达到高效、可靠、可扩展和易于部署的协同组播服务向全网实施的目的。这是本书进行研究的出发点，也是本书的思想核心。

本书在深入研究 Overlay Network 和组播技术的基础上，综合应用层组播和网络层组播的优点，充分发挥应用层组播易于部署和网络层组播转发高效的优势，将 Overlay Network 技术融入到协同组播技术中，提出一种基于 Overlay Network 应用层与网络层协同组播的网络体系结构，研究并解决了其中的部分关键技术。主要工作存在于以下几个方面：

第一，对已有的组播技术进行了较全面的分析和综述。

本论文的主要工作之一是提出一种新的协同组播网络体系结构。因此，本书首先对已有的组播技术进行了深入的分析和较详尽的综述。

第二，提出基于 Overlay Network 应用层与网络层协同组播的网络体系结构。

在深入分析传统组播技术所存在问题的基础上，本书提出了基于 Overlay Network 的协同组播概念和体系结构的逻辑框架，定义了各组成部分的功能以及相互关系。确定在此框架基础下，协同组播需要研究的若干关键性问题。并对协同组播模型进行了形式化描述，在此基础上对协同组播机制的正确性和完备性进行了证明。

第三，研究了协同组播 Overlay Network 的构造问题。

协同组播 Overlay Network 的构造是协同组播研究的基础性问题之一。本书根据协同组播的特点，提出通过在网络中部署组播代理服务节点，并由组播代理节点、组播端用户和组播路由器来共同构造协同组播 Overlay Network 的思想。针对组播代理节点部署问题 MPP，提出相应的求解 MPP 问题的贪婪算法 Greedy_MPP 和改进遗传算法 GA_MPP 算法；针对协同组播 Overlay Network 虚拟链路选取问题 ONSLS，提出求解此问题的改进蚁群算法 IACO。

第四，研究了协同组播的路由问题。

根据协同组播的网络体系结构，分别对协同组播的域内和域间路由问题进行了深入研究。首先，从研究协同组播域内静态路由问题入手，针对域内协同组播的多约束 QoS 路由问题进行形式化描述，并提出求解此问题的静态克隆算法 MCQCSA。然后，针对协同组播域内动态 QoS 路由问题，提出相应的动态算法 MCQDRA，并证明了算法的有效性。对于域间协同组播也从静态路由入手，提出带度约束的最小时延路由问题的启发式低代价路由算法 DCLSP。然后，针对域间路由动态特性，提出动态算法 IMDRA。最后，针对协同组播域间路由的组播树聚集问题，提出了域间组播树聚集匹配算法 ATMA。

第五，研究了协同组播的拥塞控制问题。

针对协同组播的特点，分别从"拥塞避免"和"拥塞恢复"方面进行了研究。提出一种利用现代控制理论原理，基于速率的拥塞控制机制，从而使组播系统流量稳定，避免在组播网络节点产生拥塞。针对协同组播网络中端用户节点由于利用应用层组播而产生的共享链路拥塞问题，提出一种共享拥塞链路消除算法 SCLE。最后，针对协同组播由于组播端用户节点失效而导致的组播树分裂问题，提出协同组播树的恢复机制和满足时延要求的组播树分裂恢复算法 MTDR。

第六，研究了协同组播的基本安全问题。

针对协同组播的基本安全问题，分别从组播源的认证和密钥的分配方案入手，研究了协同组播的安全问题。提出基于认证矩阵的高效的组播源认证方案，以解决组播通信数据包丢失对源认证的影响。利用协同组播树拓扑结构特点，提出基于分层结构的密钥分配方案，解决协同组播的动态安全性问题。

本书的主要贡献在于以下几个方面：

（1）提出了基于 Overlay Network 应用层与网络层协同组播的概念和体系结构，并对模型进行形式化描述，及协同组播机制的正确性和完备性的证明；对协同组播 Overlay Network 构造问题，提出覆盖网组播代理部署问题和虚拟链路选取问题模型及其相关算法。

（2）研究了协同组播的路由问题，提出了协同组播域内和域间路由问题模型及其相关静态和动态算法，及域间组播树聚集匹配算法。

（3）研究了协同组播的拥塞控制问题，提出了基于速率的拥塞控制机制及协同组播共享拥塞链路消除算法和基于时延约束的组播树分裂恢复模型及算法。

第一章　覆盖网络概述

第一节　覆盖网络产生的背景

一、互联网的设计缺陷

互联网的普及和发展改变了人们的生活和生产方式。随着宽带、无线、移动通信等通信技术的发展，互联网应用类型和应用领域进一步拓展，网络规模和用户数量呈膨胀趋势。根据《2016 中国互联网发展状况最新统计报告》，截至 2015 年 12 月，中国网民规模达 6.88 亿，互联网普及率为 50.3%;预计 2020 年网民规模将达到 11 亿，互联网普及率将达到 85%。互联网规模和用户数量持续增加的同时，互联网应用更加丰富，逐渐被应用到金融、商贸、公共服务、社会管理、新闻出版、广播影视等经济社会生活的各个领域，为经济、政治和社会文化等方面都带来了极大的变化，也直接影响了整个社会的信息化过程。此外，互联网应用形式层出不穷：社交网络（Facebook 和新浪微博）、搜索引擎（Google 和百度）、电商平台（阿里巴巴和京东商城新型应用不断涌现，如物联网、云计算、大数据分析等。2015 年 3 月，在第十二届全国人民代表大会第三次会议上，李克强总理提出了"互联网+"行动计划，这更为国内互联网行业注入新的发展动力。

随着互联网规模及应用的增加，原先主要面向科学研究设计的 TCP/IP 体系架构已经难以满足社会经济发展的需求，暴露出各种各样的弊端，无论服务质量、路由故障恢复、可扩展性和可管理性，还是商业模式都存在问题，严重影响了互联网的进一步发展，具体表现如下。

1.服务质量难以保障

互联网服务质量（Quality of Service，QoS）问题由来已久，新型应用对 QoS（如时延、带宽的要求）的要求越来越高，这与互联网采用"端到端"的层次化体系结构设计思想存在一定的矛盾。现有互联网从功能上划分为通信子网和资源子网。通信子网采用无连接的数据传输方式，提供"尽力而为"的服务。资源子网（即端系统本身）对服务质量的影响较大。这导致在传输过程中，端系统无法对传输节点进行合理的管控，服务质量难以保障。虽然在 IP 层设计了 IntServ（Integrated Services）、DiffSev（Different Services）和 MPLS（Multiple Protocols Label Switching）机制，但这需要传输路径上的大量网络元素（如路由器）协同配合，不仅需要通信子网的节点支持这一服务，同时增加了互联网的复杂性，影响了传输的效率。

2.路由优化与故障恢复效率低下

现有互联网体系结构采用"漏斗"模型，通过 IP 协议将业务与承载分离，达到快速传输数据的能力。然而，根据 OSPF 和 BGP 协议原理，当物理链路出现故障时，OSPF 和 BGP 需要重新计算路由，由于其收敛速度慢，导致故障链路恢复时间长，需要花几十秒，甚至数分钟时间。在此期间，可能存在数据包的丢失问题。另一方面，由于各 ISP 之间的商业化运营，AS（Autonomous System）间的路由协议 BGP 的路由策略在很大程度上反映了 ISP 之间的商业利益关系，AS 间数据包的传输并非完全遵循最短路径协议，这使得路由优化变得复杂。

3.可扩展性差

这里的可扩展性指的是互联网传送能力的可扩展性和路由器容量的可扩展性。随着网络规模的不断增加和域间路由的日益复杂，互联网主干部分 BGP 路由表急剧膨胀，这增加了路由计算和维护的代价。虽然 IPv6 以 128 位的地址空间弥补 IPv4 空间不足的问题，但 IPv6 仍采用现行的路由机制，路由表极度膨胀导致路由更新代价大幅增加的问题严重影响互联网的可扩展性。另一方面，虽然无类域间路由 CIDR 和网络地址转换 NAT 技术的使用扩展了网络地址空间，但这些措施导致子网数目增多以及带宽资源利用率不平衡等问题，造成路由过于集中，并进一步引发网络拥塞，使得数据传输效率下降。

二、下一代互联网设计思路

针对上述问题，目前对互联网的改进主要有"改良式""革命式"和"整合式"三种思路。

1."改良式"思路

"改良式"即演进式（Incremental）思想，其特点可以形象地比喻成"打补丁"，具体来说是针对 IP 在路由效率、QoS 保障、移动性支持、地址空间等方面存在的问题，分别进行优化改进。主要研究计划包括美国的 NGI、Internet2，欧盟的 Ambient 和 GTRN，日本的 APAN，中国的 CNGI 等。总的来说，演进式方案通过"打补丁"的方法，对现有互联网体系结构以及网络运行体制进行相应的修改与增补。例如，为高效路由而设计的多协议标签交换协议（Multi-Protocol Label Switching, MPLS），为 IP 地址不足而设计的 IPv6，为解决用户移动性而提出的 Mobile IP，为解决 QoS 问题设计的 DiffServ 和 RSVP，为安全性设计的 IPSec 等。上述方法都是对现有的 IP 协议进行相应的修补与增改，属于烟囱式、拼盘式设计和改进，既进一步加剧了网络本身的复杂性，也使得网络的全局优化更加艰难，不足以支持互联网的进一步发展，没有改变互联网的协议、组网结构缺乏反馈和自适应的本质。虽然十多年前 IPv6 被选择作为下一代互联网（NGI）协议，但目前的 IPv6 继续沿用了 IPv4 的体系架构，难以给互联网的发展带来革命性的影响。因此，这种演进式和向后兼容的设计理念只能对 TCP/IP 进行"头痛医头、脚痛医脚"的局部优化，难以在互联网上得到全面有效的利用，更无法从根本上解决互联网面临的问题，且增加了 IP 层的复杂性，违背 TCP/IP 协议设计初衷。

2."革命式"思路

"革命式"思想，即"从零开始"（Clean-Slate）研究并设计下一代互联网，也称为"后 IP 时代"互联网。该路线就是要彻底摒弃原有 TCP/IP 的束缚，采取推倒重来的方法重新设计未来互联网。通过对体系架构及相关网络运行、管理机制的重新设计，把互联网打造为集"计算""通信"以及"存储"为一体的未来信息服务平台，彻底解决可扩展性、安全性等问题。摆脱传统设计理念的束缚，以跨学科的思想及科学研究与工程创新相结合的方法开展下一代互联网（即未来互联网，Future Internet）的研究，可以满足社会经济等多维度的需求。构建全新的具有强鲁棒性、高自适应性、支持移动性、安全和可控可管的下一代互联网体系，推动互联网经济的健康可持续发展。

对于"革命式"路线的研究，国外已启动多个项目，主要包括美国的全球网络创新环境（Global Environment for Network Innovations，GENI）、未来互联网设计（Future Internet Design，FIND）、未来互联网科学基础（Scientific Foundations for Internet's Next Generation，SING）等；欧盟的未来互联网研究与试验（Future Internet Research and

Experimentation， FIRE）；日本的未来网络架构设计（Architecture Design Project for NewGeneration Network，ADPNGN）。

在这方面，我国政府及相关科研机构也进行了大量研究，并得到了相关政策和资金的支持，如国家自然科学基金、国家重点基础研究发展（"973"）计划、国家高技术研究发展（"863"）计划、国家科技支撑计划、中国下一代互联网（CNGI）项目等。近年来，"973"计划支持的有关未来网络体系结构的项目有一体化可信网络与普适服务体系基础研究（2007CB307100）、可测可控可管的 IP 网络的基础研究（2007CB310700）、新一代互联网体系结构和协议基础研究（2009CB320500）、面向服务的未来互联网体系结构与机制研究（2012CB315800）、可重构信息通信基础网络体系研究（2012CB315900）、智慧协同网络理论基础研究（2013CB329100）等。其中，由中国工程院刘韵洁院士担任首席科学家的"面向服务的未来互联网体系结构与机制研究"项目，提出全新的面向服务的未来互联网体系结构 SOFIA，以服务标识为核心进行路由，是一种支持"革命式"思路的未来互联网体系结构；由北京交通大学张宏科教授负责的"智慧协同网络理论基础研究"创建了全新的智慧协同网络"三层、两域"体系架构的理论与机制，研究解决资源的动态适配、智慧映射机理和网络复杂行为的博弈决策理论等科学问题。

经过多年的研究，"革命式"研究已取得了一些研究成果，其中最具有代表性的是施乐公司的帕洛阿托研究中心（PARO 的 VanJacobson 等人提出的内容中心网络 CCN（Content Centric Networking）以及由美国 GENI 项目资助的斯坦福大学 Clean Slate 研究组提出的软件定义网络 SDN（Software Defined Network）。

CCN 来源于 2010 年美国 NSF 资助的 4 个未来互联网体系结构（Future Internet Architecture，FIA）研究项目之一的"命名数据网络"（Named Data Networking，NDN）。CCN 也属于信息中心网络（Information Centric Networking，ICN）范畴，即以内容为中心，而不是以传统互联网的 IP 为中心。CCN 保持沙漏模型，通过对内容进行命名标识，以命名标识识别内容，取代传统互联网以 IP 地址识别主机的方式。CCN 网络弱化位置信息，用户请求的内容与位置无关，采用名字路由，通过路由器来缓存内容，从而使数据传输更快，并能提高内容的检索效率。

SDN 的设计理念是将网络的控制平面与数据转发平面进行分离，并实现可编程化控制。SDN 的典型架构共分三层，最上层为应用层，包括各种不同的业务和应用；中间为控制层，属于控制平面，主要负责处理数据平面资源的编排，维护网络拓扑、状态信息等；最底层为基础设施层，属于数据平面，负责基于流表的数据处理、转发和状态收集。其中控制平面与数据平面之间的接口，称为控制数据平面接口，即南向接口，主要功能是流表的下发以及拓扑数据收集等，其核心技术是 OpenFlow。而应用层与控制层之间的接口服务于用户，是北向接口，目前没有统一的标准。

现有网络中，用于决策和管理的控制平面与负责数据转发的数据平面紧耦合在每个网络设备中（如路由器、交换机）。而在 SDN 网络中，网络设备只负责单纯的数据转发，可以采用通用的硬件；而原来负责控制的操作系统将提炼为独立的网络操作系统，负责对不同业务特性进行适配网络操作系统一方面抽象了底层网络设备的具体细节，同时还为上层应用提供了统一的管理视图和编程接口。总结起来，SDN 本质上具有"控制和转发分离""资源的集中管理与控制"和"通用硬件及软件可编程"三大特点。

虽然"革命式"思想超前，提出了对互联网现有的体系结构进行重新设计，但是，由于现在基于 IP 互联网的广泛部署，采用"革命式"的方案对互联网进行彻底革新还需要一个漫长的过程。

3."整合式"思路

"整合式"思路是一种介于"改良式"和"革命式"之间的折中方案，即对于现有互联网需要迫切解决的各种问题，寻求一个系统性、大范围、整体性的修补。"整合式"线路采用覆盖网改造现有互联网。覆盖网也称为层叠网，或叠加网络，其本意是指建立在另一个网络上的网络。在互联网领域，覆盖网是指叠加在互联网 IP 层之上，应用层之下增加一个"中间层"，为上层业务和应用提供针对性的服务。覆盖网络不需要大规模改变现有网络架构就能提供更为可靠、容错性更好的服务；也不抵制用户的创新，只对已有的应用和业务进行适当管理和控制，是对现有互联网体系架构的"系统性"修补。使用覆盖网络技术，即使网络层出错误，如链路断裂或拥塞，应用系统也可以凭借覆盖网络快速找到替代路由，并且可以根据应用服务对 QoS 的不同要求寻找相应的最优路径。

第二节　覆盖网络的本质

一、覆盖网络体系结构

覆盖网是构筑在已有的互联网基础之上，通过选择并合理连接节点构建一层新的网络，提供类似基础设施所提供的基础性服务，如路由、组播、内容分发等。覆盖网是一种逻辑网络，其节点由连接在互联网的部分终端节点或应用类服务器组成，具有数据转发、处理和存储等功能，节点间通过虚拟逻辑链路连接起来，一条覆盖网链路对应一条或多条物理链路。覆盖网络探测底层物理网络的链路状态信息，并根据自己的策略为覆盖网络中的数据流计算路由，然后将数据流的转发路径发送给底层物理网络，由底层物理网络按照指定的路径进行传输。覆盖网络上的路由是应用层的路由机制，独立于网络层的路由机制，比网络层路由反应快。例如，当底层物理网络路径出现故障时，可以通过覆盖网络快速找到替代路径，极大地减少了故障恢复的时间。

覆盖网络是一种面向服务的网络，由服务提供商们（Service Providers）根据用户的需求，在一个物理网络上创建多个独立的覆盖网络，定义各自的虚拟拓扑图，来完成一些特定应用或用户群体的特殊需求，覆盖网络克服了传统网络路由的功能局限性，帮助改进了现有互联网的路由性能，满足了新型业务的特定需求。例如，提供满足用户 QoS 需求的网络传输服务；实现快速故障恢复，帮助提高网络可靠性；以及提供网络内容分发和多播服务等。

二、覆盖网络的缺陷

虽然覆盖网络可以帮助改进现有互联网的网络性能，但是也会带来一些新的问题，概括如下。

1.过度依赖终端节点

首先，虽然终端主机节点的性能和存储容量在不断提升，但它对数据包的处理和转发的能力低于路由器。已有的覆盖网研究成果在构建覆盖网拓扑时，其节点依赖于参与服务的终端主机节点。然而，大量研究表明，物理网络中的部分节点频繁出现在 IP 层最短路由路径中，对于最优路径的选择起着关键的作用。如果在构建覆盖网络拓扑时，忽略这些节点，必然增加覆盖网络数据传输的时延。其次，终端节点的稳定性有别于路由器。完全由终端节点组成的覆盖网拓扑，探测节点间的连通性和维护拓扑的稳定性所付出的代价大幅度增加。

2.覆盖路由完全独立于 IP 路由，传输效率低下

由于在选择覆盖节点、构建覆盖网络拓扑时，没有充分考虑互联网基础设施的影响，仅根据覆盖网本身的路由算法，计算路由路径，可能导致较大的时延开销。互联网基础设施（Internet Infrastructure）通常指为了实现互联网应用所需的硬件和软件的集合，包括通信设备（终端主机、路由器和交换机等）和通信协议。另一方面，根据不同的终端用户的需求而建立起来的不同的覆盖网络，可能共享一条或多条物理链路。这些共享的物理链路一旦发生故障，将直接影响多个覆盖网络业务的正常运行。

3.过度依赖应用层实现

由于在同一物理网络上可以根据用户的不同需求，构建多个独立的覆盖网络，而大多数覆盖网络在构建之初，仅考虑服务于某个具体的业务需求，而忽略了通用性和重用性的重要性，在网络探测、拓扑维护和路由等方面出现了重复建设的现象，造成了带宽资源的严重浪费。例如，同一物理节点或同一条物理链路可能同时属于不同的覆盖网络，但由于各覆盖网络相互之间缺乏沟通机制，并不共享资源，因此被多次探测和维护，造成冗余数据，浪费了宝贵的带宽资源。另一方面，由于在构建覆盖网拓扑时，没有充分参考物理网络的结构特性，覆盖路由可能导致物理网络中部分节点或链路过载的现象，影响了网络的传输效率和吞吐量。

4.自私路由策略带来的冲突

服务提供商们为了提升服务的性能，在 Internet 上构建支持各种各样服务的覆盖网络，并根据服务具体的需求在应用层上实现覆盖路由。文献指出覆盖路由的本质是种自私路由，它在选择路由时，只考虑自身性能的最优化而不考虑对底层物理网络的影响，例如，总是选择最短路径，导致网络流量集中在少数热门链路上，造成网络的拥塞。同时，底层物理网络通常采用流量工程（Traffic Engineering, TE）技术来均衡网络的负载，将流量往网络边缘区域扩散，这样又会延长了覆盖网络流量的传输，影响了覆盖网络的性能。因此，覆盖网络路由带来的与物理网络之间无法避免的目标冲突，导致整个网络中经常出现覆盖路由和流量工程的交互，即覆盖路由的操作导致底层流量工程需要不断重新配置路由，而流量工程的路由重新配置又会导致覆盖路由的重新执行，并且如此反复下去，这样导致网络的性能和稳定性都受到了极大的影响。

三、覆盖网络概念

覆盖网络（Overlay Network）是建立在物理网络上的一种逻辑网络，用来增强物理网络的部分功能，弥补物理网络的某些缺陷，满足用户的需求。本书研究的覆盖网络是建立在 IP 网络之上的虚拟网络，覆盖网节点可以是终端用户节点，也可以是与 AS 内路由器相连的服务器节点。这些节点通常具有一定的路由、数据处理和数据存储的能力。一条覆盖网络链路（逻辑链路）通常对应物理网络的一条或多条物理链路。组成覆盖网络的节点既作为数据发送或接收的终端用户节点，也充当用户级路由器，参与覆盖网络数据的转发。沿着覆盖网络路由路径在源和目的节点间传输的数据包，被传输或转发的过程实际上是通过覆盖网络节点之间的物理路径进行的，这一过程对用户是透明的。在一个物理网络上，可以根据业务的需求构建多个逻辑上独立的覆盖网络，形成各自的虚拟拓扑图。位于同一物理网络之上的逻辑上独立的几个覆盖网络可能共享部分物理链路，因此在底层物理网络的部分物理节点可能同时属于不同的覆盖网络。

覆盖网络技术具有以下几方面的优势。

（1）在不改变互联网基础设施的前提下，可以提供更为可靠、容错性更好的服务。应用覆盖网络，可以弥补互联网体系结构的一些缺陷，提供更优的路由，满足用户 QoS 需求。

（2）覆盖网络可以提供针对特定应用的新业务，优化互联网基础设施，满足用户日益增长的需求。如应用层多播可以解决 IP 多播不能大规模部署的缺陷，且方便操作，易于实现。

（3）覆盖网络可以为用户提供方便快捷的覆盖路由，避免网络拥塞。只要物理网络是连通的，就可以通过覆盖路由实现用户端到端的数据通信，改善了互联网的可扩展性和鲁棒性。

四、覆盖网络的分类

根据节点的性质不同，覆盖网络大致可以分为两大类：基于终端主机的覆盖网络、基于固定节点（一般是指连接到路由器的业务服务器）的覆盖网络。

（1）在基于终端主机的覆盖网络中，终端主机属于互联网体系结构中的资源子网的组成元素，是用户级可操作的实体。随着 CPU 和内存的性能提升，用户主机不仅仅是用户浏览和数据处理的终端，也可以作为数据转发的节点，为其他用户提供服务，这也是基于终端主机的覆盖网络产生的一个必要条件。在基于终端主机的覆盖网络中，互联网的通信子网是一个"黑盒子"，终端节点相互连接形成 Mesh 或树状虚拟拓扑，而不需要改动互联网基础设施。著名的 P2P 文件共享系统 Gunutella 和基于终端主机的覆盖网多播都是属于这类网络。有两个问题限制了这类网络的应用：终端节点的低接入带宽和较大的"最后一公里"传输延迟。此外，由于终端节点随时可能加入和离开，所以这类覆盖网络是动态变化的，不能提供非常可靠的服务。

（2）基于固定节点的覆盖网络使用一系列连接到互联网基础设施（如路由器）上的服务器来实现覆盖服务。这些服务器节点通常提供某种稳定的业务，且由第三方服务提供商（Overlay Service Provider，OSP）维护，形成了三层架构的体系结构：基础设施层、服务层和用户层。用户可以根据自己的业务需求向服务提供商购买服务，并建立相应的覆盖网络拓扑。服务提供商通过和 ISP 签订服务等级协议（Service Level Agreement，SLA）使覆盖服务节点之间的覆盖链路的 QoS 得到一定的保证，内容分发网（CDN）就属于这类覆盖网络。这类覆盖网络的优点是能够提供可靠的服务，缺点是覆盖服务节点相对固定，灵活性受到一定的影响。

根据提供服务的目的，覆盖网络可以分为寻内容、寻路和寻址 3 种。

（1）寻内容是服务于应用层的覆盖网络，目的是为用户提供内容查寻服务。通过集中或者分布式的路由机制实现对特定内容所在节点的查找，然后建立连接，完成内容传输，而这个节点的 IP 地址事先并不知道，P2P 和 CDN 属于这类覆盖网络。其中，CDN 使得用户可以从距离自己最近的边缘服务器获取相应的内容，减少数据传输时延。

（2）寻路是服务于网络层的覆盖网络，是通过覆盖路由算法建立源目的节点对间的覆盖路径，屏蔽物理网络细节，满足用户 QoS 需求，如实现物理链路故障的快速恢复，不改变互联网基础设施的前提下实现数据的多播服务。此外，通过寻路覆盖网络，可以根据用户的不同需求，在同一个物理拓扑上建立多个覆盖网络实现数据的传输。RON、SOSR 和 QRON 属于这类覆盖网络。

比较寻内容与寻路两种覆盖网络，前者本质上是内容服务器在覆盖网络中的放置问题，旨在构建覆盖网络拓扑，将处理能力强、存储容量大的内容服务器分布在网络中的不同位置，并设计合理的分布式覆盖内容查找算法，使得用户可以找到距离自己最近的内容服务器，获得所需内容；而寻路是解决覆盖网络路由的问题，其产生的背景是终端主机的计算能力和存储能力的普遍提高，使得终端主机不仅可以完成传统的简单的数据处理工作，而且可以完成原本只能由路由器实现的路由任务。从这个意义上讲，寻路是寻内容的延伸和发展。

（3）寻址是服务于 MAC 层的覆盖网络，常用于云计算数据中心中，实现可以跨越三层物理网络进行通信的二层逻辑网络，即将二层报文封装在 IP 报文内（MAC-in-IP），通过隧道机制实现跨数据中心的覆盖网络通信机制。寻址覆盖网络突破了传统二层网络中存在的物理位置受限、VLAN 数据有限等阻碍，实现了虚拟机在数据中心中的动态移迁，满足了云计算要求。目前，应用寻址覆盖网络技术设计的 VXLAN（Virtual extensible Local Network）协议已得到广泛应用。

本书的研究内容着眼于寻路覆盖网络，且在选择覆盖网络节点时，综合了主机节点和固定节点覆盖网络的优点和特性，旨在解决互联网体系结构的一些缺陷，如链路故障恢复时间长、IP 多播可扩展性差，以及传统网络设备和网络协议对多路径路由支持差等问题。

第三节　覆盖网络的应用

基于覆盖网络的应用很多，典型的应用包括用于文件共享的对等网络（P2P）；用于数据缓存且分布式共享的内容分发网（CDN）；用于改善物理网络性能的覆盖路由，增强 QoS 满足用户的特殊需求；改善物理网络多播应用性能的覆盖网多播；以及近几年迅猛发展的覆盖网络技术在 SDN 和云计算数据中心中的应用。这些应用可以归纳如下。

一、P2P 网络

P2P 在思想上可以说是互联网思想/精神/哲学非常集中的体现、共同的参与、透明的开放、平等的分享、基于 P2P 技术的应用有很多，包括文件分享、即时通信、协同处理、流媒体通信等。这种新的传播技术打破了传统的 C/S 架构，逐步地去中心化、扁平化。P2P 文件分享的应用（BTs/eMules 等）是 P2P 技术最集中的体现。P2P 文件分享网络的发展大致有以下几个阶段：包含 tracker 服务器的网络、无任何服务器的纯 DHT 网络、混合型 P2P 网络。

DHT 全称为分布式哈希表（Distributed Hash Table），是一种分布式存储方法，每一份资源都由一组关键字进行标识。系统对其中的每一个关键字进行 Hash，根据 Hash 的结果决定此关键字对应的那条信息（即资源索引中的一项）由哪个用户负责储存。用户搜索的时候，用同样的算法计算每个关键字的 Hash，从而获得该关键字对应的信息存储位置，并迅速定位资源。这样也可以有效地避免因"中央集权式"的服务器（如 tracker）的单一故障带来的整个网络瘫痪。实现 DHT 的技术/算法有很多种，常用的有 Chord、Pastry、Kademlia 等。其中，通过节点值获取每个节点与下一个邻近节点之间的距离，从而获得每个节点所需负责的值区间，此过程类似于建立路由表的机制。

二、内容分发网

内容分发网络 CDN 最开始是为提高 Web 内容的访问速度而提出的，随着互联网技术的发展，又开始支持流媒体内容（如视频）的分发。一般 CDN 体系结构包括中心和边缘两部分：中心主要包括原始服务器（Origin server）和内容分发系统（Content distributor），负责全局网络的负载均衡；边缘指的是部署在互联网边缘的代理服务器（Surrogate server），分布在不同的网络区域。原始服务器用来存储最初的内容，例如图片、视频、Web 页面等。内容分发系统用来将原始服务器的内容分发到代理服务器中。代理服务器用来缓存分发的内容。内容分发网络的基本原理是将原始服务器中的内容分发到代理服务器中，用户从距离最近的代理服务器中获取内容。代理服务器分布式部署在互联网边缘，用户就近访问这些代理服务器极大地提高了访问速度，同时也避免了访问瓶颈问题。另外，网络流量被分散到互联网的边缘区域，有效解决网络拥塞，最大限度地减轻了骨干网络的流量。

内容分发网络是一种覆盖网络，代理服务器节点之间通过虚拟链路形成覆盖网络。内容分发网是为缩短用户与内容服务器之间的距离，缓减网络拥塞而被研究和部署的。内容服务器节点负责缓存用户频繁访问且感兴趣的数据，接受用户的请求并向用户发送数据。为了使内容服务器与提出请求的用户节点之间的距离最近，CDN 采用重定向机制，大大提高了网络的访问速度，减少了网络的整体流量，缓减了拥塞程度。例如，当 Web 用户点击一个内容分发服务的 URL 时，内容分发网实时地根据网络流量和各节点的连接、负载状况以及到用户的距离和响应的时间等信息，将用户的请求重定向到离用户最近的内容服务器。此外，CDN 还采取多点备份的机制提高可靠性。目前，CDN 已经得到广泛的应用，如 Akamail、Netli、Accelia、EdgeStream、Globule、CoDeeN 等。

三、应用层多播

多播是一种一对多或多对多的数据通信模式。随着互联网的进一步普及，多媒体应用日益旺盛，特别是大规模数据分发，例如，视频点播、电视/电话会议、网络聊天室、大规模网络游戏等。IP 多播是为适应这些需求而被提出的，是对互联网的"单播、尽力而为"模型的重要扩充。IP 多播的主要功能在路由器上实现，通过在路由器之间建立多播树且合理地进行组成员管理，来减少带宽浪费和降低服务器的负担。然而，当多播数目增大时，路由器中的路由表急剧膨胀，增大了路由器的负担。其次，由于互联网的层次化布局，ISP 之间的商业利益关系，目前 IP 多播只能应用在局部范围内，即 AS 内部或一个 1SP 内部得到部署。覆盖网多播作为一种替代的方法近年来得到广泛应用。覆盖网多播建立在应用层，而非网络层。

覆盖网多播中，在参与多播的终端节点之间建立多播分发树，在分发树的覆盖节点之间建立跳到跳（hop-by-hop）单播隧道完成数据分发。在覆盖网多播中，多播成员管理以及数据的复制与转发都是由覆盖网节点（终端主机或服务器）完成，下层物理网络只需提供基本的端到端的单播传输服务，即保证每条覆盖链路所对应的一条下层物理路径的通信即可，保持了互联网原有的简单、不可靠、单播的转发模型。因此，覆盖网多播具有的优势如下。

（1）可部署性：覆盖网多播不需要改变现有 IP 网络的基础设施，在物理网络仅保持原有单播通信功能。即使跨越不同的 ISP 进行多播通信，仅需要在应用层通过隧道机制实现，便于大规模部署。

（2）可扩展性：与 IP 多播中路由器需要维护多播组的状态不同，在覆盖网多播中，数据的复制、转发、组成员管理和状态维护在终端节点完成，保持了 IP 层结构简单，传输快速的特点，使网络能够支持大量的多播组。

（3）灵活性：可以根据用户的需求定制服务，建立相应覆盖网多播拓扑，保障 QoS 需求，实现安全、计费等服务，灵活性好。

覆盖网多播的缺点：由于采用单播方式进行数据分发，存在一定的冗余数据；端系统的稳定与否直接影响多播的可靠性；终端节点的性能（CPU 和带宽）差异可能导致延迟、转发速率等性能的下降。

四、增强服务质量（QoS）

现有的 IP 网络体系结构采用"漏斗"式模型，使业务与承载分离，提供"尽力而为"服务。这一模型对互联网的蓬勃发展起到了积极作用，但在这个体系结构中，服务质量（QoS）难以得到有效保障。随着互联网的发展，多种新型业务对 QoS 提出了新的要求，尤其是多媒体传输业务对时延、带宽和可靠性的要求越来越高。为此，科研人员对 IP 网络采取了一系列补充措施，如综合服务、区分服务以及多协议标签交换。这些措施需要改造现有互联网中的路由器，使其支持这些策略，增加了复杂度。从目前的运行状况看，出现了较大的部署困难。另一方面，域间路由协议 BGP 设计的先天性不足，导致 BGP 选择的跨域路径无论在延迟上还是吞吐率上都不是最优的；而且，一旦出现链路故障，往往需要花费几十秒甚至数几分钟的路由汇聚时间。此外，ISP 之间的商业利益关系致使 BGP 无法完全按照最短路径策略来选择路由，容易引发路由膨胀现象。

覆盖网络弥补了互联网这一缺陷，通过在 1P 网络上构建服务覆盖网络的方式确保服务质量。服务覆盖网络是指为用户提供 QoS 保障的覆盖网络。通常情况下，服务覆盖网络的功能由提供 QoS 的服务器（同定节点）组成的相对固定的虚拟网络来实现，或根据用户的具体需求在覆盖节点上提供再配置功能，优化服务覆盖网络，使其代价最小。例如，OverQoS 应用前向纠错和自动重传请求技术确保覆盖网络节点在转发数据过程中的服务质量。此外，在确保 QoS 的同时，为了提高 SON 的可扩展性，服务覆盖网络采用层次聚类机制构建其网络拓扑。

另一方面，覆盖网络可以实现物理链路故障的快速恢复.降低端到端的时延，减少丢包率，为用户提供可靠性保障。研究表明，在跨域路由的情况下，存在 30% 左右的替代路径优于默认的 IP 路径。本书中的"默认的 IP 路径"是指在物理网络中经路由算法所确定的端到端的 IP 路径。为了利用这一有益的互联网络特性，路由覆盖网被用来解决链路失效故障，避免因 BGP 收敛慢而引起的数据丢失。在路由覆盖网络中，在源和目的节点之间加入一个或多个覆盖网节点，构建一跳或多跳覆盖网路由路径。如何避免与失效的物理链路重叠是构建覆盖网路径的关键，通常在两个覆盖网节点之间进行积极探测，选择一条代价最小且能绕开失效链路的覆盖网路径。在这方面，具有代表性的研究成果是 RON 和 SOSR。RON 是一个全网状拓扑覆盖网络，选择覆盖路由时，探测覆盖网节点，选择一个满足时延最小的节点作为中继节点构成一跳覆盖网络路径。由于采用全网状拓扑结构，RON 具有可扩展差的缺点。不同于 RON，SOSR 并非提前建立备份的覆盖网络拓扑.是一种提供快速路由恢复的一跳覆盖网络路由机制。当默认的 IP 路径出现故障时，源节点随机选取 k 个覆盖网节点进行探测，选择时延最小的一个建立一跳覆盖网路径。当进行大规模数据传输时，可能在中继节点出现拥塞，这也是 SOSR 需要克服的问题。

五、云计算数据中心网

作为云计算的基石，虚拟化技术在最近几年取得了突飞猛进的发展。尤其是计算资源和存储资源的虚拟化技术日益成熟，虚拟计算负载的高密度增长，以及虚拟机在不同物理机之间的快速部署和动态迁移，在一定程度上对现有网络提出了新的挑战。具体表现如下。

（1）二层网络边界限制：虚拟机迁移前后要求其 IP 地址、MAC 地址等参数保持不变，这增加了接入交换机 mac 地址学习的难度，并对缓存空间提出了很高的要求；另一方面，虚拟机需要在不同子网间迁移，而传统的 VLAN 技术只能在同一子网内运行。

（2）VLAN 数量不足：VLAN 帧头内仅定义了 12 位二进制标签位，一共可表示 4096 个 VLAN，扣除预留的 VLAN0 和 VLAN4096，实际上可分配的只有 4094 个。然而，云计算数据中心部署了大量虚拟机，4094 个 VLAN 可能不能满足大规模数据中心的需求。

（3）不能适应大规模租户部署：云计算数据中心内承载了不同租户的业务，租户与租户之间要求进行安全隔离，传统的 VLAN 技术无法做到这一点。如果启用三层网关以及地址翻译等策略，会增加额外的运维成本和复杂度。此外，如果在大规模数据中心内部署 VLAN 技术，会使广播风暴在整个数据中心内泛滥，消耗大量带宽。

利用覆盖网络技术，可以解决上述问题，实现传统网络向网络虚拟化的深度延伸，实现真正的云网融合，从而构建新架构下的数据中心网络。服务器的网络操作系统内虚拟交换机上支持了基于 IP 的二层 Overlay 技术，虚拟机的二层访问直接构建在 Overlay 之上，物理网不再感知虚拟机的诸多特性，形成了跨数据中心的覆盖网络。

具体地讲，数据中心的覆盖网络是应用覆盖网络技术，将二层报文封装在 IP 报文内（即 MAC-in-IP），通过隧道机制实现跨数据中心的"大二层"通信。目前实现这一功能的协议有 VXLAN、NVGRE 和 STT，其中最成熟的是 VXLAN。VXLAN 是由全球最大网络设备公司 Cisco、最大的虚拟化软件公司 VMware、最大的第三方网络设备芯片公司 Broadcom、网络新秀公司 ARISTA 等联合向 IETF（Internet Engineering Task Force）提出的一项草案。VXLAN 运行在 UDP 上，采用 24 比特标识二层网络分段.称为 VNI，类似于 VLAN ID 作用；利用叠加在三层网络之上的覆盖网络传递二层数据包，实现了可以跨越三层物理网络进行通信的二层逻辑网络，突破了传统二层网络中存在的物理位置受限、VLAN 数据有限等阻碍，同时还使得网络支持服务的可移动性，大幅度降低管理成本和运营风险。

六、覆盖网络在 SDN 中的应用

近年来，随着 SDN 和虚拟化技术的发展，覆盖网络技术与 SDN 相互融合，相互借鉴。文献将 SDN 和 NFV 的思想引入 NGSON 中，加强了 NGSON 的物理网络意识，提高服务组合和内容分发能力。覆盖网络思想也被应用到 SDN 中，形成 SDN Overlay Network，用来解决互联网领域，尤其是网络虚拟化方面的一些重要问题。例如，文献设计并实现了一个试验平台 Scotch，解决 SDN 中控制平面集中式控制导致的 OpenFlow 交换机与 SDNController 之间因突发流量可能产生的瓶颈问题。

第四节　覆盖网络研究现状

近年来覆盖网络技术得到了深入研究和广泛应用。这些研究成果更多地集中于覆盖网络本身，过度依赖于覆盖节点，缺乏对互联网基础设施的感知，导致覆盖网络不能发挥最佳性能。感知互联网络基础设施是指在构建针对具体应用的覆盖网络（如路由覆盖网络、多播覆盖网等）时，充分考虑底层物理网络对覆盖网络性能的影响因素，尽可能获得诸如物理网络的局部拓扑结构、节点和链路状态等信息；利用这些信息指导选择邻居覆盖节点的过程，选择更合理的覆盖路由，满足具体应用的需求，如覆盖网络中端到端的时延最小。在已有的研究成果中，只有少数在构建覆盖网络时考虑了互联网基础设施的感知问题，且仅局限于物理拓扑意识，具体地讲，是在建立覆盖网络拓扑时考虑覆盖网络拓扑与物理网络的相关性。

下面按照网络功能，详细介绍与本书研究内容紧密相关的几个方面的研究动态，包括覆盖网络拓扑构建、覆盖网络路由和覆盖网络多播，具体包括感知与非感知两种思路。最后阐述了覆盖网络对互联网基础设施相关信息的感知方式。

一、覆盖网拓扑构建

不同的拓扑模型决定了覆盖网具有的不同的性能，覆盖网拓扑直接影响网络的可扩展性、可靠性、安全性、故障的恢复性和传输负载分布情况。构建覆盖网络拓扑的关键是覆盖节点的选择以及这些节点间的连接方式。通常情况下，针对不同的应用需求，可灵活地构建相应的覆盖网络拓扑，即覆盖网络拓扑是面向应用的。根据具体的应用需求，覆盖网络拓扑研究可以分为以下几类。

1.服务于路由的覆盖网拓扑

路由覆盖网络拓扑是服务于覆盖路由的拓扑，是以覆盖路由为手段，以提升网络传输性能或提供新型网络服务模式为目的建立起来的覆盖网拓扑。与 IP 路由不同的是，覆盖路由主要依靠服务器或主机节点在覆盖网层或应用层实现数据的转发。位于覆盖网络中的服务器或主机节点被称为覆盖节点。路由覆盖网是用来弥补原有 IP 路由协议的不足.提升互联网络端到端的传输性能和连通性，提高网络资源的利用率，特别是增强网络的可靠性和弹性。在路由覆盖网络中，覆盖网络拓扑和路由协议的性能直接影响覆盖网络的恢复能力和弹性。当收到一个需要覆盖路由的报文时，覆盖节点首先解析报文并获得目的地址信息（不是 IP 报文的目的地址），然后根据预先设定的覆盖路由算法计算下一跳覆盖节点的 IP 地址，且更新原来的目标 IP 地址，最后通过物理层网络发往新的方向。

构建覆盖网络拓扑时，物理链路的失效恢复能力是需要考虑的一个重要因素。当物理网络出现链路故障时，源节点寻找最佳覆盖路径，避开失效链路，将受影响的数据快速路由到目的节点。是否可以有效地避开失效链路，快速实现数据的再传输的两个重要因素是覆盖网路由的有效性和路由性能。覆盖网路由的有效性依赖于覆盖网络拓扑，例如，全网状拓扑可以提供更多的路由选择，但其可扩展性比较差。覆盖网路由的性能，即路由质量，是由路径的差异度决定的。路径的差异度也是衡量覆盖网络拓扑对失效链路的恢复能力的重要指标。路径差异度是指两条路径之间共享链路的数目，共享链路越少，差异度越大，则由共享链路失效引发的同步故障发生的几率越小。在覆盖网络中，共享覆盖链路则必定共享构成这条覆盖链路的物理路径，因此覆盖网络中两条覆盖路径之间的差异度是两条覆盖路径共享的覆盖链路的条数。当覆盖网传输大规模数据时，会导致共享的物理路径的负载增大，当负载达到一定程度时会出现拥塞。两条或多条覆盖网路径共享的覆盖链路数越少，表明这个覆盖网络的拓扑性能越好。当然，逻辑上完全独立的两条覆盖网路径，在物理网络中可能共享了物理链路和物理节点。共享的物理链路或物理节点出现故障时，必然导致相应的覆盖路径故障。综上所述，研究覆盖网络拓扑，就是设计一个具有合理的可用覆盖路径且路径差异度尽量少的拓扑。

根据是否具有物理拓扑意识，覆盖网络拓扑可以分为具有拓扑意识的覆盖网络和无拓扑意识的覆盖网络。文献研究了具有物理拓扑意识的覆盖网节点选择方法。该文献中，覆盖网络拓扑与物理拓扑间的相关性通过路径差异度来衡量。路径差异度被定义为连接源节点与目的节点的覆盖网络路径与物理路径上重叠的节点数。根据路径差异度的相似程度，作者将全部覆盖网络节点聚为几个不同的簇，并从每个簇中随机选择一个节点作为覆盖网节点。该算法虽然在选择覆盖网络节点时充分考虑了节点间的相关性，但如何合理确定簇的个数，是一个较为复杂的问题。类似的方法也出现在文献和中。在文献中，作者利用物理拓扑意识来选择备份覆盖路径，使备份路径与默认的物理路径之间具有最小的相关性。在文献中，作者描述了一个"装箱机制"，首先假设一部分节点为基准点（landmark），然后根据 ping 命令测试其他节点到基准点的距离（这里指的是时延），将距离相近的点分配到同一个箱中。该算法假设，处于不同箱中的节点的相关性较小，通过这些节点的路径的差异度较大。在一定程度上，与随机选取覆盖网节点相比较，通过这种装箱机制选择覆盖网节点，构建的覆盖网拓扑具有较好的性能。文献综合节点相关性和链路相关性，研究了基于物理拓扑意识的覆盖网拓扑构建机制。该文献中，作者为构建路由覆盖网拓扑提出 3 个基于图论的指标：特征路径长度、平均割集规模和节点度的加权和（WeightedNodeDegreeSum），分别考虑了链路相关性、节点相关性、节点的容量等因素。

根据连接方式的不同，覆盖网络拓扑分为网状结构、树状结构，以及混合结构 3 种类型。RON 是典型的网状结构，由于全网状连接，可扩展性是 RON 的最大问题。文献提出了 K 最小生成树结构覆盖网络拓扑，确保任何两个覆盖节点之间存在 K 条覆盖路径。KMST 仅保证了覆盖层路径之间的差异度，而未考虑物理层路径的差异度，即不具有互联网基础设施感知能力。文献提出一种混合结构覆盖网络拓扑构建算法（Mesh-Tree，MT）。MT 在构造最小生成树的基础上，在物理拓扑中具有祖孙关系、叔侄关系的节点间增加覆盖链路。混合结构增强了覆盖网络的鲁棒性和可靠性。在可扩展性方面，KMST 和 MT 优于 RON 的全网状结构。由于这些算法专注于覆盖节点间的连接关系，忽略了节点的选择对于覆盖网络拓扑的重要性。

网状、树状和混合结构的覆盖网络拓扑的一个共同的特性是：三者均提供选择覆盖网路由的平台，即当系统需要覆盖路由时，基于某个平台，从已有的覆盖节点和覆盖链路中选择一条性能最佳的覆盖路由。因此，网状、树状和混合结构覆盖网络拓扑属于相对固定的、预设的拓扑，提供的路由属于备份路由。这些拓扑需要定期地探测和维护节点的可用性和链路的可达性。一跳覆盖网源路由不需要维护拓扑，仅在需要路由时探测少数节点，选择最佳的路径。所谓的"一跳源路由"是指路由路径中只需一个中继节点的源路由机制。研究表明许多高效的覆盖路由仅通过一个中间覆盖节点便可以完成，不需要多跳覆盖路由。SOSR 的路由机制非常简单：当源节点需要发送数据时，它从覆盖节点中随机选择 K 个节点作为中继节点，形成 K 条一跳覆盖路径；通过在每条覆盖路径上发送探测包，选择一条时延最小的路径作为最终的路由路径。

2.服务于 QoS 的覆盖网拓扑

提供 QoS 的覆盖网络又称为服务覆盖网络（SON），这一名称源自文献。通常情况下，服务覆盖网络位于传输层和应用层之间，由服务提供商（第三方）负责组建、维护以及向上层用户提供增质服务，确保用户的 QoS 需求。服务提供商（OSP）与基础设施提供商（ISP）签订服务等级协议（SLA），并购买相应节点间的带宽，为上层应用提供 QoS 保障。除了 QoS 外，服务覆盖网络还可以提供弹性路由、内容分发以及安全方面的保障。通常情况下，服务覆盖网络由相对固定的服务器节点组成。为了满足带宽、时延、吞吐量和丢包率等 QoS 需求，节点之间建立逻辑链路且通过隧道机制实现数据的传输。

服务覆盖网络由覆盖节点（OverlayNodes，ONs）和端系统节点（EndSystemsESs）组成。于一个或多个 AS 中，且由 OSP 组织和管理。为了改善服务覆盖网络的可扩展性和容错性，在一个 AS 内部部署多个 ONs。ONs 之间的覆盖链路被称为传输链路（TransportLinks），

ESs 与 ONs 之间的链路被称为接入链路（AccessLinks）。构建一个性能较好的服务覆盖网络，需要考虑 ONs 的数量与位置以及节点间接入链路和传输链路的问题。

构建服务覆盖网络是一种利益相关的投资行为。对于服务提供商而言，其目标是在满足用户需求的前提下，达到收益最大化。服务覆盖网络依赖于 OSP、ISPs 和终端用户三者间的利益关系：从满足 QoS 需求的角度看，SON 保障端到端的 QoS，同时确保覆盖链路的带宽；从收益的角度看，OSP 需要从服务用户得到收益且支付购买带宽的费用。由于需要权衡经济代价与 QoS 性能之间的关系，构建 SON 是一个复杂且具有挑战性的任务。因此，通常将服务覆盖网络拓扑的构建问题抽象为一个数学模型，得到满足带宽（或时延）需求的最小代价解。

文献首先提出了服务覆盖网络的概念，该文献中，作者通过分析影响服务覆盖网络拓扑的各种因素，如 SLA、QoS、流量分布和带宽等，提出服务覆盖网络结构及概念，但没有涉及具休的拓扑设计问题。针对影响覆盖网络拓扑的因素，已有的研究从各个角度对 SON 进行了深入研究。文献研究了在同时满足带宽和时延 QoS 需求的情况下，服务覆盖网络的拓扑构建问题。类似的研究还有文献，作者将服务覆盖网络拓扑建造问题抽象成为一个多目标优化问题，使得网络的传输代价和链路的时延最小，并设计一个启发式算法进行求解。文献研究了在确保带宽的前提下，服务节点 ON 的数量和合理放置问题，达到最小化服务提供商的运营成本的目的。在此基础上，文献进一步研究了服务节点 ON 的部署问题，以及确保 QoS 需求时最小的带宽开销，设计了混合线性规划算法。文献在构建覆盖网拓扑时不仅考虑 ONs，的传输链路，而且考虑了建立终端节点 ESs 与 ONs 节点间的接入链路的代价。

为了提高服务覆盖网络的可扩展性，文献分别研究了不同 AS 间 ONs 的连接问题，旨在建立大规模服务覆盖网络，满足终端用户的 QoS 需求。作者从数学角度证明了该问题是一个 NP 难问题，并提出了多个启发式算法进行求解。针对同样的问题，QRON 以满足端到端时延和拓扑的可扩展为研究目标，提出了层次化拓扑构建算法，引入了 OverlayBrokers（OBs）的概念。OBs 的作用等同于 ONs，每个自治系统（AS）至少包括一个 OBs。在同一 AS 内部，ONs 间连接形成全网状结构，而 AS 间通过至少一条隧道连接。QRON 提出了两种链路代价算法，分别为改进的最短路径算法和成比例的带宽最小路径算法，旨在通过平衡 OBs 之间的数据流量和覆盖链路来寻求一条较优的覆盖路径。

文献研究了覆盖网拓扑构建的动态经济模型。在该模型中，为了使服务提供商 OSP 的收益最大化，根据承载的业务流量的需求变化动态调整所租用的链路带宽。按照文献的研究思路.文献研究了动态流量的测量与评估方法，为构建服务覆盖网络拓扑提供理论依据。为了适应动态流量的需求.文献研究了服务覆盖网络拓扑的动态再配置策略，以最小化传输数据的代价和再配置覆盖网络的代价为目标，设计了最优化算法。文献提出了多平面架构的下一代服务覆盖网络模型 NGSON，目的是解决不同业务功能的覆盖网络如何相互合作.共享资源的问题.为构建在同一基础设施上的多个覆盖网络的建设提供了思路。

二、覆盖网路由

路由问题是覆盖网络研究的关键问题之一。覆盖网络可以改善互联网的路由性能，即提供弹性路由，其 S 的是实现路径故障的快速检测和恢复，或通过覆盖节点绕过拥塞路径，提高互联网端到端的时延。覆盖路由的性能依赖于覆盖路径的选择，路由覆盖网的可扩展性，以及探测、计算和维护覆盖链路的代价等。

文献最早提出了弹性覆盖网络 RON 的概念，研究了覆盖网路由的可行性和路由机制。

RON 采用全连接覆盖网拓扑，周期性地测量覆盖节点之间虚拟链路的性能（如时延），及时发现故障，以探测得到的节点间的性能参数作为选择最佳覆盖路由的依据。继 RON 之后，已有关于覆盖路由的研究主要集中在提高覆盖路由性能、可扩展性，以及减少负载等几个方面。

1.覆盖路由的性能

覆盖路由可以弥补 IP 路由的不足，改善端到端的传输性能，即通过覆盖网络为默认的 IP 路径提供备份路径。当 IP 路径出现链路断裂或拥塞等故障时，应用覆盖网络所提供的备份路径绕过故障点传输数据。因此，覆盖路由的好坏取决于备份路径的选择。备份路径的选择需考虑两个方面的因素：拓扑意识和时延或带宽。对于一跳覆盖路由，选择备份路径就是选择构成一跳覆盖路径的中继节点。

文献分别研究了一跳和多跳覆盖网路由路径的选择问题。作者提出基于测量的启发式算法优选覆盖网络节点，使得覆盖路径与物理路径的差异度达到最小。算法的基本思想是：借鉴概率统计中求两变量的相关系数的方法求经过某节点的两条路径的相关性，并将相关性近似的节点聚为一类。在选择覆盖网络路径时，从不同聚类中选择覆盖节点，得到的路径之间的差异度较大。针对类似的问题，文献研究了覆盖节点放置问题，旨在改进 IP 路由的可靠性，以及减少端到端的往返时延。作者应用启发式算法渐增式地增加覆盖节点，使得路径间的链路重叠率最小。不同于文献，在文献中，作者不仅考虑覆盖路径与物理路径间的链路重叠率，也考虑不同的覆盖路径间的链路重叠率。文献应用条件概率的思想研究覆盖网络中继节点的选择问题，即选择备份路径时，优先选择失效概率较小的节点作为覆盖路径的中继节点。该算法假设系统中所有链路的失效概率是已知条件，显然这是不符合实际的。

其他一些研究则侧重于覆盖路由的时延问题，即选择传输时延最小的路径作为覆盖路径。文献通过实测数据分析物理网络中频繁出现在端到端最短路径中的节点，试图找出包含这些节点且满足覆盖路由需求的最小集合。该文献中，作者提出一个近似算法，且应用 Local-Ration 理论求解。不同于文献，文献定义频繁出现在端到端最短路径中的节点为超节点，应用实测的方法得到这些超节点，且周期性更新，因此代价较大。

除了时延外，链路带宽也是选择覆盖路径的标准之一。文献使用了可用带宽作为评价指标来选择覆盖路径，使其满足 QoS 需求。然而，可用带宽很难被精确测量，常常应用估计的方法得到其近似值。

2.可扩展性

路由覆盖网络的可扩展性是由网络的维护代价（Overhead）决定的，维护代价越高，其可扩展性越低。覆盖网络的维护代价由链路探测代价、状态发布代价和路由计算代价三部分构成。通常情况下，构建路由覆盖网络拓扑时忽略路由计算代价。

（1）链路探测代价：通过 ping 或 traceroute 方式，覆盖网络中每个节点周期性地向相邻节点发送探测包，获得链路的状态参数（如可达性、时延或带宽），建立自己的链路状态表。

（2）状态发布代价：每个覆盖网络节点周期性地广播自己的链路状态表，且收到其他节点的链路状态表，完善自己的状态表并作为路由计算的依据。

（3）路由计算代价：根据用户的需求和链路所承载的当前流量，计算最佳路由。

解决覆盖网络的可扩展性问题，首先要从拓扑结构入手。根据拓扑层次结构的不同，覆盖网络拓扑分为扁平式、层次式和一跳覆盖网络。对于扁平结构覆盖网络，最具有代表性的是 RON 全网状结构。在 RON 中，由于每个节点都知道其他 n-1 个节点的连接状态，所以 RON 可以找到最佳的覆盖路由。然而，RON 的监测与维护代价严重影响它的性能优势。因此，一些改进算法着重研究如何减少 RON 的监测和维护代价。已有的解决方法可以归纳为 3 种类型：构建半网状或树状覆盖拓扑、增大监测的周期，以及减少监测的节点数。文献和分别研究了半网状和树状覆盖拓扑，它们的原理通过减少覆盖节点的连接度来降低覆盖网的监测和维护代价。然而，研究表明，在半网状和树状拓扑结构中，30%具有低时延和低丢包率的路径没有被包括在覆盖路径中。文献也研究了增大监测周期对覆盖网络性能的影响，表明监测周期每增大一倍，监测流量减少半，但会得到 10%～30%的无效或陈旧的路由信息。鉴于前两者的不足，大量的研究集中于通过减少监测的节点数提高覆盖网络的可扩展性。

层次式覆盖网络拓扑通过分层监测链路状态、集中汇总的方式提高其可扩展性。层次式的思想类似于 OSPF 协议，每个节点仅监测和维护所属区域的链路状态信息，大大降低了维护的代价。最具有代表性的层次式路由覆盖网络是 QRON。在 QRON 中，根据节点间链路的时延，将相似的节点组织成一个类，类内形成全网状连接。对于多个类，依据类间的相似性再进行聚类，这样形成一个多层结构的拓扑。链路状态信息仅在类内被广播，类间的信息传递通过网关节点完成。实验结果表明，层次式结构改进了网络的可扩展性，降低了监测和维护的代价。

三、覆盖网多播

多播（Multicast）又称为组播，是一种一对多或多对多的数据传输模式，它通过数据包复制将信息同时发送给多个接收者，具有效率高、可扩展性好的特点。利用多播进行数据传输可以降低网络的负载，节省大量的网络资源，提供有效的网络通信服务。然而，由于互联网僵化的体系结构，IP 多播技术虽然非常成熟，但其可扩展性差，难以大规模部署。首先，在 IP 多播中，每个路由器需要为所有多播组保存状态，这违反了 IP 层"无状态"结构原则的设计初衷，增加了 IP 协议的复杂性；其次，由于 IP 协议提供"尽力而为"的服务，在 IP 多播环境下提供可靠性、拥塞控制、流量控制和安全等服务比在单播环境下要复杂得多；最后，由于在 IP 网络中各 ISP 之间的商业利益关系，在域间部署 IP 多播受到了极大的阻碍。因此，今天 IP 多播仅应用在域内环境中，无法满足大量新型应用的需求，如多媒体会议、视频点播、远程教育、在线游戏、网络广播、大规模数据分发等。

覆盖网多播又称为应用层多播，可以弥补 IP 多播的不足，作为 IP 多播的一种有效的替代方式受到了广泛的关注。覆盖网多播工作在应用层，参与节点是终端用户或服务器，统称为终端节点。为了实现数据的分发，终端节点被组织成覆盖网拓扑，通常为树状或网状结构。在多播拓扑中，每条覆盖链路对应 IP 网络的一条单播路径，在该单播路径中通过单播隧道机制实现跳到跳的数据传输。与 IP 多播不同，覆盖网多播中由终端节点负责数据的复制和转发。

1.网状优先覆盖网多播

网状优先方式是将终端节点连接形成一个网状的拓扑结构（Mesh），即控制拓扑；然后根据具体的多播业务需求构建基于 Mesh 的多播树，即数据传输拓扑。控制拓扑负责在所有组成员之间建立拓扑图，周期性地在节点之间交换状态信息，维护和更新控制拓扑状态，增强整个系统的健壮性和可靠性。由于需要周期性地优化控制拓扑，加重了系统的负载，所以可扩展性差是网状优先多播拓扑的缺陷。数据拓扑则是基于控制拓扑的生成树，通常情况下，以每个数据源为根构造一棵基于控制拓扑的生成树。由于数据拓扑是直接从控制拓扑得到的，因此，控制拓扑（即网状拓扑）的构造直接影响数据传输的质量。

Namda 协议是最早提出的基于网状优先的覆盖网多播路由协议之一，是一种集中式路由控制协议。在该协议中，所有组成员节点将构成一个虚拟 Mesh 控制拓扑。Narada 通过汇聚节点收集成员之间的信息构建 Mesh 结构。在控制 Mesh 拓扑上，Narada 运行类似于 DVMRP 的距离向量协议使每个成员得到整个网络的路由信息，以每个数据源为根，综合时延和带宽两个参数构造一棵生成树。由于每个成员需周期性地同其他成员交换状态信息，产生了大量的维护开销，导致可扩展性差，因此只适用于小规模组播应用。

Scattercast 也是一种网状优先的覆盖网多播系统，是基于代理服务器（Proxy-based）的多播模式，即在代理服务器之间建立多播路由。Scattercast 的拓扑结构类似于 Narada，但在组成员发现方面，Scattercast 采用分布式方法，没有汇聚节点，成员之间随机地进行报文交互，相互获取对方的信息。其次，ScattercaM 以时延为参数，构造具有度约束的多播树。由于运行类似 Gossip 协议的信息交互算法，产生大量的冗余数据包，使得 Scattercast 的可扩展性受到一定的影响。

为了提高覆盖网多播的可扩展性和可靠性，文献提出了一种特殊的网状覆盖网多播算法 FaReCast：一种基于森林的 M2M 覆盖网单源多播。FaReCast 在基本的最短路径树的基础上，增加节点的父节点且连接其兄弟节点，构成森林结构，即每个节点有多个父节点和多个孩子节点，提高多播转发的可靠性。同时，在数据分发的过程中，FaReCast 采用多路径多方向传输方式，增加数据转发的效率，减少时延消耗。由于 FaReCast 采用的是森林结构，其维护代价小于 Mesh-first 拓扑，因此，在一定程度上改善了可扩展性。

另外，还有一类特殊的网状覆盖网多播协议，它们在结构化的 P2P 网状结构之上构建多播树。CAN-Muhicast 将多播拓扑构造成 CAN 结构，使用 flood 方法在 CAN 内转发多播数据，可以减少节点维护状态信息的代价，提高数据传输的可靠性，但产生了大量的冗余报文。Scribe 是应用覆盖网多播来传输大规模事件的通知系统，它的覆盖网多播拓扑建立在 Pastry 之上，采取分布式策略为每个多播组分配一个 ID 标识且建立一棵共享树，通过 ID 匹配的方式进行数据转发。由于 Pastry 具有负载均衡的优点，Scribe 有较好的可扩展性.但维护共享树使得 Scribe 的复杂性增加。Bayeux 的拓扑依赖于 P2P 系统 Tapestry，每个节点维护自己独立的路由表，通过与邻居节点 ID 匹配的方法进行逐跳路由。依据 Tapestry 的结构特性，需要将多播树的状态信息保存在"中间节点"上，这限制了 Bayeux 的可扩展性。

2.树状优先覆盖网多播

树状优先是将终端节点直接连接形成一棵多播树，而不依赖于 Mesh 拓扑。树状优先覆盖网多播拓扑维护代价低，每个源到接收终端都有一条最短的路径，非常适合大规模数据的快速分发。在树状优先结构中，每两个组成员之间只有一条覆盖路径，不必考虑环路，因此在此结构中播路由算法比较简单。树状优先可以分为有源树和共享树。有源树是指每个多播源独立建立以自己为根的最短路径树（Shortest Path Tree，SPT），适合于单源多播。有源树需要为每个数据源构造一棵树，维护大量的状态信息，开销较大。共享树是以一个公共的汇聚节点为根建立的最小生成树（Minimum Spanning Tree，MST），常用于多源多播。在共享树中，数据源首先将数据包发送给汇聚点，汇聚点负责依据共享树将数据转发给接收者；一旦共享树构建好，所有源都沿此树传送数据，不必为每个数据源计算路由路径。因此，共享树建树代价较有源树小，但对于不同的数据源，路幽路径不是最优的，通信效率差。

Yoid 是基于 Tree-first 的共享树覆盖网多播路由协议，它采用有度约束的方式在组成员节点之间建立多播转发树。Yoid 也是一种集中式控制方式多播树。在 Yoid 中，汇聚节点不仅负责维护节点间的链路状态，为每个新加入节点提供必要的信息，还维护一个独立于多播树的 Mesh 结构，用于避免或加速修复因节点失效或离开而造成的多播树分裂，提高路由的鲁棒性。与 Yoid 类似，ALMI 也是基于 Tree-first 的采用集中控制的覆盖网多播路由协议。该协议通过一个会话控制器（SC）管理组成员的加入和离开。与 Yoid 不同的是，ALMI 的汇聚节点 SC 不采取主动探测的机制维护多播拓扑，而是每个组成员节点监测自己到邻居节点的状态信息，向 SC 报告。ALMI 以最小化链路的时延代价为目标建立多播共享树。Overcast 是基于 Tree-first 结构的覆盖网多播协议，主要服务于内容分发网（CDN），它以带宽最大化为目标在代理服务器之间（Proxy-based）建立有源多播树。Overcast 采用分布式策略动态优化多播树，适用于大规模多播应用。

虽然树状优先覆盖网多播具有较好的可扩展性，可用于大规模数据分发，但也存在一些设计缺陷，最典型的是：

（1）节点的扇出（fan-out），随着非叶子节点出度的增加，其数据分发性能呈对数级下降趋势。

（2）对单点故障（single-point failure）非常敏感。

针对节点的扇出对树状优先覆盖多播网性能的影响，文献提出了分层有度约束的覆盖网多播协议 LDCOM。该协议将多播树状结构分为两层：核心树和扩展树，构成核心树的节点由具有双向交互通信能力的节点组成。以度为约束条件构造核心树，使得时延最小化。而扩展树中的节点则负责单向多播数据传输，且没有时延约束条件的限制，提高了整体的可扩展性。关于双向交互式多播通信，文献也进行了深入研究，在满足带宽约束的条件下，以最小化网络端到端时延为目标，作者设计了启发式算法求得近似解。

对于单点故障，常用两种方法进行恢复：被动式（Reactive Approaches）方法和主动式（Proactive Approaches）方法。被动式方法是在节点发生故障后，立即采用即时检测和重构树的方法进行恢复，通常情况下，用树中其他节点取代出现故障的节点被动式方法重构时间长，时间开销较大，在重构过程中多播应用会被中断。主动式方法采用备份路由的方法，事先为每个可能出现故障的节点设置一个备份节点，一旦原节点出现故障，立即将它的子树连接到备份节点。主动方式使得多播树的重构过程平滑且快速，然而，维护备份路由需要较大的开销。文献提出了成员关系持续意识的覆盖网多播算法 MDA-ALM，解决单点故障的问题，减少重构多播树带来的巨大开销。MDA-ALM 要求每个新加入的节点声明自己的"成员关系持续时间"，将成员关系持续时间长的节点放置在树的中间，而持续时间小的节点则布置在树的下方或叶子节点。虽然 MDA-ALM 减少了单点故障对多播树的影响，但它建立在节点的诚信与合作的基础上，如果节点是自私的，则严重影响 MDA-ALM 的性能。

3.层次状覆盖网多播

层次状覆盖网多播是为了满足大规模数据分发的要求，减少多播拓扑维护代价而设计的多播结构，其中最具有代表性的是 NICE 和 ZigZag 协议。NICE 和 ZigZag 都使用了分层（Hierarchical）和分簇（Clustering）的思路，即将整个多播树分成几个层次（自下至上为 0 层、1 层等），每层组成员分成多个簇，每个节点都属于第 0 层。从底层开始，选出一个节点作为 leader，参与上一层簇的构造，直到得到最高层的 leader 为止。当新节点到来时，从最高层开始，找到距离最近的 leader 并插入第 0 层。每个簇内部构造以 leader 为中心的星型结构。NICE 和 ZigZag 的区别在于，在 NICE 中，每个 leader 是下一层选举产生；而 ZigZag

则采用外领导节点作为下一层的父节点。由于 ZigZag 有效避免了因 leader 失效造成的路由分裂问题，其可靠性优于 NICE。

4.其他覆盖网多播协议

TAG 利用 IP 网络拓扑信息辅助构造多播树，使覆盖网多播路由尽可能与物理网络路由相一致，提高路由性能。MSDOM/MMDOM 研究了节点的处理时延对于覆盖网多播的影响，其作者指出多播源节点或中继节点需同时复制多个副本并发送出去，因此与多播数据的传输时延相比较，处理时延显得格外重要，而处理时延正比于节点的度.直接影响覆盖网多播的性能。MSDOM/MMDOM 以最小化覆盖多播网的平均时延和最小化网络的最大时延为目标，提出了构造覆盖网多播的算法，并求得近似解。

HMTP 和 CoreCaSt 研究了 IP 多播与覆盖网多播相结合来解决 IP 多播存在"小岛"的问题。"小岛"问题是由于目前 IP 多播只部署在域内，而没有扩展到域间而形成的。文献和研究了在域内仍是 IP 多播，而域间使用覆盖网多播进行连接的情况，是一种混合方案，不受网络条件的限制，且充分利用 IP 多播效率高的优点，应用覆盖网多播弥补了 IP 多播可扩展性差的缺陷。HMTP 侧重于多播树的构造，而 CoreCast 应用位置与标识分离协议（LISP）构造域间多播连接，提高可扩展性。在 CoreCast 研究成果的基础上，LCast 引入软件定义的思想使得覆盖网多播系统具有再配置功能，提高系统的灵活性.

四、覆盖网感知方式

覆盖网络对于互联网基础设施的感知大致可以分为两种方式：主动探测式和合作交互式。

1.主动探测式

覆盖节点根据某种度量标准主动推测节点间的物理邻近关系，用于覆盖链路的建立和覆盖路由的决策。这种方式由覆盖网络层主动独立完成，物理网络感知不到这一选择或决策过程的存在。这种方式中度量标准可以分为 3 种类型：基于时延或跳数、基于 IP 地址和基于节点的网络坐标。

（1）基于时延或跳数：覆盖网络系统运用 ping 或 traceroute 协议主动探测覆盖节点间的往返时间（Round Trip Time，RTT）或 IP 路径的跳数。例如，文献通过测量节点间的时延和跳数对 Bit Torrent 系统内的节点进行聚类，建立层次状覆盖拓扑，使得节点尽可能在同一类内进行数据的传输。

（2）基于 IP 地址：这种类型利用了 IP 地址的层次结构特性，即一个 IP 地址是由网络地址和主机地址两部分组成。在选择邻近节点或在 CDN 网络中选择内容服务器时，分析 IP 地址结构，选择位于同一子网内的节点作为邻居节点或内容服务器。

（3）基于节点的网络坐标：为每个覆盖节点建立一个网络坐标，节点间的邻近关系通过计算节点间坐标距离得到，文献属于该种类型。

2.合作交互式

这是一种覆盖网络与物理网络相互合作的模式，在物理网络中部署一个实体服务器（entity），收集物理网络拓扑及其状态信息；覆盖网络系统根据需要从实体服务器中取得相关信息。例如，德国电信实验室提出的 Oracle 系统就是通过部署实体服务器，对每个覆盖节点的邻居节点按照其物理拓扑的位置远近进行排序，帮助 P2P 客户端选择较优的节点。SIS 通过部署实体服务器为覆盖网络层提供动态的物理拓扑和状态信息。此外，合作交互式为覆盖网络层提供的信息还可以考虑路径代价、ISP 策略等因素，例如，美国耶鲁大学网络系统实验室提出的 P4P 系统。

上述研究成果在考虑互联网基础设施对覆盖网络的影响时，主要侧重于覆盖网路径与物理路径之间的相关性，对如何考虑物理网络中部分关键节点对覆盖网络拓扑构造、路由和数据分发的影响；如何建立具有节点邻近意识的覆盖网络，减少端到端的时延等问题的研究不够深入。研究表明，物理网络中的部分节点频繁出现在 IP 层最短路由路径中，对于最优路径的选择起着重要的作用。本书正是根据这一特性，借鉴已有的研究成果对覆盖网络的拓扑构建、多路径路由以及多播等相关问题进行了深入研究。

作为解决目前 IP 网络诸多缺陷的一种有效方案，覆盖网络技术得到了科研工作者的广泛重视和深入研究，它不仅为下一代互联网的规划设计提供了新的思路，而且在云计算、数据中心网的开发和部署方面发挥了较大的作用。本章介绍了覆盖网络的基本概念和分类，分析了覆盖网具有的优缺点，介绍了覆盖网络在互联网中的各种应用；之后，重点阐述了覆盖网络在拓扑构建、路由和多播等方面的研究成果和存在的问题。

第二章 基于Overlay Network 协同组播网络体系结构

本章根据组播技术的本质特征和根本目标,分析了当前网络体系结构在实现组播中所存在的问题,阐述了研究组播网络体系结构的必要性,提出通过由应用层组播节点和网络层组播功能路由器协同构造Overlay Network,实现应用层与网络层协同组播的网络体系结构理论模型,并在此基础上对协同组播Overlay Network的节点部署,虚拟链路的选取等关键问题进行了深入研究

第一节 当前网络体系结构在实现组播中存在的问题

网络体系结构是网络基础理论研究的核心问题和最基本的研究课题,对网络协议的定制和相关算法的实现起着指导性的作用。网络体系结构的发展表征着网络技术的发展。

网络体系结构是用来描述网络协议技术实现和计算机通信机制的一组抽象的规则,这些规则指导着网络的发展。麻省理工学院计算机科学实验室(LCS)高级网络体系结构小组(Advanced Network Architecture Group)对"网络体系结构"做了如下定义:网络体系结构是一套顶层的设计准则,这套准则用来指导网络的技术设计,包括协议和算法的工程设计。这样定义的网络体系结构包括两个层次,一面方面是网络的构建原则,以确定网络的基本框架;另一方面是功能分解和系统的模块化,指出实现网络体系结构的方法。

网络体系结构的确定对网络的性能与发展至关重要。它能够指导网络的发展方向,为网络技术的研究开发确立明确的目标;协调网络各部分有序的发展,尤其是在技术和需求发生变革的时候。遵循连贯的网络体系结构,使设计准则不断接受检验和进行完善,反过来也使网络体系结构越来越稳健和强大。

当前对于组播技术的研究,不论是网络层组播还是应用层组播,都是分别研究各自的体系结构,针对各自不同的特点设计不同的网络体系结构。网络层组播是在原有TCP/IP三层体系结构中,把组播功能添加到网络层,以原有体系结构为基础进行组播设计;而应用层组播则是在现有网络的基础上叠加一层应用组播层,通过端用户直接相连构造此层。虽然已有一些组播方案试图利用网络层组播和应用层组播共同为端用户提供组播服务,但是对于两者之间的协同组播还没有提出合理的网络体系结构,指导协同组播网络设计,让两者协同工作,使它们共同向广域范围内的用户提供组播服务。因此,设计一个开放的协同组播网络体系结构是非常必要的,使之能够充分利用网络层组播的高效性和应用层组播的灵活性,使两者在此协同组播网络体系结构的指导下,共同为广域范围内的端用户提供高质量的组播服务。

第二节 基于 Overlay Network 的协同组播网络体系结构

网络层组播是实现单点到多点或多点到多点通信的有效途径,随着当前网络服务的不断发展,尤其是以多媒体应用为代表的网络应用服务越来越需要一种高效的网络通信方式。但由于网络层组播需要对现有网络基础设施进行全面升级,使所有设施(路由器或交换机等)都支持网络层组播,且要求网络中组播路由器维护每个组播组的会话状态,从而使其易部署性和可扩展性受到了限制。对于应用层组播来说,虽然不需要对网络基础设施进行全面升级,但由于端用户系统的可靠性低,底层路由信息对应用层组播透明,因此应用层组播的稳定性

和路由高效性都受到影响。并且应用层组播在组播数据的转发中有较大的冗余，转发效率没有网络层组播高，因此它的部署性和扩展性也受到一定的限制。

综上所述，为了提高组播技术的应用，克服现有各种组播方案的缺点，需要设计一种新的组播网络体系结构。这种新的组播方案要能够充分利用网络层组播的高效性和应用层组播的灵活性，从而具有易部署性和可扩展性，为更广范围内的端用户提供组播服务。

一、基于 Overlay Network 协同组播的主要思想

近年来，Overlay Network 技术受到研究者极大关注，并得到广泛应用和发展，这是因为它可以在现有网络上很方便地实现和部署新的服务。Overlay Network 技术是一种构造网络方法，它与特定技术、特定层次无关。它可在原有物理网络的基础上，按照某种需要构造一个虚拟网络，以此来支持原网络没有或很难提供的功能，并能最大限度地保证与原有网络的兼容性。Overlay Network 无需物理构造，而只需要逻辑融合，即可提供所需的服务，并由此改善下层网络的一些相关属性，而且可以在与现有网络兼容的基础上，较为灵活地解决当前网络体系结构所存在的问题。因此对 Overlay Network 的研究成为热点。

Overlay Network 具有如下特点：

（1）扩展性：Overlay Network 不需要对现有物理网络进行全面改造，仅仅通过增加一定服务器或者在已有的节点部署一定的服务，就可以构造一个虚拟的逻辑网络。

（2）适应性：Overlay Network 中所建立的链路是一个虚拟的链路，这些链路是对底层物理网络中真实链路的提取与抽象。这些链路可以根据应用程序和需求进行经常的优化，从而根据需求优化网络结构。

（3）健壮性：Overlay Network 通过对节点服务的配置和链路的适应性，从而比底层网络设施具有更强的健壮性。例如，Overlay Network 上节点间的连通性，任意两个节点间的连接可以通过两条彼此完全独立的路径实现路由。

网络层组播是 IP 层协议提出以来增加的第一个重要功能，它是一种实现组播分组转发的高效方式，其使网络中组播分组复制量达到最小，减少数据包在网络中的传输冗余，节省带宽提高网络传输效率。与单播应用相比，只用网络层组播技术分发数据能从本质上减少整个网络对带宽的需求。

网络组播的优点体现在它对带宽合理利用和高效的转发效率上，但网络层组播自提出到现在已经有十多年了，仍然没有得到广泛的应用，主要的困难在于：（1）网络层组播需要全网络的基础设施进行升级改造，只有在所有基础设施都支持网络层组播的条件下，才能够为网络提供网络层组播服务，这阻碍了其部署。（2）网络层组播需要组播路由器维护组播每组会话的状态，增加了组播路由器维护负担，并带来了 IP 层的复杂性，不利于扩展。（3）网络层组播需要每个组播组从组播地址空间中动态地获得一个全局唯一的地址，这种地址编码和获得方式要实现可扩展、分布、一致的寻址将会十分困难，使其可扩展性受到限制。（4）网络层组播是一种尽力服务，缺少像单播具有的拥塞控制、流量控制、安全保障等功能。

为此，最近几年来，研究人员开始重新考虑网络层是否是实现组播功能的最合适的层次，从而提出了应用层组播的概念。所谓应用层组播就是把与组播相关的功能放在应用层来实现。组播功能在网络中通过端用户系统实现，而无需由网络层路由器提供相关的支持。组成员之间自组织成为应用层覆盖网络，并以此为基础建立组播转发及控制拓扑。应用层组播的优点在于：（1）应用层组播应用能够快速部署，不需要对现有网络路由器进行全网

升级改造。（2）应用层组播是通过端用户之间的单播来实现组播分组的转发，所以拥塞控制、流量控制、差错控制和安全保障等较网络层组播易于实现。（3）应用层组播地址分配问题也可以根据不同的应用特点采用相应的解决方案。但应用层组播也有其自身的缺点，主要缺点在于：（1）端用户系统的稳定性比路由器差，影响组播系统结构的稳定。（2）应用层组播拓扑结构不考虑底层网络的拓扑结构，造成端用户时延较大。（3）应用层组播在物理链路传输组播分组过程中会产生数据冗余，传输效率比网络层组播低。目前，应用层组播研究中已经开始考虑利用网络层提供的拓扑结构信息，以便提供更加便捷、可靠的组播服务。但目前还缺乏完善的机制，不能将两者很好地结合。

针对端用户系统稳定性差，影响组播系统性能的问题，以及自治域间缺少有效的组播通信机制的问题，有研究者提出了通过在网络中部署一定的组播服务器（Multicast Server）或组播代理服务器（Multicast Proxy Server），通过这些组播服务器构造一个 Overlay Network，在此 Overlay Network 的基础上构造一棵由组播服务器节点组成的应用层组播树，通过此应用层组播树为网络中的端用户提供应用层组播服务。但此种方法没有考虑网络中具有网络层组播功能的节点作用，而只是利用应用层组播为端用户提供组播服务。

不论是网络层组播还是应用层组播，两者都是把提供组播服务的网络看作是一个具有单一组播功能的网络。网络层组播只有在相互连通的组播路由器之间才能够实现网络层组播功能，因此需要全网的路由器都能提供网络层组播功能；而应用层组播则完全忽略网络组播功能，不论底层路由器是否具有组播功能，仅利用端用户或组播服务器进行应用层组播分组复制转发。但是在当前真实物理网络中，很多自治域中存在一定的具有组播功能的路由器，但还存在不具有组播功能的普通路由器，而且组播路由器间并不是完全连通的，有些组播路由器要通过普通路由器才能够相连；对于自治域间也存在这样的问题，有些自治域间可以通过具有域间组播功能的边界网关路由器进行网络层组播通信，而有些自治域并不具有域间网络层组播功能，只能通过普通域间单播进行路由转发。

本书在分析当前组播网络的特点基础上，深入研究组播机制，综合利用应用层和网络层组播的优点，发挥应用层组播易于部署性和网络层组播转发高效的优势，吸收 Overlay Network 的思想，将应用层组播与网络层组播技术基于 Overlay Network 之上进行研究，提出基于 Overlay Network 的应用层与网络层协同组播体系结构。其主要思想就是通过在域内合理部署一定组播代理服务器，由组播代理服务器、端用户和组播路由器构成协同组播 Overlay Network。在此 Overlay Network 上构造一棵由网络层组播路由器、组播代理和端用户共同组成的协同组播树，通过此协同组播树为端用户提供组播服务。端用户根据所连接的网络层节点组播特性，当端用户连接普通路由器时，采用应用层组播加入到协同组播组中，而当端用户连接组播路由器时，根据协同组播路由目标和约束条件的限制，采用网络层组播或应用层组播加入到协同组播组中。从而通过端用户实现网络层组播与应用层组播的通信，实现应用层与网络层组播在 Overlay Network 上的协同工作，为全网提供组播服务的目标。

综上所述，本书所提出的"协同组播"就是利用 Overlay Network 技术，由组播代理服务器、端用户和组播路由器采用应用层组播和网络层组播共同构造一棵协同组播树；组播树上端用户根据网络路由特性可同时采用应用层组播和网络层组播进行组播数据的接收与转发，从而实现应用层组播与网络层组播的沟通，使两者协同进行组播通信。由于本书所提出的协同组播是基于 Overlay Network 技术的，所以它具有灵活配置和易于部署服务的能力,不需要对全网基础设施进行升级改造,即可为现有网络提供所需的组播服务。因此,协同组播将会加快组播服务向全网的实施,并为实现高效、可靠、可扩展和易于部署的组播实施目标提供有益的研究思路。

二、基于 Overlay Network 的协同组播体网络体系结构

在充分结合应用层组播与网络层组播优势的基础上,针对组播的本质特征、根本目标以及协同组播所存在的物理网络基础,本书提出基于 Overlay Network 应用层与网络层协同组播网络体系结构的层次模型,它由三个功能层构成,分别为基础物理网络层、协同组播覆盖层和用户组播应用层,其理论模型如图 2.1 所示。

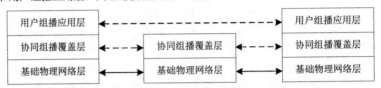

图 2.1　基于 Overlay Network 协同组播网络理论模型

Fig.2.1 The theory model of cooperation multicast network based on overlay network

各层的主要功能定义如下:

(1) 基础物理网络层:它是协同组播覆盖层的构造基础,利用现有 TCP/IP 协议族在物理链路上提供基本的物理层传输、网络通信和网络层路由等功能。它向上层(协同组播覆盖层)提供必要的通信节点、通信协议和物理连接支持。基础物理网络层涵盖了原有七层网络体系结构的全部内涵。

(2) 协同组播覆盖层(Overlay Network):它是本书协同组播网络的核心层次,是构建在底层(基础物理网络层)上的虚拟层。协同覆盖层生成并维护 Overlay Network 网络拓扑结构,按某种路由算法生成节点的路由表,同时为其上层(用户组播应用层)提供基于 Overlay Network 的协同组播路由功能。协同组播覆盖层中的节点由原七层网络结构中的网络层组播功能节点(组播路由器)以及应用层组播功能节点(端用户或组播代理服务器)构成。协同组播覆盖层的链路由基础物理网络层中的网络层组播链路和应用层节点间的路由路径组成。协同组播覆盖层是以向全网提供协同组播服务为目标,在协同组播相关协议及机制的支持下,对网络层组播功能节点、应用层组播节点以及这些节点的链路进行抽象提取或虚拟整合。由于协同组播覆盖层是构造在基础物理网络层上的虚拟层,因此不必对现有物理网络进行全网改造,而只需要在网络中部署一定的组播代理服务器和对端用户部署协同组播服务,相对于网络层组播要求全网基础设施进行升级改造,虚拟组播覆盖层更易于部署和实现。

(3) 用户组播应用层:它负责向端用户提供协同组播应用服务,为端用户和组播应用程序提供应用接口。用户组播应用层是端用户与协同组播网络之间的相互接口,它在底层(协同组播覆盖层)的支持下,实现端用户所需的组播服务。

本书提出的协同组播网络体系结构网络模型采用的是分层机制,每一层都独立于其它的层次,这种分层的优点在于:

(1) 独立性:模型中某一层并不需要知道它的下一层是如何实现的,而仅仅需要知道该层通过层间的接口所提供的服务。由于每一层只实现一种相对独立的功能,因而可将一个难以处理的复杂问题分解为若干个容易处理的更小一些的问题。这样,整个问题的复杂

程度就下降了。

（2）灵活性：当任何一层发生变化时（例如节点位置的变化或路由技术的变化），只要层间接口关系保持不变，则在这层以上或以下各层均不受影响。此外，对某层提供的服务还可以进行修改。

（3）易于实现和维护性：这种分层结构使得实现和维护一个复杂系统变得易于处理，因为整个系统已被分解为若干个相对独立的子系统，可以在已有条件（子系统）的基础上构造新的子系统，进而构造成整个系统。

上述基于 Overlay Network 协同组播网络的理论模型，涵盖了自治域内协同组播和自治域间协同组播。本书协同组播把实现协同组播的方案分为自治域内协同组播和自治域间协同组播两层结构，通过两层的结合，为广域范围内的端用户（域内或域间端用户）提供组播服务。下面将分别介绍自治域内和自治域间协同组播网络的构成和特点。

（1）自治域内协同组播网络

本书协同组播自治区域直接采用当前 Internet 为保证单播服务所划分的自治区域概念，即一个自治区域是指拥有相同的路由策略，在同一技术管理部门下运行的一组路由器构成的网络。在自治区域中端用户之间应该保证都是连通的。

在自治域内采用三层的网络体系结构实现域内的协同组播，如图 2.2 所示。底层物理网络为基础，为协同组播 Overlay Network 提供节点和物理链路，在此基础上构造协同组播 Overlay Network。最上层为协同组播树，它在 Overlay Network 上构造而成，包含应用层组播和网络层组播链路。用户通过此协同组播树获得组播服务。

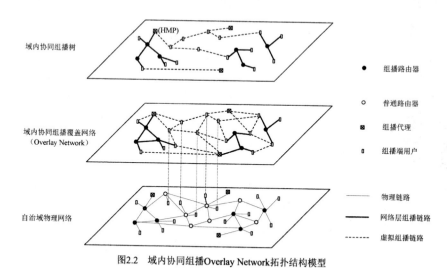

图2.2 域内协同组播Overlay Network拓扑结构模型

Fig.2.2 The Overlay Network topology model of intra-domain cooperation multicast

1）域内物理网络层

从一般情况考虑，协同组播域内含有两类节点：网络层节点和应用层节点。其中网络层节点中包含有具有组播功能的节点（组播路由器）和无组播功能的普通节点（普通路由器）；而应用层组播节点包含组端用户和部署的组播代理服务器（以后简称"组播代理"）。在协同组播域中存在的链路是真实的物理链路，这些链路包括两类：一种是组播路由器间，以及组播路由器与端用户（或组播代理）间相连的网络层组播链路；另一种是普通路由器之间，以及普通路由器与端用户（或组播代理）之间相连的单播链路。如图 2.2 所示，最底层为物理网络层。

组播代理的作用是以其为根构建域内的协同组播树，并作为域间协同组播树的节点从其它自治区域中的组播代理节点（其域间组播父节点）获得组播数据，并把此数据转发到域内协同组播组中，使本域中的端用户获得域外的组播数据。组播代理在域内部署的位置直接影响着域内 Overlay Network 的性能，因此要对组播代理的部署问题要进行深入研究。

2）域内协同组播 Overlay Network

为了实现域内应用层与网络层的协同组播，利用 Overlay Network 特点，通过对底层物理网络节点和链路进行抽象提取，在协同组播物理网络层的基础上构造了协同组播覆盖层（Overlay Network）。域内 Overlay Network 上的节点由三类节点构成，分别为端用户，组播代理和组播路由器节点，它们是对底层物理网络中对应节点的提取。

域内 Overlay Network 上的链路根据实现组播分组转发所采用的不同方法分为两类，一类是与组播路由器直接相连的网络层组播链路。它包括组播路由器之间和组播路由器与端用户或组播代理之间的链路，是对真实物理网络中的网络层组播链路的提取。另一类为端用户之间或与组播代理之间相连的虚拟组播链路，它是对真实物理网络中通过单播来实现应用层组播分组数据转发路径的虚拟抽象，忽略了节点间路由器，因此它是一种虚拟组播链路。

3）基于 Overlay Network 的域内协同组播树

基于 Overlay Network 的域内协同组播树是由 Overlay Network 上的端用户，组播代理和组播路由器构成，其中端用户，组播代理可以通过应用层组播进行组播分组的复制与转发，而组播路由器则可以通过网络层组播进行组播数据的复制与转发。域内协同组播树的链路为 Overlay Network 上的网络层组播链路和虚拟组播链路，每条链路在组播树中对同一组播分组只进行一次转发，因此，网络层组播链路和虚拟组播链路在域内协同组播树上具有相同的转发特性。域内协同组播树采用有源树的结构，源为域内的组播代理。当一个域内存在多个协同组播组时，由于域内可以存在多个组播代理，每个组播组可以有不同的组播树结构，选取不同的组播代理作为组播树的根。

在一般协同组播域中，存在一定的网络层组播路由器，也存在普通路由器，而组播路由器间并不是完全连通的，有些组播路由器间要借助于普通路由器进行连通。因此，根据应用层节点所连接的路由器的特性，可以把一个协同组播域划分成若干个更小的区域，在每一个小区域中所有的网络层节点都具有相同的特性，即都具有组播功能的组播路由器或都不具有组播功能的普通路由器。在构造一棵协同组播树时，在含有普通路由器的小区域中只能采用应用层组播把所有的端用户加入到协同组播树中。而在含有组播路由器的小区域中，由于组播路由器既可以进行网络层组播数据的转发，也可以利用单播进行应用层组播数据的转发，因此在这种小区域中，端用户根据协同组播网络构造的目标和约束条件的要求，采用网络层组播或者应用层组播加入到协同组播树中。而当两种小区域中的某些端用户在协同组播树中存在连接关系时，它们通过应用层组播进行连接。通过以上的协同组播机制就构造了一棵协同组播域内的协同组播树（如图 2.2 中协同组播树所示）。在此协同组播树中同时存在网络层组播分枝和应用层组播分枝，从而在协同组播域内由网络层组播和应用层组播共同构造成一棵协同组播树。

当协同组播域中都为组播路由器时，此时协同组播树进化为一棵网络层组播树，端用户通过网络层组播加入到协同组播树中；另一方面，当协同组播域中都是普通路由器而不存在组播路由器时，此时协同组播树进化为一棵应用层组播树，端用户通过应用层组播加入到协同组播组中。

（2）自治域间协同组播网络

域间协同组播也采用三层网络体系结构如图 2.3 所示，底层为物理网络，在此基础上构造域间 Overlay Network。以此 Overlay Network 为基础构造域间协同组播树。

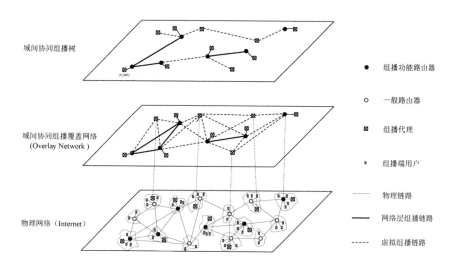

图 2.3 域间协同组播 Overlay Network 拓扑结构模型

Fig.2.3 The Overlay Network topology model of inter-domain cooperation multicast

1）域间物理网络层

在现实 Internet 网络中，各个自治域通过本域中的域间路由器运行域间路由协议与其它自治域进行通信。但是，与协同组播域相似，并不是所有的域间路由器都支持域间网络层组播，因此在域间也存在两种链路，即网络层组播链路和单播链路。为了清晰表达域间的链路连接情况，可以忽略域内具体的连接情况，而把每个自治域抽象为节点，用域内的组播代理节点或组播路由器表示。它与其它自治域抽象节点间的连接方式根据真实的连接情况可以是域间网络层组播链路，也可以是域间单播链路，如图 2.4 所示。抽象后的域间组播网络节点包含网络层组播节点（域间组播路由器）和普通应用层节点（组播代理），域间链路包含网络层组播链路和域间单播链路。

2）域间协同组播 Overlay Network

为了实现域间的应用层与网络层的协同组播目标，在域间物理网络的基础上构造一个域间协同组播覆盖网络（Overlay Network），如图 2.3 所示。域间 Overlay Network 上的节点包括两种：组播代理和组播路由器。其中组播路由器为域间路由器，它们可以运行域间路由协议。域间 Overlay Network 上的链路与域内 Overlay Network 上的链路相似，也是由具有网络层组播功能的链路，和通过单播进行应用层组播数据转发的虚拟组播链路构成。其中，网络层组播链路对应底层物理网络中组播路由器间相连的域间网络层组播链路，而

Overlay Network 上的虚拟组播链路是对底层网络的域间单播路径的抽象。

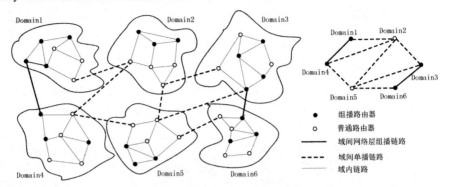

图 2.4 域间协同组播网络拓扑模型

Fig.2.4 The inter-domain cooperation multicast network topology model

3）基于 Overlay Network 的域间协同组播树

基于 Overlay Network 的域间协同组播树是由 Overlay Network 上的组播代理和组播路由器节点组成。组播树链路是对域间 Overlay Network 上的链路提取得到的，因此也包含两类链路，一类是域间网络层组播链路，另一类为组播代理之间相连的虚拟组播链路，如图 2.3 所示。与域内协同组播树的构成类似，组播代理根据它所直接连接的路由器特性，如果连接组播路由器，则根据域间路由目标和约束条件可以采用网络层或应用层组播加入到协同组播组中；而如果组播代理连接普通路由器，则只能采用应用层组播加入到协同组播组中，从而构成一棵包含应用层组播和网络层组播的域间协同组播树。

基于 Overlay Network 的协同组播网络采用基于组播代理的技术，从而能够充分利用组播代理的稳定性和性能优越的特点，使构造在域间 Overlay Network 上的协同组播树结构更加稳定，性能更加突出。同时避免了由于端用户自组织构造域间 Overlay Network 所带来的系统结构不稳定，端用户节点资源有限所带来的各种限制，从而具有更好的扩展性，支持应用层与网络层的协同组播。

三、基于 Overlay Network 协同组播关键技术

（1）基于 Overlay Network 协同组播网络体系结构

上述本书章节已经初步提出基于 Overlay Network 协同组播体系结构及域内和域间两层协同组播模型，但还需要进一步深入的研究和完善，并利用形式化方法对协同组播网络体系结构、协同机制进行描述、分析和验证。

（2）协同组播 Overlay Network 的构造

在基础物理网络的基础上，构造协同组播 Overlay Network，并以此虚拟网络为基础向全网范围提供组播支持是本书协同组播的关键，主要包含如下两个方面：

第一，协同组播域中组播代理节点的部署问题

组播代理节点是协同组播 Overlay Network 上的核心节点，它的部署位置直接影响着协同组播的性能。如何在基础物理网络中部署组播代理节点来构造协同组播 Overlay Network 是进行协同组播网络拓扑及路由研究的基础，是首先需要解决的问题。

第二，协同组播 Overlay Network 中链路的选取问题

由于协同组播 Overlay Network 中的链路是对底层物理网络链路的抽象提取，是一种虚

拟链路，因此合理地选取协同组播的虚拟链路，从而优化 Overlay Network 的拓扑结构，为协同组播提供更好的支持是需要进一步深入研究的问题。

（3）基于 Overlay Network 协同组播路由问题

在协同组播 Overlay Network 的基础上，如何利用 Overlay Network 的特点，使端用户能够方便地加入到协同组播组中，使协同组播网络具有合理的拓扑结构，并让组播分组的转发具有高效性，这都涉及到协同组播的路由问题，是研究协同组播的核心问题。这主要包括以下两个方面：

第一，域内协同组播路由问题

在协同组播 Overlay Network 的支持下，为了向用户提供高质量的组播服务，需要对协同组播的 QoS 静态路由问题进行深入的研究，从而保证协同组播的服务质量。同时，由于组播系统所具有的动态性，还应对协同组播的动态路由进行深入研究，从而更好地满足用户的动态要求，利于协同组播系统的扩展。

第二，域间协同组播路由问题

在域间协同组播中，为了保证协同组播的服务质量，也需要对域间协同组播的静态和动态路由问题进行深入研究。同时，在域间协同组播网络中，可能存在多个组播组，而每个组播组可能有不同的组播树结构，如何根据协同组播树的特点，进行组播树的聚集，从而减少节点需要维护的状态负载，提高协同组播树的性能是一个需要研究问题。

（4）基于 Overlay Network 协同组播拥塞控制问题

由于基于 Overlay Network 协同组播树包含应用层组播链路和网络层组播链路，因此端用户的不稳定，链路的拥塞等问题造成组播树性能的降低，是不可回避的问题。如何维护协同组播树的合理结构，使端用户获得高性能的组播服务是一个必须研究的问题，这主要包括如下方面：

第一，协同组播中拥塞控制机制

当前，网络层组播和应用层组播已有技术由于各种原因，都没有从根本上解决拥塞控制问题，由此也限制了组播技术的推广和实施。因此，如何在兼顾扩展性、公平性、敏感性的基础上，研究适合协同组播的高效拥塞控制机制，是基于 Overlay Network 协同组播研究的关键技术之一。

第二，协同组播中共享拥塞链路消除问题

协同组播中由于存在应用层组播链路，因此必然造成多个协同组播树分枝共享一段物理链路，当网络带宽资源有限时，必然造成这种共享链路的拥塞。如何消除这种共享拥塞链路也是协同组播需要解决的问题。

第三，协同组播中组播树分裂恢复问题

由于协同组播中端用户也参与了组播分组的复制与转发，而关键节点端用户的不稳定性造成节点的失效，可能导致组播树的分裂问题。如何让分裂后的组播树能够快速合理的恢复是保证协同组播性能的关键问题。

（5）基于 Overlay Network 协同组播安全性

作为一个完善的理论网络模型，安全的保障是应用研究的基础。因此对于协同组播的安全性研究也是一个必不可少的环节，需要针对协同组播的特点研究相应的安全机制。

第三节　协同组播域中组播代理节点的部署

　　应用层组播研究中有一类是基于组播代理服务器结构的，如 Overcast、RMX、AMcast、OMNI、MSON 等。它们通过部署具有较强运算性能和稳定性的应用层组播服务器来构造应用层组播树，从而能够保证较高的组播服务质量，避免端用户带来的系统性能瓶颈等问题。这些应用层组播系统主要关注于特定系统的可靠性问题或者通过优化代理服务器的带宽资源来保证系统端到端的时延等。但上述模型都是建立在单一应用层网络基础上，没有考虑到现实网络中如果具有网络层组播路由器的情况，缺少对协同组播网络中组播代理服务器部署问题的分析。

　　因此，针对本书基于 Overlay Network 应用层与网络层协同组播网络体系结构，合理部署组播代理节点，使协同组播 Overlay Network 网络拓扑结构更加合理，协同组播具有较好的性能，就成为十分重要的问题，需要进行深入的研究。

一、基于 Overlay Network 协同组播网络模型

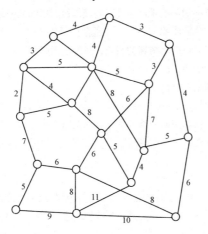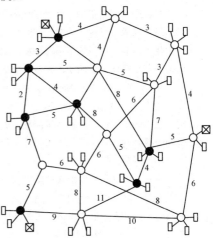

（a）　全组播网络模型　　　　　　　　　　（b）　协同组播网络模型

（a）　The model of multicast network　　　　（b）　The model of cooperation multicast network

图 2.5　网络模型

Fig.2.5 The model of computer network

　　设无向图 $G_M = (V, E, C)$ 表示一个计算机网络，其 $V = \{v_1, v_2, \cdots, v_n\}$ 为给定节点的集合，且所有节点都具有组播功能，$E = \{e_1, e_2 \cdots, e_m\}$ 是由 V 中元素构成的若干节点对的集合，E 中元素称为边，记作 $e_{ij} = (v_i, v_j)$，表示网络中具有组播功能的链路。令 G_M 的每条边均对应一个非负实数 $c(v_i, v_j)$，称此参数为边的代价（cost），因此 $C = \{c_1, c_2, \cdots, c_P\}$ 是图 G_M 中的边代价的集合，表示网络中链路代价的集合。则称图 G_M 为**全组播网络模型**。

　　全组播网络模型是对全组播网络利用图论建模的结果，它基于组播的理论基础，即计算机网络中的节点都具有相同的组播功能，能够进行组播通信。这样建模是为方便问题研

究而对于现实网络特征的极度弱化。对于全组播网络模型 $G_M = (V, E, C)$，网络中的节点 V 都支持组播功能，这里的组播功能指网络层组播功能或应用层组播功能。如果所有节点都支持网络层组播功能，即都为组播路由器，这样构成的网络为全网络层组播网络。而对于全应用层组播网络来说，组播分组的复制与转发都有应用层端用户负责，因此网络中的节点 V 都为网络中组播端用户的集合，如图 2.5（a）所示。

在现实物理网络中，并不是所有的网络层节点（路由器等）都支持网络层组播功能，因此全网络层组播网络是一种理想的状态。为了更符合现实的网络拓扑情况，我们提出协同组播网络的概念，即网络中网络层节点除普通路由器外，还有组播路由器；应用层节点中端用户和组播代理可参加应用层组播或根据与路由器直接连接情况参加网络层组播；网络中的链路也分为支持组播的链路和普通单播链路。

设有无向图 $G_{CM} = (V, H, E, C)$，其中 V 表示网络中网络层节点集合，即路由器集合，H 表示应用层节点集合；E 表示网络中的链路集合，C 表示网络中边代价的集合，则此图 G_{CM} 称为**协同组播网络模型**。如图 2.5（b）所示。

其中 V 表示网络中网络层节点集合，它包含两个分子集 MV 和 NV，记作 $V = \{MV, NV\}$。$MV = \{mv_1, mv_2, \cdots, mv_m\}$ 表示网络中网络层具有组播功能节点（组播路由器）集合，$NV = \{nv_1, nv_2, \cdots, nv_n\}$ 表示网络中网络层不具有组播功能的普通节点（普通路由器）的集合。H 表示应用层节点的集合，它也包含两个分子集 MH 和 MP，记作 $H = \{MH, MP\}$，其中 $MH = \{mh_1, mh_2, \cdots, mh_m\}$ 表示网络中端用户的集合，$MP = \{mp_1, mp_2, \cdots, mp_n\}$ 表示网络中组播代理的集合。

元素 E 为网络中链路的集合，根据链路所连接节点的不同包含三个分子集 ME，NE 和 HE，记作 $E = \{ME, NE, HE\}$。其中 $ME = \{me_1, me_2, \cdots me_m\}$ 表示链路中组播路由器 MV 节点之间链路的集合，记作 $me_{ij} = (mv_i, mv_j)$，$mv_i, mv_j \in MV$；$NE = \{ne_1, ne_2, \cdots ne_n\}$ 表示链路中普通路由器 NV 节点之间以及 NV 节点与 MV 节点之间的链路的集合，记作 $ne_{ij} = (nv_i, nv_j)$ 或 $ne_{ij} = (nv_i, mv_j)$，$nv_i, nv_j \in NV$，$mv_j \in MV$；$HE = \{he_1, he_2, \cdots he_k\}$ 表示网络链路中应用层节点 H 和网络层节点 V 之间的链路集合，记作 $he_{ij} = (hv_i, hv_j)$，$hv_i, hv_j \in V$。

元素 $C = \{c_1, c_2, \cdots, c_k\}$ 为网络中链路的代价的集合，记作 $c_{ij}(n_i, n_j)$，$n_i, n_j \in V \bigcup H$。网络中链路的代价集合 C 包含了以上三种不同链路的代价集合子集 $C = \{C_{ME}, C_{NE}, C_{HE}\}$。

根据上述协同组播的定义以及图论的性质可知协同组播网络 G_{CM} 具有如下性质：

性质 1： $MV \bigcap NV = \varnothing$，$MV \bigcup NV = V$，且 $V \bigcap H = \varnothing$。

性质 2： $MH \bigcap MP = \varnothing$，$MH \bigcup MP = H$

性质 3： $ME \bigcap NE = \varnothing$，$ME \bigcap HE = \varnothing$，$NE \bigcap HE = \varnothing$，且 $ME \bigcup NE \bigcup HE = E$

性质 4： 设 $e_{mv} = \{(x, y) \in MV \times MV \mid x, y \in MV 且 x \ne y, P_{mv} \ge R_d\}$，式中 P_{mv} 为概率连接公式，R_d 为一随机数，则 e_{mv} 的图像即为 ME。

性质 5： 设 $e_{nv} = \{(x, y) \in NV \times MV \mid x \in NV 且 y \in MV, P_{nv} \ge R_d\}$，式中 P_{nv} 为概率连接公式，R_d 为一随机数，则 e_{nv} 的图像即为 NE。

性质 6： 设 $e_{hv} = \{(x, y) \in H \times V \mid x \in H 且 y \in V, x \xrightarrow{\quad} y\}$，则 e_{hv} 的图像即为 HE。式中 f 为 H 到 V 的一种关系 $f \subseteq H \times V$，满足 $\forall x \in H$ 都存在 $y \in V$ 使得 $(x, y) \in f$ 成立，即 $Dom(f) = H$。如果 $(x, y_1) \in f$，$(x, y_2) \in f$ 则 $y_1 = y_2$。

性质 7： $C_{MV} \cap C_{NV} = \varnothing$，$C_{MV} \cap C_H = \varnothing$，$C_{NV} \cap C_H = \varnothing$，且 $C_{MV} \cup C_{NV} \cup C_H = C$。

上述性质表明协同组播网络模型中，各个元素都是一个完备的集合，包含了真实协同组播网络中的节点和链路及相互关系，能够表示一个真实的协同组播网络。

二、基于 Overlay Network 协同组播代理节点部署问题（MPP）描述

在组播网络中，时延是网络需要重要考虑的因素，它能够保证端用户获得高质量的组播服务；网络带宽资源的消耗也是需要考虑的因素，合理利用网络带宽资源，降低带宽资源的消耗，从而能够提供更多的网络服务。因此在构建组播网络时需要考虑到时延和带宽资源的约束。

在真实的物理网络中，端用户都与一定的路由器相连的。在协同组播网络中，由于组播代理的存在，端用户为了获得较好的组播服务质量，都希望连接到与它们相邻最近的组播代理上。通过这种方式能够减少端用户的时延和降低网络带宽资源的消耗。因此组播代理的部署位置直接影响着协同组播的服务质量。从另一个方面看，对于一个路由器而言，如果它连接了很多的组播组用户，那么组播代理就应该部署在它的附近，与它直接相连，从而能够让此组播代理连有较多的端用户。

通过上述方法，协同组播网络的组播代理的部署问题转化为一个组合优化问题。对于协同组播网络 $G_{CM} = (V, H, E, C)$，其中 $V = \{MV, NV\} = \{v_1, v_2, \cdots v_n\}$ 为 n 个网络节点（路由器）的集合，MV 和 NV 分别为协同组播网络中组播路由器节点的集合和普通路由器节点的集合。

协同组播网络中每个节点 $v_i \in V (1 \le i \le n)$ 直接相连的端用户数量用权值 $w(i)(1 \le i \le n)$ 表示为

$$\sum_{i=1}^{n} w(i) = |H|。$$

协同组播网络中节点 $v_i \in V$ 与 $v_j \in V$ 间的路径时延代价用 $\theta_d(i,j) \in C$ 表示，路径时延代价为路径上所有链路的时延代价的总和。

协同组播网络中节点 $v_i \in V$ 与 $v_j \in V$ 间的路径带宽代价用 $\theta_b(i,j) \in C$ 表示，路径的带宽代价为路径上所有链路的带宽代价的总和（带宽代价与链路可用带宽成反比）。

如果在两个节点间不存在路径则设 $\theta_b(i,j) = \theta_d(i,j) = \infty$。底层网络的拓扑结构可以通过采用文献[51]方法获得，或者通过静态配置获得。

设常量 $K(1 \le K \le n)$ 表示网络中部署组播代理的最大数量，这是由于协同组播网络中路由器节点有限和部署组播代理的代价问题，因此在部署组播代理时也要限定组播代理的数量。

协同组播网络节点标志函数

$$x(i) = \begin{cases} 1 & \text{如果路由器节点}v_i\text{被选择作为组播代理节点} \\ 0 & \text{其它} \end{cases}$$

路由器节点 v_i 如果与组播代理直接相连，为方便表达，用 $x(i)$ 表示路由器节点 v_i 是否与组播代理节点直接相连。

协同组播网络节点 $v_i \in V$ 与 $v_j \in V$ 之间的路径标志函数

$$y(i,j) = \begin{cases} 1 & \text{如果组播代理节点}v_i\text{与路由器节点}v_j\text{连通} \\ 0 & \text{其它} \end{cases}$$

组播代理节点 v_i 与路由器节点 v_j 的连通是指节点 v_i 与 v_j 之间的代价最小路径，这个路径代价包含时延代价或带宽代价，根据目标函数的不同选取不同的代价。

根据上述定义得到协同组播网络中节点 $v_j(v_j \in V)$ 到组播代理节点 $v_i(v_i \in V)$ 的路径时延

代价表示为:

$$d(j) = \sum_{i=1}^{n} (\theta_d(i,j) \times y(i,j) \times x(i)) \qquad (v_i, v_j \in V) \qquad (2\text{-}1)$$

由于在协同网络中,每个节点都连接有一定数目的端用户,连接相同路由器节点的端用户由于具有相同的路由路径,所以,这些端用户都具有相同的路由时延代价。因此,在协同组播网络中所有端用户到与它最近的组播代理的路径的时延代价总和可以表示为:

$$
\begin{aligned}
D_{CM} &= \sum_{j=1}^{n} (d(j) \times w(j)) \\
&= \sum_{j=1}^{n} \sum_{i=1}^{n} (\theta_d(i,j) \times y(i,j) \times x(i) \times w(j)) \qquad (v_i, v_j \in V)
\end{aligned}
\qquad (2\text{-}2)
$$

式中 $w(j)$ 为节点 v_j 所直接相连的端用户的数量。

协同组播网络中节点 $v_j (v_j \in V)$ 到组播代理节点 $v_i (v_i \in V)$ 的路径的路由带宽代价表示为:

$$c(j) = \sum_{i=1}^{n} (\theta_b(i,j) \times y(i,j) \times x(i)) \qquad (v_i, v_j \in V) \qquad (2\text{-}3)$$

由于在协同组播网络中,可能同时存在有组播路由器 $mv_j (mv_j \in MV)$ 和普通路由器 $nv_j (nv_j \in NV)$,与组播路由器节点 mv_i 相连的端用户在接收组播分组时,组播分组可以采用网络层组播进行组播分组转发,因此组播分组只在节点间的网络层组播链路上传输一次,对网络带宽资源的消耗只有一次,而与普通路由器 nv_j 相连的端用户在接收组播分组时,由于要通过应用层组播采用单播进行组播分组的传输,因此组播分组在节点间的链路上要传输 $w(j)$ 次。所以,协同组播网络中节点 v_j 所连接的端用户到与它相邻最近的组播代理路径的路由带宽代价表示为:

$$b(j) = \begin{cases} c(j) & \text{节点} v_j \in MV \text{通过网络层组播接收组播数据} \\ c(j) \times w(j) & \text{节点} v_j \in NV \text{通过应用层组播接收组播数据} \end{cases} \qquad (2\text{-}4)$$

根据上式得到协同组播网络中所有节点到与它相邻最近的组播代理路径的路由带宽代价总和,即协同组播网络的路由带宽代价总和表示为:

$$B_{CM} = \sum_{j=1}^{n} b(j) = \begin{cases} \sum_{j=1}^{n} \sum_{i=1}^{n} (\theta_b(i,j) \times y(i,j) \times x(i)) & v_j \in MV \text{通过网络层组播接收组播数据} \\ \sum_{j=1}^{n} \sum_{i=1}^{n} (\theta_b(i,j) \times y(i,j) \times x(i) \times w(j)) & v_j \in NV \text{通过应用层组播接收组播数据} \end{cases} \qquad (2\text{-}5)$$

在组播网络中为了获得最小路由时延和最小路由带宽消耗有时是相互矛盾的,例如在最小代价树(MST)算法中,虽然能够获得网络带宽资源的最小消耗,但是端用户的时延要比最短路径树(SPT)算法差。另一方面,虽然 SPT 算法能够获得端用户的最小时延,但是网络带宽的消耗要比 MST 的多。因此,为了要获得较佳组播网络性能,需要在时延代价与带宽代价之间做一个平衡,使组播网络的综合代价最小,从而得到协同组播网络组播代理部署问题的目标函数:

$$C_{CM} = Min(\lambda D_{CM} + (1-\lambda) B_{CM}) \qquad (0 \le \lambda \le 1) \qquad (2\text{-}6)$$

上式中 λ 是一个预先设定的常量,根据组播网络对时延和带宽消耗的要求进行调整。当 λ 为 1 时,表示要获得端用户时延最小的组播网络,而当 λ 为 0 时,表示组播网络要获得带宽资源的最小消耗。当组播网络需要重点考虑时延问题时,如在组播视频会议环境下,λ 值应该相应增大 $\lambda > 0.5$,增大时延代价在目标函数中的比重,使协同组播网络获得较好的时延特性。而当组播网络需要重点考虑带宽问题时,如在文件组播传输系统中,λ 值应

该相应减小 $\lambda < 0.5$，从而增大带宽代价在目标函数中的比重，使协同组播网络能够减少网络带宽资源的消耗。

在协同组播网络中组播代理的部署问题还有如下的约束条件：

1）每个路由器节点都要与一个组播代理相连通：

$$\sum_{i=1}^{n} y(i,j) = 1 \qquad \forall j \in [1,n]$$

2）每个组播代理至少与一个路由器节点相连通：

$$x(i) \leq \sum_{j=1}^{n} y(i,j) \qquad \forall j \in [1,n]$$

3）为了控制组播代理数量，在协同组播网络中组播代理不超过 K 个：

$$\sum_{i=1}^{n} x(i) \leq K \qquad \forall j \in [1,n], 0 < K < n$$

综上所述，协同组播网络中组播代理的部署问题 MPP 被描述为一个带多约束条件的优化问题，表达式如下：

$$
\begin{cases}
min \quad \lambda D_{CM} + (1-\lambda)B_{CM} & (0 \leq \lambda \leq 1) & (a) \\
s.t. \quad \sum_{i=1}^{n} y(i,j) = 1 & \forall i,j \in [1,n] & (b) \\
x(i) \leq \sum_{j=1}^{n} y(i,j) & \forall i,j \in [1,n] & (c) \\
\sum_{i=1}^{n} x(i) \leq K & \forall i \in [1,n], 0 < K < n & (d) \\
x(i) \in \{0,1\} & \forall i \in [1,n] & (e)
\end{cases}
\qquad (2\text{-}7)
$$

其中（a）式为组播代理部署问题的目标函数，综合考虑了时延和带宽因素。其它四式为函数的约束条件，（b）（c）两式限制了组播代理和路由器之间的连通性，保证组播代理能够覆盖所有的路由器，（d）（e）两式控制了协同组播代理的最大数目，从而可以合理控制组播代理的数量。

通过求解上式，使组播代理节点部署在具有较多端用户的网络节点周围，从而利于端用户加入到协同组播网络中，使协同组播 Overlay Network 网络拓扑结构更加合理，从而使基于其构造的协同组播减少时延，提高网络带宽利用率，系统具有更好的性能。

三、求解 MPP 问题的贪婪算法

贪婪算法（Greedy Algorithm）是基于当前所得的信息，在每一步所选取的决策总是试图使当前的解得到最大的改进，或使相应的目标函数数值尽可能的增大或减少。我们这里设计了求解 MPP 问题的贪婪算法 Greedy_MPP。

在 Greedy_MPP 算法中，首先评价协同组播网络中每个组播代理节点潜在的位置，根据协同组播网络的路由代价优先特性，例如时延或带宽代价优先，计算出协同组播网络中各节点到组播代理节点路由总代价，然后选取总路由代价最小的组播代理潜在部署位置作为第一个组播代理部署位置；与上述部署位置计算过程相似，需要进行选取部署下一个组播代理的位置的计算，即选取部署下一个潜在组播代理节点位置后，计算协同组播网络中其它节点到此组播代理的总路由代价，选取总路由代价最小的部署位置作为下一个组播代理部署的位置；通过部署一定的组播代理使组播代理能够覆盖所有的路由器，从而达到在协同组播网络中部署若干个组播代理，使组播代理节点部署在具有较多端用户的网络节点周围，从而利于端用户加入到协同组播网络中，使协同组播 Overlay Network 网络拓扑结

构更加合理。此算法的伪代码如下：

Algorithm2.1. Greedy_MPP（G_{CM} ,K）

Input: $G_{CM} = (V,H,E,C)$ is the model of the cooperation multicast network;

K is the maximal number of the multicast proxy placed in the network.

Output: P is the multicast proxy set of the nodes $v_i \in V$, which are selected to directly connect with a multicast proxy.

Begin

P ← NULL;   //initialize multicast proxy set

For n_p =1 to K do //place K multicast proxies in the network

$C_{min} = \infty$;   //initialize network routing minimal cost

For （i=1 and $v_i \in (V-P)$ ） to n do

  $v_p \leftarrow v_i$;   //select the node v_i as a multicast proxy

        $D_{CM} \leftarrow 0$, $B_{CM} \leftarrow 0$;

        //initialize network routing delay minimal cost D_{CM} and routing bandwidth minimal cost B_{CM} //

  For （j=1 and $v_j \in (V-P-\{v_p\})$ ） to n do

If （$\lambda \geq 0.5$ ）

      Compute the routing path delay cost D_j and bandwidth cost B_j from node v_j to multicast proxy node v_p based on the delay cost preferential routing strategy.

         Else

      Compute the routing path delay cost D_j and bandwidth cost B_j from node v_j to multicast proxy node v_p based on the bandwidth cost preferential routing strategy.

         End if

        $D_{CM} \leftarrow D_{CM} + D_j$, $B_{CM} \leftarrow B_{CM} + B_j$;

        //compute network routing delay cost D_{CM} and bandwidth cost B_{CM}

      End for

      Compute the network routing cost $C_{CM} = \lambda D_{CM} + (1-\lambda)B_{CM}$.

         If （$C_{CM} < C_{min}$ ）

           $C_{min} \leftarrow C_{CM}$, $v_{best} \leftarrow v_p$; //save the best multicast proxy placement

         End if

       End for

      $P \leftarrow P \cup \{v_{best}\}$;   //save the selected multicast proxy placement

         End for

End

计算复杂性分析：

求解组播代理部署问题的贪婪算法 Greedy_MPP 中存在三层循环，由于要在网络中要部署小于 K 个节点，因此要循环找寻部署组播代理计算过程最多为 K 次。而在每次循环中，要首先选取一个网络节点假设作为组播代理，选取节点的集合为 $(V-P) \subseteq V$。又因为 $0 \le |P| \le K$，$|V| = n$，因此 $n-K \le |V-P| \le n$。在选取好假设组播代理节点以后，要计算网络中非组播代理节点到组播代理的路由代价总和，而非组播代理节点的选取集合为 $(V-P-v_P) \subseteq V$，根据上面描述可知，$n-K-1 \le |V-P-v_P| \le n-1$。因此 Greedy_MPP 算法循环运算的次数在区间 $[Kn(n-1), K(n-K)(n-K-1)]$ 内，所以算法的时间复杂度为 $O(Kn^2)$。

通过上述算法性能分析可知，当协同组播网络规模适中时，贪婪算法能够快速找到问题的解，但当网络规模增大时，算法的运算次数相应的增加，求解速度变慢。另一方面，虽然贪婪算法能够在每一步求得问题的一个部分"最优"解，然后通过所有的部分"最优"解组合得到一个全局解，但是不能保证这个全局解是"最优"解。虽然贪婪算法有上述的问题，但由于它实现简单，计算速度较快，因此还是具有一定的研究意义，能够快速地实现解决组播节点部署问题。

四、求解 MPP 问题的改进遗传算法

遗传算法（Genetic Algorithm-GA）是模拟达尔文遗传选择和自然淘汰学说的计算模型，其核心思想源于从简单到复杂，从低级到高级的生物进化过程本身的一个自然的并行发生的稳健优化过程。这一优化过程的目标是生物（个体及种群）对环境的适应性，而生物种群则通过"优胜劣汰"及遗传变异来达到进化的目的。如果把待解决的问题描述作为某个目标函数的全局优化，则遗传算求解问题的基本做法是：

遗传算法尽管有很多种变化，但是其基本结构都如图 2.6 所示，所不同的仅仅在于实现上述每个步骤的方案。其中种群初始化和适应度评估是最为关键的，它们合在一起后成了一个完整的染色体评价环境 $x \leftrightarrow f(x)$，其中 x 代表种群集合 X 中的某个染色体个体，此染色体经过解码可以对应到原优化问题的解空间中的某个解。此染色体的适应度值 $f(x)$ 就可以映射为原优化问题的目标函数值。从而，根据遗传算法的进化原理，选择到了使 $f(x)$ 达到最优或近似最优的 x，在通过对 x 解码得到使原优化问题的目标函数值到达最优或近似最优的对应的解。因此，对一个新的复杂的优化问题，确定染色体评价环境是其核心。采用什么样的染色体编码方案，也就从某些方面限定了设计的遗传算子（交叉、变异算子等）；但是，过于复杂的遗传算子会使遗传算法性能降低，所以遗传算子的设计对编码方案的选取也有一定的制约作用，因此在确定编码方案时必须考虑到编码复杂度、解码复杂度以及遗传算子实现的复杂度。

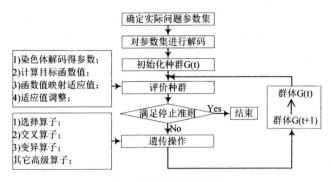

图 2.6 遗传算法基本流程图

Fig.2.6 The basic flow chart of genetic algorithm

由于组播代理部署问题 MPP 是一个复杂组合优化问题，适合用遗传算法进行解决，因此我们提出求解组播代理问题的遗传算法 GA_MPP。在本算法中，编码采用二进制编码方式，染色体 A_i 编码长度为 n，即 $A_i = (a_{i0}, a_{i1}, \cdots, a_{in})$。基因 $a_{ij} \in [0,1]$ 表示对应的协同组播网络中节点 $v_j \in V$ 是否被选择作为组播代理节点，如果 v_j 被选择作为组播代理节点，则 $a_{ij} = 1$，否则 $a_{ij} = 0$。又因为在协同组播网络中布置的组播代理节点最多为 K 个，因此在一个染色体中所有的基因和为 $\sum_{j=1}^{n} a_{ij} \le K$。在本算法中种群规模为 N，即 $G_i = (A_1, A_2, \cdots, A_N)$。算法的适应度函数由公式（2-7（a））变换得到，即：

$$f(A_i) = \frac{1}{\lambda D_{CM} + (1-\lambda) B_{CM}} \qquad (2-8)$$

利用公式（2-8）进行染色体适应度计算。在进行染色体适应度计算时，首先要对染色体进行解码，选取染色体中码值为 1 的基因对应的网络节点组成协同组播网络的组播代理集合 $P = \{v_p^1, v_p^2, \cdots v_p^K\}$ $(P \subset V)$，然后计算网络中其它节点 $v_i \in (V-P)$ $i \in [1,n]$ 到它距离最近（即路由代价最小，此代价包括时延和带宽等，根据网络对时延和带宽代价的优先度，选择相应的代价作为路由优先选择条件，根据公式（2-7（a））当 $0.5 \le \lambda \le 1$，选取时延代价优先，而当 $0 \le \lambda < 0.5$ 时选取带宽代价优先）的组播代理 $v_p^j \in P$ $j \in [1,K]$ 路由路径的代价，把各个节点路径路由代价相加得到网络的路由代价总和，记作 $C_{CM} = \sum_{i=1}^{n} \sum_{j=1}^{K} C(Path(v_i, v_p^j))$，式中 $Path(v_i, v_p^j)$ 表示节点 v_i 到组播代理 v_p^j 的路径，$C(Path)$ 表示路径的路由代价。如果组播代理 v_p^j 不是与节点 v_i 距离最近的组播代理，则 $Path(v_i, v_p^j) = 0$。在本算法中采用轮盘赌选择算子。算法的结束条件设为 L 步，或者经过多代进化后各代的最优解所求得的适应度值差值小于一个小数 ε，即当 $|C_{CM\_best}^i - C_{CM\_best}^{i+1}| < \varepsilon$ 时结束进化计算，输出最优解，式中 $C_{CM\_best}^i$ 为第 G_i 代种群中最优染色体的适应度值。本算法在进行交叉和变异运算时，可能对染色体中的基因进行了变换，因此需要判断新的染色体是否为问题的可行解，即如果一个染色体的基因有 $\sum_{j=1}^{n} a_{ij} \le K$，则此染色体为可行解，否则需要重新进行交叉和变异运算产生可行解。

传统的遗传算法在种群 G_i 经过选择、交叉和变异算子计算后直接产生下一代种群 G_{i+1}，这样进化虽然简单，但是由于交叉和变异算子的存在，可能破坏种群中原有的适应度值高的染色体，从而减缓算法的收敛速度。因此本算法对传统遗传进行了改进，在种群 G_i 经过选择、交叉和变异算子计算后产生一个新的种群 G_i，然后在种群 G_i 和 G_i' 中选取适应度高 N 个染色体组成下一代种群 G_{i+1}。通过这种选取原则，能够保存各种群中适应度较高的染色体，从而加快算法的收敛速度。本算法的伪代码如下：

Algotithm2.2 GA_MPP （G_{CM},K）

Input: $G_{CM} = (V,H,E,C)$ is the model of the cooperation multicast network;

K is the maximal number of the multicast proxy placed in the network.

Output: P is the multicast prosy set of the nodes $v_i \in V$, which are selected to directly connect with a multicast proxy;

Begin

　　Step1: Randomly select K nodes $v_i \in V$ as multicast proxies and generate a chromosome. The selection process is iterated N times. Generate an initialization generation $G_0 = (A_0, A_1, \cdots A_N)$.

　　//initialization operation//

　　Step2: Based on the fitness function $fitness(G_{CM}, A_i)$ compute every chromosome fitness value $f(A_i) = fitness(G_{CM}, A_i)$ in the generation G_i'.

//The function $fitness(G_{CM}, A_i)$ compute the fitness value.//

　　Step3: Adopt roulette wheel selection operator to select N chromosomes in G_i' to compose a new generation G_i' based on the fitness value of the individual in a generation.

　　//Select operation//

　　Step4: Adopt crossover and mutate operators to generate a new generation G_i'' with the crossover probability P_{cross} and mutate probability P_{mutat} based on the G_i'.

　　//Crossover and mutate operation//

　　Step5: Select N much better individuals which have more fitness in the generation G_i' and G_i'' to compose the next generation G_{i+1}.

　　//Select much better chromosomes for genetic operation to pick up the convergent speed of the algorithm.//

　　Step6: Judge the end conditional expression. If the condition is satisfied to exit the genetic operation and output the multicast proxy set P, otherwise return to the "Step2" to the next genetic operation.

End

Algorithm2.3 fitness （G_{CM}, A_i）

Input: $G_{CM} = (V,H,E,C)$ is the model of the cooperation multicast network;

A_i is a chromosome which includes the states of the network multicast proxies.

Output: *fitness_value* is a fitness degree value of the chromosome A_i

Begin

$P \leftarrow A_i$; //decode the chromosome A_i

$C_{CM} = 0$; //initialize the network routing cost

For （i=1 and $v_i \in (V - P)$ to n ）

If （ $0.5 \leq \lambda \leq 1$ ）

$C_i = C_{delay}(P_{ath}(v_i, v_p^j))$;

//based on routing delay cost to compute the path routing cost from the network node v_i to it's the closest the multicast proxy v_p^j .//

Else

$C_i = C_{bandwidth}(P_{ath}(v_i, v_p^j))$

//based on routing delay cost to compute the path routing cost from the network node v_i to it's the closest the multicast proxy v_p^j .//

End if

$C_{CM} = C_{CM} + C_i$;

//compute all network nodes to their closest multicast prosy routing path cost sum.

End for

$fitness\_value \leftarrow 1/C_{CM}$

// translate the network routing cost C_{CM} to the *fitness_value*.

End

算法复杂性分析

模式定理规定了遗传算法程序的进化方向，我们将分析 GA_MPP 算法的时间复杂性。由于遗传算法主要是基于随机性和概率上的运算，因此很难确切地预测算法的运行时间，但是可以证明，就是随着网络规模的增大，GA_MPP 算法的时间增长规律按多项式时间增长，以下将证明这一点。

在本算法中染色体的长度为 n，当网络规模大过 α 倍后，即是 n 增长为 $(1+\alpha)*n$。以下分别考虑 GA_MPP 中影响算法时间复杂性的几个主要方面：遗传算子、交叉算子、变异算子以及适应度计算函数。

1）选择算子：本算法采用"轮盘赌"选择算子的选择操作只与种群规模 N 有关，而与染色体长度 n 无关，网络规模的增长没有增加选择操作的时间复杂性。因此，选择算子的时间复杂度为 $C_{select} = O(N)$ 。

2）交叉算子：遗传算子中的交叉概率 P_{cross} 只涉及到对种群中个体的选择，与染色体长度无关，因此对 GA_MPP 算法的遗传操作的效率没有影响；在交叉操作中，对于选中两个染色体的交叉，交叉位置是随机选取，可能是 1，2，…，i，…，$n-1$ 中任何位置。设在染色体第 i 处进行交叉，则需要新赋值的基因个数有 $3*(n-i)$ 个（由于两个染色体和一个临时变量需要赋值，因此存在系数 3）。由于交叉位置 i 是等概率分布在 $[1, n-1]$ 区间中，故需要重新赋值的基因个数的数学期望值是：

$$\frac{1}{n-1} \times \sum_{i=1}^{n-1}(3 \times (n-1))$$
$$= \frac{3}{n-1} \times n \times (n-1) - \frac{3}{n-1}\sum_{i=1}^{n-1}i$$
$$= 3 \times n - \frac{3 \times n}{2}$$
$$= \frac{3n}{2}$$

（2-9）

由于交叉算子主要是对染色进行赋值，由公式（2-9）可以看出，交叉算子的时间复杂度为 $C_{cross} = O(n)$。交叉算子需要进行的操作与 n 成正比。因此，当网络规模扩大到 $(1+\alpha)*n$ 后，需要重新赋值的基因个数的期望值是 $3*(1+\alpha)*n/2$，算子的时间复杂度变为先前的 $(1+\alpha)$ 倍。

3）变异算子：变异算子是根据每个基因进行概率为 P_{mutate} 的变异操作，因此变异操作是与染色体长度 n 相关的，变异算子的时间复杂度为 $C_{mutate} = O(n)$，当 n 扩大到 $(1+\alpha)*n$ 后，由于变异操作而使算子的时间复杂性相应的变为先前的 $(1+\alpha)$ 倍。

4）适应度函数：在 GA_MPP 算法适应度函数中，在计算每个节点的路径路由代价时，由于网络中最多存在 K 个组播代理，因此需要计算 K 次选取距离此节点最近的组播代理的路径。又由于网络中最多有 n 个节点要计算最短路径路由代价，因此适应度函数的时间复杂度为 $O(nK)$。对于种群规模为 N 的染色体集合，由于要计算每个染色体的适应度，从而能够比较出最优的解，因此对于种群的适应度函数的计算复杂度为 $C_{fitness} = O(N*n*K)$。当网络规模扩大 $(1+\alpha)$，适应度函数由于与 n 有关，因此适应度函数的时间复杂度相应的变为先前的 $(1+\alpha)$ 倍。

综合以上分析可以看出，GA_MPP 算法的最大时间复杂度 C_{GA_MPP} 为

$$C_{GA\_MPP} = S*(C_{select} + C_{cross} + C_{mutate} + C_{fitness})$$
$$= S*(O(N) + O(n) + O(n) + O(NKn))$$

（2-10）

公式中 S 为遗传算法的最大迭代步数。从公式（2-10）可以看出此算法的时间复杂度与染色体长度 n（网络规模），种群规模 N，以及网络中组播代理节点的最多个数 K 有关，以及算法的迭代步数 S 有关，当网络规模扩大到 $(1+\alpha)$ 时，即节点数目变为 $n = (1+\alpha)n$，因此算法的时间复杂度也相应的变为原来的 $(1+\alpha)$ 倍。

算法收敛性分析

由于 GA_MPP 所处的状态只与群体中个体的基因有关，故其状态空间 $S = B^{l*N}$，此处 l 是个体串的长度，N 是群体的规模。状态空间的每一个元素可以认为是一个二进制表示的整数。S 中元素看作是一个二进制串或者一个整数而不加区别。投影 $\pi_k(i)$ 表示状态 i 的第 k 个长度为 l 的二进制串，即是 i 所表示的群体中的第 k 个个体。如此，GA_MPP 便可看作是 S 上的一个随机序列。它是一个有限 Markov 链。其转移矩阵 P 可以被分解为三个随机矩阵 C、M 和 S 的乘积，这里 C、M 和 S 分别表示交叉、变异和选择算子所引起的状态转移。

在选择算子操作后，GA_MPP 算法能够保留当前最优解，并以概率 1 收敛到全局最优解。

证明：由于在算法中保留了当前最优解，所以 GA_MPP 的 Markov 链的状态空间 S 的基数由 2^{l*N} 增为 $2^{l*(N+1)}$。将当前最好的解保留在群体的开始时。如果 i 表示状态空间中的一个状态，则 $\pi_0(i)$ 表示最好解。将包含相同的最优解的状态仍按在原状态空间的顺序进行排列，而对于包含不同最优解的状态则按适应值从大到小进行排列。

新的遗传算子的转移矩阵可以表示为

$$C^+ = \begin{bmatrix} C & & & \\ & C & & \\ & & \ddots & \\ & & & C \end{bmatrix} \quad M^+ = \begin{bmatrix} M & & & \\ & M & & \\ & & \ddots & \\ & & & M \end{bmatrix} \quad S^+ = \begin{bmatrix} S & & & \\ & S & & \\ & & \ddots & \\ & & & S \end{bmatrix}$$

在进行选择后，要将当前群体的最优解与保留的最优解进行比较以获得到目前为止的最优解。此操作可用转移矩阵 $U = (u_{ij})$ 来表示。设 i 是状态空间 S 中的任一状态，

$$b = \arg\max\{f(\pi(i)) \big| k = 1, 2, \cdots, N\} \in B^l,$$

则当 $f(\pi_0(i)) < f(b)$ 时

$$u_{ij} = 1, \quad j = (b, \pi_1(i), \pi_2(i), \cdots, \pi_N(i)) \in S,$$

否则

$$u_{ij} = 1\text{。}$$

于是矩阵 U 的每一行有且仅有一个元素为 1，其它元素为 0。

又根据状态空间 S 中状态的排列顺序可知，$\forall i, j \in S, i < j$ 时，$u_{ij} = 0$，所以矩阵 U 是一个下三角矩阵，即

$$U = \begin{bmatrix} U_{11} & & & \\ U_{21} & U_{22} & & \\ & & \ddots & \\ \cdots & & & \end{bmatrix}$$

其中的子矩阵都是 2^{l*N} 阶方阵，则新的矩阵可表示为

$$P^+ = C^+ M^+ S^+ U = \begin{bmatrix} C & & & \\ & C & & \\ & & \ddots & \\ & & & C \end{bmatrix} = \begin{bmatrix} PU_{11} & & & \\ PU_{21} & PU_{22} & & \\ & & \ddots & \\ \cdots & & & \end{bmatrix}$$

即 P^+ 是一个可约的随机矩阵，且 $PU_{11} = P$ 是一个正矩阵，存在一个与初始状态无关的极限分布 p^∞ 使得当 $1 \le i \le 2^{l*N}$ 时，$p_i^\infty > 0$，当 $2^{l*N} < i < 2^{l*(N+l)}$ 时，$p_i^\infty = 0$。根据对状态空间 S 中状态排列的约定可知，收敛到非全局最优解的概率为 0，即

$$\lim P\{Z_t = f^*\} = 1$$

因此，GA_MPP 算法以概率 1 收敛到全局最优解。

五、仿真模拟及分析

根据上文论述，对于协同组播网络中组播代理节点位置的选取，可采用贪婪算法 Greedy_MPP 和改进的遗传算法 GA_MPP。我们将对两种算法的性能进行仿真模拟及实验结果分析。首先验证两种算法的有效性，建立一个简单网络模型，网络节点数为 8，假定至多只能在网络中部署 3 个组播代理节点。为了简化仿真，取 $\lambda = 1$，即计算网络路由代价时只考虑时延代价。网络拓扑结构如图 2.7（a）所示，链路上的数字表示路由时延代价。

图 2.7（b）和（c）分别表示采用 Greedy_MPP 和 GA_MPP 算法获得的组播代理部署位置（3,6,8）和（3,6,7）。图中黑色节点为部署组播代理的位置，从图中可以看出，两种算法都能够成功地在网络中部署组播代理，使组播代理覆盖网络中的所有节点。同时，部署的组播代理获得每个节点到与它距离最近的组播代理之间的链路（图中粗黑色实线）的路由代价总和都为 9，因此，两种算法都能够收敛到最优解，有效的合理部署组播代理到网络中。

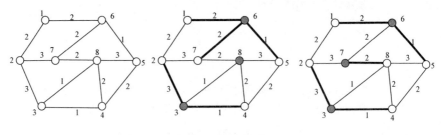

（a）初始网络　　　（b）Greedy_MPP 选取代理节点网络　　　（c）GA_MPP 选取代理节点网络

（a）the original model　　（b）the Greedy_MPP network model　　（c）the GA_MPP network model

图 2.7 节点数为 8 的网络

Fig.2.7　A simulation network with 8 nodes

为进一步验证两种算法的特性，采用 BRITE 工具来生成仿真实验的网络拓扑图，网络拓扑生成基于 Waxman 模型的拓扑生成算法。在仿真实验中，网络有如下属性：边的时延和带宽费用在[2,10]上均匀分布；平均每个节点的度数 $d(v_i) = 2$，$\alpha = 0.15$，$\beta = 0.2$；其中具有组播功能的节点占全部网络节点数的 20%，均匀分布在网络中；每个节点所连接的端用户数量权值 $w(i)$ 在[0,10]上均匀分布。在用 GA_MPP 算法求解问题时，算法的最大进化代数为 100，种群规模为 40，交叉概率和变异概率分别为 $P_{cross} = 0.5$，$P_{mutate} = 0.05$。每种实验都进行 20 次，取它们平均值作为最后的结果，保证结果的正确性。

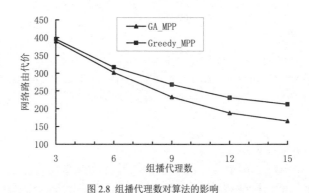

图 2.8 组播代理数对算法的影响

Fig.2.8 Numbers of multicast proxy effect on the algorithms

图 2.8 给出了在具有相同网络规模条件下，网络中组播代理数目的变化与算法的关系。从图中可以看出，两种算法在满足约束条件下都能够成功部署组播代理在网络中，并且随着网络中组播代理数目约束条件的放宽，两种算法都能够在增加组播代理的基础上使网络的路由代价减少，但是 GA_MPP 能够求得更优的解，而 Greedy_MPP 算法随求解步数的增多造成最终解与全局最优解相距较远，解的性能降低。

第四节 协同组播 Overlay Network 中虚拟链路的选取

在构造协同组播 Overlay Network 时，由于存在虚拟组播链路，因此需要对协同组播 Overlay Network 上虚拟链路进行选取。在协同组播 Overlay Network 上的逻辑链路中，由于网络层组播链路是对底层真实物理组播链路的全部提取，因此不存在选取问题，而对于覆盖网上的虚拟组播链路，由于网络中的端用户不论是与组播路由器或与普通路由器直接相连，任何两个端用户之间都可以通过单播链路进行连通，因此在 Overlay Network 上端用户之间可以通过虚拟组播链路构成一个全连通图。

对于一个有 n 个端用户节点的覆盖网，存在 $c_n^2 = \dfrac{n(n-1)}{2}$ 条虚拟组播链路。如果采用全连通方法构造覆盖网，则每个端用户需要维护全局其它 $(n-1)$ 个端用户的状态信息，这将造成端用户的严重负担，从而不利于网络的扩展。另一方面有些端用户之间的直接连通路由代价要比间接连通代价大，因此也需要对虚拟组播链路进行压缩，减少链路数量，从而利于协同组播网络的扩展。

一、协同组播 Overlay Network 虚拟链路选取问题（ONSLS）模型

设协同组播 Overlay Network 的网络模型为 $G_{ON} = (MV', H', E', C')$，其中元素 MV' 和 H' 分别为组播路由器节点和应用层节点（端用户 MH 和组播代理 MP）的集合；元素 E' 为覆盖网中虚拟链路的集合 $E' = \{ME', NE'\}$，它包含网络层组播链路 ME' 和虚拟组播链路 NE'；元素 C' 为网络中链路的代价的集合。

在进行协同组播覆盖网虚拟链路选取时，由于虚拟组播链路所连接的是端用户，而端用户的不稳定性必然对虚拟组播链路的可靠性有所影响，因此在进行虚拟链路的选取时首先要考虑链路的可靠性；另一方面，每条虚拟组播链路都有路由代价，因此在进行虚拟链路的选取时还要考虑到全局网络的路由代价问题。所以，覆盖网上虚拟链路的选取设计关键在于使网络的可靠性要高，并且使网络的路由代价最低。

网络可靠性是与数据传输链路、网络拓扑结构的可靠度相关的变量。对于给定的一个网络它包括 3 个部分，即节点 H，连接节点之间的链路 E 和网络的拓扑结构 T，任意一个网络的可靠性与节点、链路和网络的拓扑结构相关。因此网络可靠性 R 同 R_T、R_E 和 R_H 的可靠性存在如下关系：

$$R \infty (R_T, R_E, R_H) \qquad (2\text{-}11)$$

公式（2-11）表明链路和节点的可靠度越高，网络的拓扑结构 T 的连通性越高，由此得到网络的可靠性越高。

在计算网络的可靠性时，由于链路的可靠性与节点的可靠性具有相关性，因此为处理问题的方便，对节点和链路的可靠性做出以下假设：

（1）不考虑节点的可靠性。

（2）无向链路（或双向链路）2 个方向的可靠性相同。

（3）任意链路之间互相独立，即一条链路的可靠性不会影响其它链路的可靠性。

网络拓扑结构可靠性的评价可用多种方法，但最终的目的是要比较网络可靠性的优劣，因此也不考虑网络拓扑的可靠性。通过上述假设可以得到协同组播覆盖网可靠性定义。

网络中每条链路的可靠性可以用一个指数函数表达，即

$$r_e = \int \xi \times e^{\mu} dt \qquad (2\text{-}12)$$

其中 ξ、λ 都是常量，t 是变量，可以根据实际情况来确定。如果要进行网络可靠性也就是网络的抗毁性和耐久性测试，可以取 t 为链路生存时间，ξ 和 λ 是相应的常数，此时 r_e 就是衡量链路可靠性的指标，r_e 的取值范围为 $[0,1]$，即 $r_e \in [0,1]$，当 $r_e = 1$ 时表示链路可靠性最高。

最小路径就是从节点 i 到节点 j 的链路排序，并且如果从这个链路排序中除去任意一个链路后就不是从 i 到节点 j 的一条路径。

通过以上分析可知，要求一个网络可靠性的关键就是求最小路径的可靠性。任意节点对 i 和 j 的第 m 条最小路径 $Path_{ijm}$ 的可靠性 R_{ijm} 可由链路最小路径之间的所有链路的可靠性得到，由于这些链路之间是串联排序的，并且每条链路都不对其它的链路产生影响，因此，这条最小路径的可靠性可以表达如下：

$$R_{ijm} = r_{e1} * r_{e2} * \cdots * r_{ek} \qquad i,j \in [1,n] \qquad (2\text{-}13)$$

公式中 r_{ek} 为最小路径上第 k 条链路的可靠性，由于 $0 \le r_{ei} \le 1$ $(i \in [1,k])$，所以有 $R_{ijm} \in [0,1]$，当 $R_{ijm} = 1$ 时表示最小路径的可靠性最高。

网络中节点对之间的可靠性 $R_e(i,j)$ 就是节点对之间所有最小路径可靠性的平均值，可以表达为

$$R_e(i,j) = \frac{\sum_{n=1}^{m} R_{ijn}}{m} \qquad i,j \in [1,n] \qquad (2\text{-}14)$$

由于 $0 \le R_{ijk} \le 1$ $(k \in [1,m])$ 且节点对之间最多有 m 条最小路径，因此有 $R_e(i,j) \in [0,1]$，当 $R_e(i,j) = 1$ 时表示节点对之间的可靠性最高；当两个节点对不能连通时，即节点对之间的可靠性最低则 $R_e(i,j) = 0$。

一个协同组播覆盖网 $G_{CM} = (V', H', E', C')$ 的可靠性 R_{ON} 可定义为所有节点对之间可靠性 $R_e(i,j)$ $(h_i, h_j \in H)$ 的平均值。即在一个有 $|H'| = n$ 个节点的覆盖网络中有 C_n^2 条虚拟组播链路，因此有

$$R_{ON} = \frac{\sum_{i=1}^{n} \sum_{j=1}^{n} R_e(i,j)}{2 \times c_n^2} \qquad i,j \in [1,n] \qquad (2\text{-}15)$$

根据上述定义可知 $0 \le R_e(i,j) \le 1$ $(i,j \in [1,n])$ 且网络中最多有 C_n^2 条虚拟组播链路，因此得到 $R_{on} \in [0,1]$，当 $R_{ON} = 1$ 时表示协同组播 Overlay Network 的可靠性最高。

协同组播覆盖网的路由代价 C_{ON} 就是网络中所有虚拟链路（网络层组播链路和虚拟组播链路）路由代价的总和，而网络层组播链路是固定的，它们的代价总和是一个常数。因此在进行协同组播覆盖网路由代价计算时可以不考虑它们的影响，而只计算虚拟组播链路代价的影响。如果节点对之间可以通过网络层组播链路进行连通，则它们之间的虚拟组播链路代价设为极大值，从而保证它们之间只通过网络层组播链路连通，即

$$c'(i,j) = \begin{cases} \infty & \text{节点对}h_i\text{和}h_j\text{可以通过网络层组播链路连通} \\ c(i,j) & \text{否则} \end{cases}$$

根据上述分析可得，在进行协同组播 Overlay Network 上虚拟链路的选取时，要使网络的路由代价最小，就是使所有虚拟组播链路的代价总和最小，即

$$\min C_{ON} = \frac{1}{2} \sum_{i=1}^{n} \sum_{j=1}^{n} x_{ij} c'(i,j) \qquad v_i, v_j \in H \qquad (2\text{-}16)$$

其中，$x_{ij} = \begin{cases} 1 & \text{当节点} h_i \text{和} h_j \text{之间虚拟组播链路被选取} \\ 0 & \text{其它} \end{cases}$

由于在进行虚拟链路选取时还要考虑到网络的可靠性和连通性，因此还存在下述约束条件：

（1）要保证网络具有一定的可靠性，即

$$R_{ON} \geq R_0 \qquad\qquad (R_{ON}, R_0 \in [0,1]) \qquad\qquad (2\text{-}17)$$

式中 R_0 为一常数，表示网络的最小可靠性。

（2）要保证网络的连通性，即网络中任意两个节点对间都是可达的，节点对间的可靠性不为 0，即

$$R_e(i,j) > 0 \qquad\qquad h_i, h_j \in H \qquad\qquad (2\text{-}18)$$

综上得到协同组播 Overlay Network 虚拟链路选取问题（ONSLS）的模型，即

$$\begin{cases} \min C_{ON} = \dfrac{1}{2}\sum_{i=1}^{n}\sum_{j=1}^{n} x_{ij} c'(i,j) & (a) \\ s.t. \quad R_{ON} \geq R_0 & (b) \\ \quad\quad R_e(i,j) > 0 & (c) \\ \quad\quad x_{ij} \in [0,1] & (d) \end{cases} \qquad (2\text{-}19)$$

其中（a）式为 ONSLS 问题的目标函数，求网络的最小路由代价；其它三式为问题的约束条件，（b）式保证了整个网络的可靠性得到一定的保证，（c）式限制每条链路的可靠性大于 0，即具有连通性，（d）式限制了链路的选取。

通过求解上式，根据 Overlay Network 上虚拟链路的可靠性与网络代价进行虚拟链路的选取，从而减少节点维护的网络状态信息，利于协同组播的扩展。

三、求解 ONSLS 问题的改进蚁群算法 IACO

从公式（2-19）可以看出，ONSLS 问题是典型的组合优化问题，是一个 NPC 问题，当网络规模比较大时，问题的时间复杂度很大，用一般的方法不能解决这个问题，因此在这种情况下可以考虑运用蚁群算法来求解。蚁群算法的特点是其是一个增强型学习系统，具有分布式的计算特性，具有很强的鲁棒性。

（1）蚁群算法基本原理

蚂蚁在觅食的过程中在路径上释放出一种特殊的信息素，后面的蚂蚁根据遗留下的信息素选择下一步要走的路径。路径上的信息素值越高，蚂蚁选择这条路径的概率就越大，构成一个学习信息的正反馈过程。蚁群算法正是在对蚁群行为的研究基础上提出的一种启发式算法。

蚁群算法可以应用在网络路由路径选取方面。此时，在蚁群算法中，每个蚂蚁从网络中一个节点出发，根据状态转移规则来选择下一跳节点，直到此蚂蚁走完所有的节点。蚂蚁所走的路径是根据路径上的信息素的数量来进行选取的。

当 m 只蚂蚁成功地完成一次寻径行为后，选择出目标函数值最小的路由，来进行全局信息素更新。若 i,j 是两个相邻的节点，其中 $\tau_{ij}(t)$ 为时间 t 蚂蚁留在路径 (i,j) 上的信息量，每只蚂蚁在时间 t 开始一次新的循环，每次循环蚂蚁为所有目标节点选择一次路由。一次循环结束时间更新为 $t+n$，蚂蚁会根据下式更新路由路径 (i,j) 上的信息量：

$$\tau_{ij}(t+n) \leftarrow (1-\rho)\tau_{ij}(t) + \rho \times \Delta\tau_{ij}(t)$$

式中 $0 < \rho < 1$ 为常数，$1-\rho$ 为 $\tau_{ij}(t)$ 在时间 t 和 $t+n$ 之间的挥发程度。

$$\Delta \tau_{ij}(t) = \sum_{ak=1}^{m} \Delta \tau_{ij}^{ak}(t)$$

m 为蚂蚁总数，$\Delta \tau_{ij}^{ak}(t)$ 为在 t 和 $t+n$ 之间，由第 ak 只蚂蚁引起的路由路径 (i,j) 上信息量的变化。

$$\Delta \tau_{ij}^{ak}(t) = \begin{cases} Q/L_{ak} & \text{第ak只蚂蚁选择路由路径} (i,j) \\ 0 & \text{其他} \end{cases}$$

其中 Q 为常数，L_{ak} 为蚂蚁 ak 求得的网络路由代价总和。蚂蚁 ak 以概率 $P_{ij}^{ak}(t)$ 选择路由路径 (i,j) 作为本次循环路径。

$$P_{ij}^{ak}(t) = \frac{(\tau_{ij}(t))^{\alpha}(\eta_{ij})^{\beta}}{\displaystyle\sum_{j' \in neighbor(i)} (\tau_{ij'}(t))^{\alpha}(\eta_{ij'}')^{\beta}}$$

其中，η_{ij} 为启发式信息，$\eta_{ij} = 1/cost(i,j)$，α, β 为常数，分别表示 $\tau_{ij}(t)$ 和 η_{ij} 的重要程度。这样每只蚂蚁为所有的目标节点都选择了一个路由路径，将所有目标节点的路由路径进行综合，然后去掉重合的边，就得到从一个节点出发到所有其它所有节点网络。

（2）求解 ONSLS 问题的改进蚁群算法 IACO

为了提供蚁群算法的全局搜索能力和搜索速度，可以对传统蚁群算法进行如下改进：

1）保留最优解，在每次循环结束后，求出最优解，将其保留。

2）当问题规模比较大时，由于信息素挥发系数 ρ 的存在，使那些从未被搜索到的解上信息量会减少到接近于 0，降低了算法的全局搜索能力。通过减小 ρ 虽然可以提高算法的全局搜索能力，但又会使算法的收敛速度降低。因此，将自适应地改变 ρ 值。ρ 的初始值 $\rho(t_0) = 1$；当算法求得的最优值在 M 次循环内没有明显改进时，ρ 减为

$$\rho(t) = \begin{cases} \lambda \rho(t-1) & \lambda \rho(t-1) \geq \rho_{min} \\ \rho_{min} & \text{其他} \end{cases}$$

其中，ρ_{min} 可以防止 ρ 过小以降低算法的收敛速度；λ 为约束系数，$0 < \lambda < 1$。

3）在算法运行的初始阶段，每个路由路径上的信息量相差不大，通过信息的正反馈，较好解的信息量增大，从而逐渐收敛。当问题规模比较大时，此过程需要较长的时间。为提高算法的收敛速度，引入交叉算子，在每次循环结束，随机选择 2 只蚂蚁，将其解进行交叉操作，如果交叉所得的解优于原来的解，则用新的解代替原来的解，否则抛弃新的解。由于每只蚂蚁对每个目标节点的路由独立操作，因此交叉操作将会引入路由路径的不同组合，不会引入不可行解。

算法具体步骤描述如下：

Algorithm 2.4 IACO

Begin

Initialization the network parameter

$t = 0$，$\tau_{ij}(t) = 0, \Delta \tau_{ij}(t) = 0$，$\eta_{ij} = 1/cost(i,j)$；

While （not termination condition）

{For （ak=1;ak≤m-1;ak++）

{Locate m ants in the node r, which is selected randomly.}

For （i=1:i<n;i++）

{For （ak=1;ak≤m-1;ak++）

{The ant ak selects routing path for node i with a probability p_{ij}^{ak} }}

For （ak=1;ak≤m;ak++）

{Randomly select another ant to cross with the ant ak about path.

If the result is better than the ak result, then replace the result with this new result.

Compute the best result and give it the *m* ant.

If the best result is same with *M* times

{Update the η }

Compute the $\Delta \tau_{ij}, \tau_{ij}$ }

Compute the network dependability R_{ON} .

   If the $R_{ON} < R_0$

{Compute the network topology again.}

Put out the optimization result.}

End

IACO 算法中计算出每个节点到其他节点的最小代价路径，并使此时网络可靠性满足约束条件，最后合并所有分网络拓扑结构，删除重复路径，从而构成一个最终的协同组播覆盖网络。此网络在满足网络可靠性约束条件的基础上减少网络的虚拟链路的数量，从而为在覆盖网络上构造的协同组播树提供更好的性能。

（3）IACO 算法分析

1）时间复杂度

设网络的节点数为 N，蚂蚁的个数为 m，迭代次数为 NC。算法的初始化复杂度为 $O(N^2)$，建立记录路径的堆栈的复杂度为 $O(m)$，蚂蚁完成一次搜索最多走 N 步，每一步要做 N 次的判断，所以蚂蚁完成一次搜索的复杂度为 $O(m*N^2)$，蚂蚁返回的复杂度为 $O(m*N)$，信息素刷新和初始化的复杂度一样为 $O(N^2)$，最后验证网络的可靠性的复杂度为 $O(N)$，所以算法总的复杂度为 $O(NC*m*N^2)$。

2）收敛性分析

假设 1 设信息素数量 $\tau_{ij}(t)$ 的全局最大值为 τ_{max}，可行最优解集为 S^*，$S^* \subset L$ 且 $S^* \notin \varnothing$，$s^* \in S^*$ 为 S^* 中的一个元素，$g(s^*)$ 为任意搜索时刻 (i,j) 边上最大的信息素量，ρ 为常数且 $\rho \subset [0,1]$，对于 τ_{ij}，有如下公式成立：

$$\lim_{t \to \infty} \tau_{ij}(t) \le \tau_{max} = \frac{1}{\rho} g(s^*)$$

假设 2 设信息素数量 $\tau_{ij}(t)$ 的全局最小值为 τ_{mim}，当应用全局寻优方式寻到本次循环信息素数量的最优解 $\tau^*_{ij}(t)$ 之后，由于 $\tau^*_{ij}(t) \ge t_{min}$，$\tau^*_{ij}(t)$ 单调增加，则对 $\forall(i,j) \in s^*$，有如下公式成立：

$$\lim_{t \to \infty} \tau^*_{ij}(t) = \tau_{max} = \frac{1}{\rho} g(s^*)$$

设 $\rho^*(t)$ 为时刻 t 内蚁群算法寻到最优解的概率，则对于 $\forall \varepsilon > 0$ 和足够长的时间 t，有 $\rho^*(t) \ge 1 - \varepsilon$，且当 $t \to \infty$ 时有：

$$\lim_{t \to \infty} p^*(t) = 1$$

证明：由假设 1、假设 2 可知，信息素数量 $\tau_{ij}(t)$ 的全局最大值为 τ_{max}，最小值为 τ_{mim}，$\hat{p}_{min}$ 为最差寻优情况下的界定概率，则

$$\hat{p}_{min} = \frac{\tau_{min}^{\alpha}}{(n-1) * \tau_{max}^{\alpha} + \tau_{min}^{\alpha}}$$

对任意小的 p_{min}，有 $p_{min} \geq \hat{p}_{min}$。

任意时刻 t 时的概率 $\hat{p} \geq p_{min}^{n} > 0$，又由于当 t 足够大时蚂蚁总可以寻到一个最优解，则 $p^{*}(t)$ 的底限值为

$$p^{*}(t) = 1 - (1 - \hat{p})^{t}$$

对于 $\forall \varepsilon > 0$，当 t 足够大时，有 $p^{*}(t) \geq 1 - \varepsilon$。

当 $t \to \infty$ 时，$\lim_{t \to \infty}(1 - \hat{p})^{t} = 1$。由式 $p^{*}(t) = 1 - (1 - \hat{p})^{t}$ 得

$$\lim_{t \to \infty} p^{*}(t) = 1$$

证毕

设 t^{*} 为首次寻到最优解的时刻，$\forall (i,j) \in s^{*}, \forall (k,l) \in L \bigcap (k,l) \notin s^{*}$。则存在一个 t_0，当 $\forall t > t^{*} + t_0$，有如下公式成立

$$\tau_{ij}(t) > \tau_{kl}(t)$$

证明：令 $(i,j) \in s^{*}$ 且 $\tau_{ij}^{*}(t^{*}) = \tau_{min}$；同理，令 $(k,l) \in s^{*}$ 且 $\tau_{kl}^{*}(t^{*}) = \tau_{max}$。在迭代时刻 $t^{*} + t'$，有

$$\tau_{ij}^{*}(t^{*} + t') = (1 - \rho)^{t'} * \tau_{min} + \sum_{i=0}^{t'-1}(1 - \rho)^{i} * g(s^{*}) > t' * (1 - \rho)^{(t'-1)} * g(s^{*})$$

此外，在 $t^{*} + t'$ 时刻，$\tau_{kl}(t)$ 的值为

$$\tau_{kl}(t^{*} + t') = \max\{\tau_{min}, (1 - \rho)^{t'} * \tau_{max}\}$$

由此可得

$$\tau_{ij}^{*}(t^{*} + t') > \tau_{kl}^{*}(t^{*} + t')$$

当 $t' * (1 - p)^{(t'-1)} * g(s^{*}) > (1 - \rho)^{t'} * \tau_{max}$ 时，即

$$t' > \frac{\tau_{max} * (1 - \rho)}{g(s^{*})}$$

由假设 2 可得

$$t' > \frac{(1 - \rho)}{\rho} \triangleq t_0$$

故当 $\forall t > t^{*} + t_0$ 时，有

$$\tau_{ij}(t) > \tau_{kl}(t)$$

证毕

四、仿真模拟及分析

为了验证 IACO 算法的有效性，选取 10 个节点网络进行模拟仿真，仿真平台为 Matlab7.0。仿真中需要设定的参数有 α、β 和 Q，以及蚂蚁数目等。其中 α 的大小表明每个路由路径上的信息素量的重视程度，其值越大，蚂蚁选择以前选择过的路由的可能性越大，α 值过大会使搜索过早陷于局部最小点。β 的大小表明启发式信息的重视程度。Q 值将会影响到算法的收敛速度，Q 过大会使算法收敛到局部最小值，Q 值过小又会影响算法的收敛速度。随问题规模的增大 Q 的值也需要随之调整。根据经验选择 $\alpha = 1, \beta = 4, Q = 1$；蚂蚁的数目与网络节点数目相同 $m = 10, \lambda = 0.95, \rho_{min} = 0.1$。网络的链路费用矩阵为

$$cos t = \begin{bmatrix} 0 & 9 & 2 & 3 & 2 & 5 & 4 & 2 & 1 & 4 \\ 9 & 0 & 3 & 4 & 6 & 7 & 4 & 1 & 2 & 8 \\ 2 & 3 & 0 & 8 & 2 & 4 & 1 & 2 & 3 & 1 \\ 3 & 4 & 8 & 0 & 1 & 1 & 2 & 2 & 1 & 1 \\ 2 & 6 & 2 & 1 & 0 & 1 & 3 & 2 & 6 & 2 \\ 5 & 7 & 4 & 1 & 1 & 0 & 2 & 4 & 2 & 1 \\ 4 & 4 & 1 & 2 & 3 & 2 & 0 & 3 & 4 & 1 \\ 2 & 1 & 2 & 2 & 2 & 4 & 3 & 0 & 3 & 2 \\ 1 & 2 & 3 & 1 & 6 & 2 & 4 & 3 & 0 & 4 \\ 4 & 8 & 1 & 1 & 2 & 1 & 1 & 2 & 4 & 0 \end{bmatrix}$$

链路的可靠性矩阵为

$$R = \begin{bmatrix} 0 & 95 & 23 & 60 & 48 & 89 & 76 & 45 & 1 & 82 \\ 95 & 0 & 44 & 61 & 79 & 92 & 73 & 17 & 40 & 93 \\ 23 & 44 & 0 & 91 & 41 & 89 & 5 & 35 & 81 & 1 \\ 60 & 61 & 91 & 0 & 13 & 20 & 19 & 60 & 27 & 19 \\ 48 & 79 & 41 & 13 & 0 & 1 & 74 & 44 & 93 & 46 \\ 89 & 92 & 89 & 20 & 1 & 0 & 41 & 84 & 52 & 20 \\ 76 & 73 & 5 & 19 & 74 & 41 & 0 & 67 & 83 & 1 \\ 45 & 17 & 35 & 60 & 44 & 84 & 67 & 0 & 68 & 37 \\ 1 & 40 & 81 & 27 & 93 & 52 & 83 & 68 & 0 & 83 \\ 82 & 93 & 5 & 19 & 46 & 20 & 1 & 37 & 83 & 0 \end{bmatrix}$$

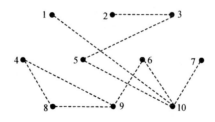

图 2.9 10 节点网络拓扑图

Fig.2.9 The network topology with 10 nodes

利用 IACO 算法得到如图 2.9 的网络拓扑图，图中的虚线表示没有在网络中选取的链路。从图中可以看出，在 10 个节点网络中，如果为全连通网络共有 45 条链路，而通过 IACO 算法进行选取后，减少了 10 条链路，减少比例为 22%。而在全连通网络中，每个节点维护的邻居节点数为 9 个，而在选取后，平均每个节点减少了 2 个邻居节点。最多减少了 4 个，最少减少了 1 个，每个节点维护的邻居节点数目都得到了减少，利于在此网络上进行组播服务的部署。

在深入研究当前组播体系结构所面临问题的基础上，综合网络层组播的高效性和应用层组播的灵活性特点，本章提出了通过在网络中布置组播代理服务器，由网络层组播路由器、组播代理服务器以及应用层组播端用户共同组成虚拟的协同组播 Overlay Network；提出了基于 Overlay Network 的协同组播的概念和网络体系结构的雏形，给出其逻辑框架，定义了各组成部分的功能和相互之间的关系；确定了在这个框架下，需要研究的若干关键性问题。

协同组播 Overlay Network 的构造是协同组播研究的基础和关键性问题之一。本章针对协同组播 Overlay Network 节点和链路组成的特点，把 Overlay Network 的构造问题分解为两个子问题：组播代理的部署问题（MPP）和虚拟链路选取问题（ONSLS）。对于 MPP 问题，提出了基于贪婪算法的解法和基于改进遗传算法的解法，并对两种算法的复杂性进行了分析，证明了算法的收敛性，通过仿真实验验证了两种算法的有效性和性能；对于 ONSLS 问题提出基于蚁群算法原理的改进蚁群算法 IACO，并证明了算法的收敛性，仿真实验结果表明 IACO 算法能够有效地进行虚拟链路的选取。

第三章　基于 Overlay Network 协同组播机制及其形式化描述与验证

本章在协同组播网络体系结构的基础上，分析了协同组播的特点，提出了基于Overlay Network协同组播的相关机制，主要包括协同组播域内和域间的组播树构成、协同组播组的地址分配、组播源的注册、组用户的加入和退出等重要机制。基于形式化工具Petri网对协同组播的相关机制进行了形式化描述，并进一步利用Petri网对协同组播的相关机制的正确性及完备性等特性进行了形式化验证。

第一节　基于 Overlay Network 协同组播机制

根据上章所述的基于 Overlay Network 协同组播的网络体系结构，把全局的协同组播分解为域内协同组播和域间协同组播两层结构。协同组播采用有源树结构，所谓有源树是指组播树的根是组播信息流的来源，有源树的分枝形成了通过网络到达接收节点的分布树。在域内协同组播中以域内某个特定组播代理为根，建立一棵域内协同组播树，域内协同组播树的节点包括域内组播路由器、组播代理和端用户，链路包括网络层组播链路和虚拟组播链路（应用层组播链路）。对于域间协同组播，也采用域内相似的结构，以源组播代理为根建立一棵域间组播树，组播树的节点包括组播代理和域间组播路由器，链路为应用层组播链路和域间网络层组播链路。这样就构成了两层的协同组播网络，建立了一棵以域间组播树为骨干，域内组播树为子树的全局组播树。本章其它小节就协同组播机制及其具体的源注册、组用户加入和组播用户退出等机制进行详细的论述。

一、协同组播机制概述

在一个协同组播域中（考虑一般的网络情况），域中存在一定的网络层组播路由器，也存在普通路由器，而且组播路由器间并不是完全连通的，有些组播路由器间要借助于普通路由器进行连通。因此在一个协同组播域中，根据应用层节点所连接的路由器的特性，逻辑上可以把一个协同组播域划分成若干个更小的区域，在每一个小区域中所有的网络层节点都具有相同的特性，即具有组播功能的组播路由器或都是不具有组播功能的普通路由器。在构造一棵协同组播树时，在含有普通路由器的小区域中只能采用应用层组播把所有的端用户加入到协同组播树中。而在含有组播路由器的小区域中，由于组播路由器既可以进行网络层组播数据的转发，也可以利用单播进行应用层组播数据的转发，因此在这种小区域中，端用户根据协同组播构造的目标和约束条件的要求，采用网络层组播或者应用层组播加入到协同组播树中。当两种小区域中的某些端用户在协同组播树中存在连接关系时，它们只能通过应用层组播进行连接。应用层组播与网络层组播通过同时参加两层组播的应用层节点进行沟通，实现组播数据在应用层和网络层组播中的转发。

通过以上的协同组播机制就构造了一棵协同组播域内的协同组播树。在此协同组播树中同时存在网络层组播分枝和应用层组播分枝，而且在域内根据组播路由器的分布情况可能出现多个网络层组播树分枝。这些网络层组播树分枝通过应用层组播树分枝进行连通，从而在协同组播域内由网络层组播和应用层组播共同构造成一棵协同组播树，如图 3.1 所示。图（a）采用平面结构表示的域内协同组播树，从图中可以看出协同组播树中包含有网络层组播路由器构成的协同组播树分枝和由端用户构成的应用层组播树分枝。在网络层组播树分枝上采用网络层组播进行组播数据的分发。而且根据协同组播域的组播路由器分布情况，在此协同组播树中存在多个网络层组播树分枝，它们之间通过应用层组播树分枝进行了连接。

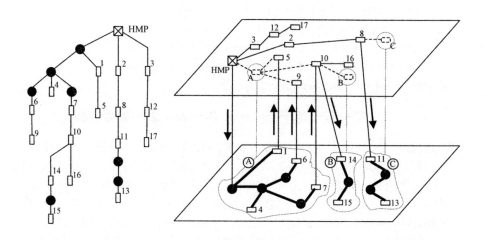

（a）树状平面表示

（a）plane tree display

（b）树状分层表示

（b）layered tree display

图 3.1 域内协同组播树

Fig.3.1 The intra-domain cooperative multicast tree

为了更加清晰的表达应用层组播与网络层组播在域内的协同组播，可以采用分层的表达方式，如图 3.1（b）所示。底层为网络层组播树，它为域内的网络层组播树分枝形成的网络层组播组，每个网络层组播树分枝具有一个源，它为一个端用户，每个网络层组播组采用不同的网络层组播地址（D 类地址）。协同组播树的上层为一个应用层组播组，它的根为一个域内组播代理。在此应用层组播树中，节点为端用户 MH 或者是由网络层组播组抽象的端用户。由于域内的每个网络层组播的源 MH 都作为一个应用层组播组用户加入上一层的应用层组播树中，进行组播数据的接收。同时为了优化协同组播树结构，网络层组播组的用户也可以复制转发组播数据给其它的域内端用户，但是采用的是应用层组播方式，因此一个网络层组播树分枝的网络层组播组可以抽象成一个端用户 MH，它采用应用层组播从其它的端用户 MH 接收数据，然后采用单播转发此数据给其它的应用层组播组端用户，通过以上方式可以构成域内的分层表达的协同组播树，从而实现了域内的网络层组播与应用层组播的协同工作。

当协同组播域中都为组播路由器时，此时协同组播树进化为一棵网络层组播树，端用户通过网络层组播加入到协同组播树中；另一方面，当协同组播域中都是普通路由器而不存在组播路由器时，此时协同组播树进化为一棵应用层组播树，端用户通过应用层组播加入到协同组播组中。域内协同组播机制的描述如下：

The cooperation multicast mechanism description in intra-domain:

Begin

Initialization the cooperation multicast overlay network..

While （all $h \in H$ nodes join the cooperation multicast tree.）

{If （the h directly links a normal router nv.）

Then {The h connects the multicast tree with the application level multicast （ALM）.}

If （The h directly links a multicast router mv）

Then { If （The h satisfies the multicast routing object and constraints by IP multicast）

Then { The h connects the multicast tree with the IP multicast}

Else { The h connects the multicast tree with the ALM.

If （ The h has children nodes in the same IP multicast network）

Then {The h registers the IP multicast network as the source node} }}

Construct an cooperation multicast tree with IP multicast and ALM.

End

对于域间协同组播也采用与域内相似的协同组播机制，通过域间组播路由器和组播代理节点构造一棵域间协同组播树，此协同组播树的结构与域内协同组播树的结构相似，也由网络层组播树分枝和应用层组播树分枝来共同构成，从而实现域间的应用层组播与网络层组播的协同工作。通过域间组播树上的组播代理节点把域间组播数据转发到域内组播树上，从而实现域间与域内组播树的连通，构成一棵以域间组播树为骨干，域内组播树为子树的全局的协同组播树，从而实现协同组播在广域范围的应用。

综上所述，本书所提出的协同组播就是在现有网络基础上，根据网络中组播路由器的分布情况，利用 Overlay Network 技术，根据端用户连有组播路由器的不同，采用应用层组播或网络层组播加入到协同组播组中。当端用户连有普通路由器的时候它通过应用层组播加入到协同组播组中，而当端用户连有组播路由器时，根据协同组播树的构造要求可以通过网络层组播或应用层组播加入到协同组播组中。应用层组播与网络层组播通过同时参加两层组播的应用层节点进行沟通，实现组播数据在应用层和网络层组播中的转发，从而构造出一棵协同组播树，实现应用层组播与网络层组播的协同工作。

二、组地址分配及组管理服务器

传统的网络层组播地址分配方案采用 D 类 IP 地址确定组播组，组播地址范围是从 224.0.0.0 到 234.255.255.255，由于地址空间的有限，采用动态地址分配方案，当某一组播组建立时申请一个地址，当组播组撤销时释放此地址供其它组使用。而对于应用层组播由于组播数据的复制和转发由端用户来完成，因此可以根据应用层组播方案的不同采用不同的地址分配方案，具有很强的灵活性，没有固定模式。

在我们提出的基于 Overlay Network 协同组播中，由于即利用到了网络层组播，又有应用层组播，因此地址方案采取两者混合的方法。根据上文的论述，在协同组播域内和域间都是采用基于有源树的结构，因此可以采用组播源地址加组播组名称的方式构成一个全局协同组播组地址，例如，一个全局组播组的源为一个组播代理，它的 IP 地址为 202.115.106.127，它参加的组播组名称为 MS001，则此组播组的全局地址为"202.115.106.127/MS001"。此全局组播地址可以用作域间组播组的地址，而对于域内协同组播组，每个协同组播域可以有各自的域内组播组地址与此全局组播组建立映射关系，即每个域内组播组对应一个全局组播组地址，一个全局组播组地址对应多个域内组播组地址。域内组播组地址的定义采用与全局组播组地址相似的方式，由域内组播源和组内组播组名称联合构成。

由于在基于 Overlay Network 协同组播网络中协同组播树中存在多个网络层组播子树，因此每个网络层组播子树还采用 D 类 IP 地址作为此网络层子树上组播组地址对全局协同组播组地址的一个映射，对于不同的全局组播组地址，在同一个网络层组播子树的映射 D 类 IP 地址应该是不相同的。

为了实现对协同组播组的管理和对组播代理信息的维护，我们需要在协同组播网络中部署一个组播管理服务器（MGMS）。组播管理服务器中保存着全局组播代理的状态信息和各个组播组的地址状态信息。当有新的组播代理准备加入到网络中时，或新的组播组生成时都要到组播管理服务器中注册信息。组播管理服务器采用某种途径（例如：Web 发布形式）公布自己的地址信息，从而使端用户获得它的地址信息，与它建立连接。组用户可以通过访问组播管理服务器获得相应的组播组和组播代理信息。组播组管理服务器只是向组播组用户提供组播组的信息，而不参加组播树的构造和组播数据的复制转发过程。因此，即使当组播组管理服务器出现故障时，它仅影响新成员的加入，而不会影响现有组播组的工作，不会成为组播路由的瓶颈节点。

三、源注册

在基于 Overlay Network 协同组播网络中，一个组播组的源以端用户身份存在，当组播源用户（MH_S）准备注册到组播组中时，它首先需要向组播组管理服务器（MGMS）发送注册消息，当 MGMS 审核通过此用户具有作为组播组源的资格以后，MGMS 返回给此源用户（MH_S）它所在的协同组播域的组播代理地址信息（可能包含多个组播代理地址）。源用户根据这些组播代理地址信息，选择距离自己最近的组播代理进行源注册申请，向此组播代理发送组播组源注册信息，使组播代理知道组播组源在本域中。此 MP 验证源用户的合法性后，再向组播组管理服务器申请源注册，并建立组播组。组播组管理服务器接收组播代理发送的源注册申请后，进行此组播组状态信息的建立，此状态信息包含组播组地址和此组播代理地址，并返回给此组播代理接受请求。此组播代理将作为源组播代理（MP_S）以自己为根建立一棵协同组播树，进行组播数据的复制与转发。此后源用户（MH_S）就直接发送数据到源组播代理（MP_S），由此 MP_S 作为源代理并利用协同组播树进行组播数据的复制转发。

由于在基于 Overlay Network 协同组播中协同组播树是由应用层组播树分枝和网络层组播树分枝共同构成的，因此在源组播代理（MP_S）生成协同组播组时，根据它在协同组播 Overlay Network 上所直接连接的节点情况，生成相应的组播组。当 MP_S 直接连有组播路由器时，它需要向此网络层组播组进行源注册，生成一个网络层组播组，从而能够通过网络层组播向与它连接在同一棵网络层组播子树的端用户发送组播数据。对于不同的网络层组播子树，为保证不产生冲突，每个子树具有不同的网络层组播组。

组播源注册的基本步骤如下：

（1）组播源用户（MH_S）首先向组播组管理服务器（MGMS）发送注册消息。

（2）组播组管理服务（MGMS）接受到 MH_S 的注册消息后，验证此 MH_S 合法性后，返回 MH_S 它所在域内的组播代理（MP）地址信息。

（3）MH_S 接收到 MP 地址信息后，搜索到与它距离最近的 MP，然后向此 MP 发送源注册申请消息。

（4）MP收到MH_S发送的注册申请消息后，验证MH_S合法性，然后把自己作为源组播代理（MP_S），建立一个以自己为源的协同组播组，并向MGMS发送协同组播组建立消息。

（5）MGMS接收到协同组播组建立信息后，在本地建立此协同组播组的状态信息。完成组播源的注册过程。

四、组用户加入

组用户加入申请过程

当协同组播端用户（MH）准备加入组播组时，它通过Web等途径得到MGMS的地址和协同组播组地址。然后，此MH首先向组播组管理服务器（MGMS）发送加入请求，申请加入一个组播组。MGMS经过对此MH资格审核后，接受此加入信息，在服务器中查询此组播组的相关信息。如果此端用户MH所在的自治域中已经有组播代理MP加入到此协同组，即已经有域内的首组播代理（首组播代理（HMP）是此域内协同组播子树的根，它从域外或组播源获得组播组数据，每个域内协同组播组只能有一个首组播代理），则MGMS向MH返回此HMP地址；如果端用户MH所在域还没有MP加入到此协同组播组，即此域内还没有端用户加入此协同组播组，则此MH是域内第一个申请加入此组播组的用户，MGMS则向MH返回它所在域内所有MP的地址。

如果MH收到的是HMP地址，则它直接向HMP申请加入组播组；如果MH收到的是多个MP地址，则MH收到信息后根据各个MP的地址信息选取距离最近的MP作为HMP，向它发送组播组加入申请。

当HMP（或MP）收到本域内MH发送的加入申请后，在经过验证后，它首先查询自己是否已经加入此协同组播组中。如果MP没有加入到协同组播组中，它把自己作为HMP向MGMS申请加入此协同组播组。MGMS接收到加入申请后建立此域内HMP与组播组的对应关系的状态信息，接收HMP加入申请。在HMP接收到MGMS同意加入申请后，一方面申请加入域间组播树，另一方面以自己为根建立本域内的协同组播子树，让MH加入。如果HMP已经加入到此协同组播组中，它则不用再申请加入域间组播树，而只是让MH加入到本域内的协同组播组中。MH加入到域内协同组播组和HMP加入域间组播组的过程下述小节详细介绍

组用户（MH）加入域内组播组

在协同组播域中，由于域内有多个网络层组播子树存在，同时还有应用层组播端用户，因此端用户的加入情况要相对复杂。为了实现网络层组播与应用层组播的域内协同组播，需要域内的组播代理知道此域的拓扑结构，假设域内组播代理通过静态配置或者动态探测方法已获得了本域的拓扑结构。当域内第一个端用户MH申请加入到协同组播组时，它首先向与它距离最近的MP发送加入申请，此时域内并没有协同组播组。MP在收到端用户MH发送的加入申请后，根据全局协同组播组的信息，建立域内协同组播组，使自己成为此协同组播组在本域中HMP。

HMP根据此MH的位置和节点连接情况，采用某种路由算法（第4章中详述）建立域内协同组播树。然后根据域内协同组播树的结构，HMP决定此MH加入协同组播树的注册节点位置，并把此信息发送给MH。MH在收到注册节点位置信息后，向此注册节点发送加入注册信息，注册加入域内组播组，使此注册节点成为其在域内组播树上的父节点。由于域内原来并没有协同组播树，因此父节点在接收到加入注册消息后，也向HMP申请加入组播

组，HMP 根据域内协同组播树的结构，再决定它加入组播树的注册节点。依此类推，各级申请加入节点向其父节点注册，最终注册到 HMP，建立一棵域内协同组播树，此树以 HMP 为根，MH 作为它的叶子节点。通过上述过程完成域内第一个端用户 MH 的加入到域内协同组播组的过程，并建立了域内协同组播树。

当域内再有其它新端用户申请加入时，由于此时域内已经存在协同组播树，新申请加入的 MH 也要首先向 HMP 发送加入申请，由 HMP 决定它的注册父节点。与域内第一个端用户申请加入时类似，各级父节点逐级申请加入组播组，直到某级父节点已为域内协同组播树的节点，从而使此 MH 加入到域内已有的协同组播树上，完成新节点的加入域内协同组播组过程。

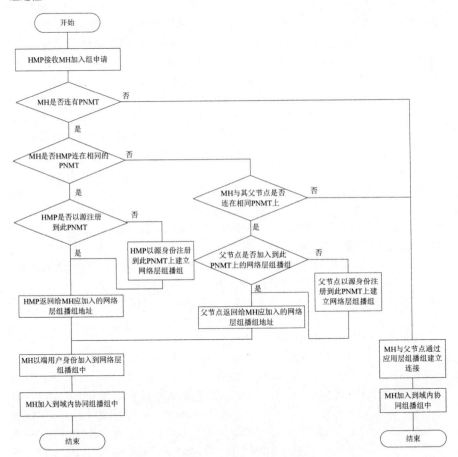

图 3.2 端用户 MH 加入域内协同组播组流程图

Fig.3.2 The flow chart of the new MH joining the intra-domain cooperative multicast group

由于在域内协同组播树存在网络层组播树分枝和应用层组播树分枝，因此在 HMP 决定申请加入组组端用户 MH 注册的父节点位置时，根据申请加入 MH 在协同组域上连接的邻居节点的情况，分为三种情况 MP 决定它的注册父节点，如图 3.2 所示端用户的加入域内组播树的流程。

（1）当申请加入协同组组的 MH 连有网络层组播子树（PNMT），且此 PNMT 与

HMP 也直接相连时，此时 HMP 将作为 MH 的父节点，并让 MH 加入到此 PNMT 上的网络层组播组中。MH 在收到 HMP 发送的接受加入申请后，向与它直接相连的组播功能路由器（MR）发送网络层组播加入申请（采用现有的网络层组播路由器协议，如 PIM-SM 等），再由 MR 逐级申请加入到此 PNMT 上的网络层组播组中，从而让 MH 加入到网络层组播组中，通过此网络层组播组收取组播数据，完成 MH 加入到此域内的协同组播组的过程。另一方面，HMP 以网络层组播源身份注册到此 PNMT 上，向此网络层组播组转发组播数据，建立域内协同组播树的网络层组播分枝。

（2）当申请加入协同组播组的 MH 连有 PNMT，但此 PNMT 不与 HMP 直接相连时。HMP 采用某种组播路由算法（第 4 章中详述）计算出 MH 所要连接的父节点。如果父节点为非连接在此 PNMT 上的端用户，则 MH 与此父节点通过应用层组播建立连接，从而使 MH 加入到域内协同组播树上。如果父节点为与此 PNMT 直接相连的端用户，则 MH 与其父节点通过网络层组播建立连接。当父节点还未注册加入到此 PNMT 上时，则此父节点作为此网络层组播组源注册到此 PNMT 上，而 MH 作为端用户加入到此网络层组播组中，接收其父节点通过此网络层组播树转发的组播数据，从而使 MH 加入到此域内的协同组播组中。如果父节点已经加入到此 PNMT 上，说明此 PNMT 已有相应的网络层组播组，此时 MH 只要作为端用户直接加入到此网络层组播组就可以接收组播数据，从而加入到域内的协同组播组中，完成加入过程。

（3）当申请加入协同组播组的 MH 没有与 PNMT 直接相连时，HMP 采用某种组播路由算法（第 4 章中详述）计算出 MH 所要连接的注册父节点的位置。此时 MH 与此注册父节点只能通过应用层组播建立连接。需要说明的是，此父节点包括域内的各个组播代理在内，因为在域内任何两个端用户都可以通过单播直接相连，而 MP 也可以看作一类特殊的 MH，只是它的性能更高，更稳定，所以它可以通过应用层组播与其它的 MH 建立连接，让 MH 加入到此域内的协同组播组中。

组用户（HMP）加入域间组播组

当 HMP 准备加入到域间协同组播组时，由于域间协同组播树也采用基于有源树的结构，因此采用与域内协同组播用户加入相同的机制，即申请加入的 HMP 先向 MGMS 发送加入域间组播组申请，获得组播源 MP_S 地址，然后向 MP_S 申请加入。MP_S 收到加入申请后，根据某种组播路由算法（第 4 章中详述）计算出此 HMP 加入域间组播组注册节点的位置，把此信息返回给 HMP。HMP 根据此信息向其父节点进行注册。注册节点在接收到加入注册消息后，检查自己是否已经加入此组播组中。如果父节点没有加入此组播组中，则此父节点建立子节点的组播路由转发项的同时也申请加入到此组播组中。以此类推，节点逐级建立组播路由转发项并加入到此组播组中，直至某级父节点为域间协同组播组上的节点，从而完成新节点的加入过程。

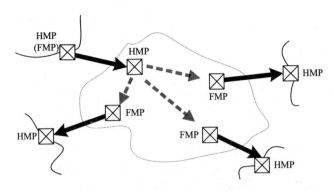

图 3.3 域间多 MP 连接示意图

Fig.3.3 The inter-domain multiple MP connected sketch map

对于一个协同组播域来说，当域比较小，用户节点（MH）比较集中时，这时只要在域内合理的布置一个 MP 就可以达到用此 MP 代理本域与其它域通信的目的。但当域范围比较大时，如果只是部署一个 MP 进行域间通信，这是很不合理的，可能域间转发数据的时延较长。但是如果一个域内有多个 MP 从同一个组播树同时接收数据，可能导致端用户收到冗余的信息，这是对网络带宽资源的不合理消耗。因此为避免出现这样的问题，只让每个域内只有一个 MP 从域间组播树上接收数据，即此 MP 就是首组播代理 HMP。同时为了避免由于自治域范围过大带来的时延问题，可以让一个域内有多个 MP 输出数据到域间协同组播树，这类 MP 称为尾组播代理（FMP），它们只负责向协同组播树发送数据，而不从协同组播树上接收组播数据。这样对于一个组播自治域而言，它只有一个域间组播数据输入口，而有多个域间组播数据输出口。从间组播树结构上来看，可以把一个自治域的多个 MP 抽象为一个 MP，它的入度为 1，而出度不为 1。通过这种方法也增加了域内组播代理在域间组播树上的出度，如图 3.3 所示。

当一个 HMP 向另一个域的 HMP 申请加入域间组播时，它首先向另一个域的 HMP 发送加入申请，此 HMP 返回给申请 HMP 它所在域的所有 MP 地址。申请 HMP 根据这些地址，选取距离它最近的 MP 作为父节点，然后向此父节点 MP 申请加入。此父节点可能是 FMP 也可能是 HMP。如果为 FMP，则此 FMP 要检测它是否已经加入到它自己所在域的域内组播中（应用层组播组或网络层组播组），如果已经加入域内组播组，则转发数据给它的子节点 HMP。如果没有加入域内组播组，则要向 HMP 申请加入到域内组播组中。FMP 节点的加入申请按域内端用户 MH 节点的加入过程处理，即根据 FMP 所在位置及连接的链路情况，加入到域内的组播中（可能是网络层组播组也可能是应用层组播组），完成 FMP 的加入过程。采用这种域内多 MP 的另一个优点在于，当域内有多个组播组需要从域外获得组播数据时，每个组可以采用不同的 MP 作为 HMP，从而避免单 HMP 成为协同组播的瓶颈节点。

从以上组用户加入过程可以看出，这里让 MH（或 HMP）向 MGMS 申请加入，MGMS 可以对申请的 MH（或 HMP）进行验证管理，只有从 MGMS 获得认证，并通过相应 HMP（或 MP_S）检查后才可以申请加入到组播组中。通过这种方式可以进行组播组成员的控制管理，解决组播缺少组用户管理的问题。

五、组用户退出

由于基于 Overlay Network 协同组播网络的协同组播树是以域间协同组播树为骨干，域内协同组播树为子树共同构成的，因此在用户退出时，也要遵循先退出域内子树，当域内没有用户参加协同组播组时再退出域间组播树的过程。下面将详细论述组用户退出域内协同组播树和退出域间协同组播组的机制。

组用户（MH）退出域内协同组播组

由于协同组播域内组播用户 MH 可以通过网络层组播或者应用层组播连接到域内协同组播树上，因此根据退出组用户所连接的父节点和子节点的类型（组播路由器 MR 或其它端用户 MH）的不同采用相应的退出机制，节点连接分类如图 3.4 所示六种情况。

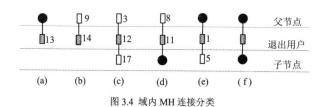

图 3.4 域内 MH 连接分类

Fig.3.4 The intra-domain MH connection type

（1）端用户 MH 作为域内协同组播树的叶子节点连接到 PNMT 的末端（如图 3.4(a)）：由于此 MH 采用网络层组播路由协议（例如 PIM-SM 等）连接到 PNMT 上，而没有连接到域内的应用层组播树上，因此只要采用相应网络层组播退出机制退出网络层组播组，进行网络层组播剪枝后，就完成了端用户 MH 退出组播组的过程。

具体过程是申请退出组播组的 MH 先向它所在 PNMT 上的指定路由器（DMR）发送退出消息直接退出 PNMT 组播组，如果 DMR 没有连接其它的端用户 MH，则 DMR 向它的父节点（MR）发送剪枝消息，同时删除此 MH 对应的网络层组播组路由转发项。如果其父节点也没有连接其它子节点，则在删除此分枝的组播路由转发项后，也向它的上一级节点发送剪枝消息，此过程一直持续，从而完成端用户的退出和网络层组播树的剪枝过程。如果剪枝过程中某个节点除了连有申请退出的子节点外还有其它的子节点，则它删除此申请退出子节点的组播路由转发项后，不再向其父节点转发此剪枝消息，完成端用户的退出和网络层组播树的剪枝过程。

（2）端用户 MH 作为域内协同组播树的叶子节点连接到域内应用层组播树末端（如图 3.4（b）所示）：由于在应用层组播树中的节点为端用户，它们自己需要接收组播数据，同时也需要复制转发数据，因此当域内应用层组播树叶子节点申请退出组播组时，它只要向自己的父节点发出退出申请，然后父节点根据这个退出申请删除此子节点的应用层组播路由转发项，而父节点根据自身情况决定是否退出组播组，从而就完成了端用户退出组播组的过程。

（3）端用户 MH 作为域内协同组播树的非叶子节点连接在域内协同组播树上，且它的父节点和子节点也都是端用户（如图 3.4（c）所示）：由于此端用户只能用单播转发组播数据，因此它只加入了域内应用层组播组中。但此节点申请退出域内应用层组播组时，它除要向它的父节点发送退出消息外，还需要向它的子节点发送退出消息，让其子节点知道它要退出组播树，子节点需要重新加入域内应用层组播树中。

申请退出组播组 MH 的父节点根据接收的退出消息，删除此节点的组播路由转发项，完成节点的退出过程。子节点收到父节点的退出消息后，采用动态或静态的方法重新加入到域内应用层组播中。其中静态方法是子节点重新向域内 HMP 申请加入，由 HMP 根据域内协同组播树的拓扑结构优化计算出此子节点重新接入的位置；动态方法是子节点要维护一个它邻居节点的状态信息，一旦需要重新加入时，它不需向 HMP 重新申请加入，而是直接向它的邻居节点申请加入，选取最近的邻居节点作为父节点重新加入到域内应用层组播组中。

虽然静态方法能够优化节点连接位置，提高应用层组播树性能，但是需要 HMP 实时维护域内组播树的状态与拓扑，不利于域内组播扩展。另一方面动态方法虽然方便，维护状态少，但是重新构造的组播树性能有所降低；同时，由于端用户的系统性能不够稳定，可能有大量端用户需要退出或加入，长期积累将导致组播树的性能严重降低。因此合理的方案是，子节点先采用动态方法，重新加入到组播树中，每隔一段时间后，采用静态方法由 HMP 根据现有网络拓扑情况，重新计算一次组播树拓扑，优化组播树结构（具体算法参看第 4 章）。

（4）端用户 MH 作为域内协同组播树的非叶子节点连接在域内的协同组播树上，且它的父节点为端用户，而它同时作为源还连有一个网络层组播组（如图 3.4（d）所示，图中用一个 MR 代表一个网络层组播组）：根据分析此 MH 连接状态可知，它一方面作为域内应用层组播树的叶子节点连接域内协同组播树上，同时它还作为一个域内网络层组播组的源连接在一个 PNMT 上。因此它需要退出所在的域内应用层组播组，可以采用情况（2）的退出过程，应用层组播树中的父节点剪切此组播分枝。同时由于它作为唯一的一个源连接在域内的一个 PNMT 上，它的退出将导致此网络层组播组没有源，因此需要在此网络层组播组中重新选取一个端用户作为源注册到此网络层组播组中，加入到此 PNMT 上。所以，当此 MH 退出时，向它所连的网络层组播组发出一个退出消息，此 PNMT 上的端用户通过网络层组播收到此信息后，并不再转发此信息给其它的域内端用户，而是向 HMP 申请重新加入组播组。由于此 PNMT 可能有多个网络层组播端用户 MH，所以 HMP 可能收到多个加入申请，它只对第一个收到的申请响应，其余的都返回拒绝消息，让它们不要再申请加入。第一个申请重新加入的 MH，根据它收到的应用层组播组地址，加入到域内应用层组播组中，同时退出作为端用户加入的网络层组播组中，再以源的身份注册到原来所在的网络层组播组，成为这个网络层组播组唯一的新源。

（5）端用户 MH 作为域内协同组播树的非叶子节点连接在域内协同组播上，且它作为端用户连接一个域内网络层组播组中，通过网络层组播接收数据，同时它的子节点为端用户，它通过单播转发组播数据给它的子节点（如图 3.4（e）所示）：当此端用户 MH 申请退出组播组时，它首先要退出它所连接的网络层组播组，可以采用情况（1）中网络层组播组叶子节点的退出机制退出它所在的网络层组播组。同时还需要退出它所加入的域内应用层组播组中，因此它退出时要向它的子节点（端用户）发送退出消息，告知它们它要退出。子节点在收到父节点的退出消息后，重新申请加入到域内应用层组播组中。子节点可以采用情况（3）中所述动态方法与静态相结合的方法，重新加入到域内应用层组播组中。

（6）还有一种特殊的情况是端用户 MH 同时连有两个网络层组播组，其中在一个网络层组播组中它作为端用户加入到此组中，通过此 PNMT 接收组播数据，在另一个网络层组播组中作为源注册到此网络层组播组中，通过此 PNMT 转发组播数据（如图 3.4（f）

所示）：当此端用户 MH 退出组播组时，它首先采用情况（1）中的网络层组播组叶子节点退出机制退出所在的作为端用户加入的网络层组播组，同时还需要采用情况（4）中端用户作为源退出所在网络层组播组的机制。通过上述操作过程，此端用户 MH 就退出了域内协同组播组。

组用户（HMP）退出域间组播组

在域间协同组播中，由于采用与域内相同的组播机制，因此在组播用户退出时也采用与域内相同的退出机制，只是这时退出组播组的节点由端用户 MH 变为了每个域的首组播代理 HMP。具体的退出过程参看上小节所述。

HMP 退出域间组播组的特殊性在于，当域中除 HMP 外还有 FMP 的情况下，由于 FMP 是通过域内组播组接收数据，并把此数据转发给域间协同组播树。因此申请退出域间组播组的 HMP 首先向它的父节点（另一个域的 FMP）发出退出请求消息，当此 HMP 成功退出后，FMP 再申请退出它所在的域内组播组。如果，域内组播组只有此 FMP 一个组用户，则在 FMP 退出域内组播组后，此域的 HMP 也申请退出域间组播组，向它的域间父节点转发退出组播组申请，此剪枝过程逐级向上，直到某级域内还有其它的协同组播组用户（MH 或其它 FMP）存在，则此域的 HMP 不再转发退出域间组播组申请，完成组用户的退出和组播树的剪枝过程。

第二节　协同组播机制形式化描述与验证

对于网络协议一般可以采用三种语言来描述：自然语言、程序设计语言，以及形式化描述语言。其中，用自然语言来描述协议时，表达能力强，可读性较好，但描述不准确，存在二义性。此外，从自然语言描述的协议到协议的实现是一个复杂、低效的过程，必须手工完成，并且一致性很差。用程序设计语言来描述时，便于协议的实现，但可读性差。此外用来表述协议的并发性、不确定性，以及其他协议性质能力较差。形式描述语言有严格的语法和语义定义，避免了不明确的问题，可以更准确、更简明地描述系统特征。Petri 网是一种可用图形描述的组合模型工具，具有直观、易用的特点；同时，Petri 网又是严格定义的数学对象，其分析、验证方法建立在严格图论方法基础上，可用于分析、验证协同组播机制的静态和动态行为。因此，本书采用形式化描述语言 Petri 网来描述基于 Overlay Network 协同组播机制，并在此基础上对协同组播机制的正确性和完备性进行验证。

一、Petri 网基本原理

Petri 网基本概念

根据研究性质的不同，Petri 网分为很多类别，如库所/变迁系统、谓词/变迁系统、有色网系统和随机 Petri 网系统等，本书只给出协同组播机制形式化描述所采用的库所/变迁系统的形式化定义。

1.Petri 网（或者简称网）

一个三元组 $N=(S,T;F)$ 是一个（Petri）网 iff（当且仅当）：

（1）$S \cup T \neq \varnothing$　（网非空）；

（2）$S \cap T = \varnothing$　（二元性）；

（3）$F \subseteq (S \times T) \cup (T \times S)$　（流关系仅在于 S 与 T 的元素之间）；

（4）$dom(F) \cup cod(F) = S \cup T$　（没有孤立元素）。

在网中 S 和 T 分别为 N 的库所和变迁集，F 为流关系。在网中，F 的元素叫弧；

$dom(F) = \{x | \exists y : (x, y) \in F\}$；$cod(F) = \{x | \exists y : (y, x) \in F\}$ 分别为 F 的定义域和值域。集合 $X = S \cup T$ 是网元素的集合。

在图形上，S 元素用一个圆圈表示，库所代表一种资源；T 元素用一个四方行或者长方形表示，可以简略表示为一段黑线，变迁代表对资源的加工。在 X 元素之间的流关系由带箭头的弧表示，弧的方向表示资源的流动方向，其方法如下：

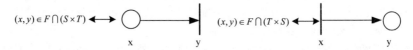

$(x, y) \in F \bigcap (S \times T)$ x   y $(x, y) \in F \bigcap (T \times S)$ x   y

2.容量函数

设 N 为网，$K : S \to \{0, 1, 2, 3, \cdots\}$ 称为 N 的容量函数；容量函数规定了网中库所可以容纳资源的多少。

3.权函数

设 N 为网，$W : F \to \{0, 1, 2, 3, \cdots\}$ 称为 N 的权函数；权函数规定了网中一次变迁引起的资源数量上的变化。

4.标识

设 N 为网，$M \to \{0, 1, 2, 3, \cdots N\}$，满足条件：$\forall s \in S : M(s) \le K(s)$ 时，称 M 为网 N 的一个标识。标识描述了经过若干次变迁后资源在网中的分布情况，最初时刻的标识称为初始标识，记为 M_0。

5.库所/变迁（P/T）系统

一个六元组 $\sum = (S, T; F, K, W, M_0)$ 是一个 P/T 系统 iff：

（1）（S,T;F）是一个网，S 元素是库所，T 元素是变迁；

（2）$K : S \to N^+ \bigcup \{\infty\}$ 是库所容量函数；

（3）$W : F \to N^+$ 是弧权函数；

（4）$M_0 : S \to N$ 是初始标识，满足：$\forall s \in S : M_0(s) \le K(s)$。

在 P/T 系统的图形表示中，对于弧 $f \in F$，当 $W(f) > 1$ 时，将 $W(f)$ 标注在弧上。当一个库所的容量有限时，通常将 $K(s)$ 写在库所 s 的圆圈旁。当 $K(s) = \infty$ 时，通常省略 $K(s)$ 的标注。有界 P/T 系统的 K 函数仅为 $K : S \to N^+$，$K(s) = 1$ 时，通常省略 $K(s)$ 的标注。标记（token）由库所中的黑点来表示，代表库所中资源分布的多少。标识是标记在库所中的一种分布。

6.可实施与实施（enabling and firing）

令 $\sum = (S, T; F, K, W, M_0)$ 是一个 P/T 系统。

（1）函数 $M : S \to N$ 叫作 $\sum$ 的标识 iff $\forall s \in S : M(s) \le K(s)$。

（2）一个变迁 $t \in T$ 在 M 下是可实施的 iff $\forall s \in S : W(s, t) \le M(s) \le K(s) - W(t, s)$。

（3）如果 $t \in T$ 在标识 M 下是可实施的，那么 t 可用实施并产生一个新的后继标识 M'，M' 可由下列方程给出：$\forall s \in S, M'(s) = M(s) - W(s, t) + W(t, s)$

（4）系统标识 M 经过 T 的实施得到新的标识 M'，可以标识成 $M[t > M'$ 或者 $M \xrightarrow{t} M'$。

（5）使用 $[M_0 >$ 表示 $\sum$ 的最小标识集合满足：

① $M_0 \in [M_0 >$；

②如果 $M_1 \in [M_0 >$ 且有 $t \in T$ 使 $M_1[t > M_2$，那么 $M_2 \in [M_0 >$。

在一般情况下，$[M_0 >$ 被称为 Σ 的可达标识集。

7.实施序列

令 $\sum=(S,T;F,K,W,M_0)$ 是一个 P/T 系统，$\sigma = M_0 t_1 M_1 t_2 \cdots t_n M_n$ 是 Σ 的一个有限实施序列

iff $\forall i, 1 \leq i \leq n : M_{i-1}[t_i > M_i$，$\sigma$ 的长度 $|\sigma| = n$。$t_1 t_2 \cdots t_n$ 称为变迁实施序列。

Petri 网的分析理论

Petri 网不仅具有作为图形工具的直观性，可以清晰的表达系统的静态特性，而且它还具有严格的数学理论支持，可以从理论上分析系统的动态特性。

8.关联矩阵

设 $\sum=(S,T;F,K,W,M_0)$ 是一个 P/T 系统，令 $S = \{s_1,s_2,s_3,\cdots,s_n\}$ 为排序的库所集，称为 S_ 向量，$T = \{t_1,t_2,t_3,\cdots,t_m\}$ 为排序的变迁集称为 T_向量。则以 S×T 做序标的矩阵 $C : S \times T \rightarrow Z$（Z 为整数集）为 $\sum$ 的关联矩阵，其矩阵元素为 $C(s_i,t_j) = W(t_j,s_i) - W(s_i,t_j)$。

关联矩阵可以推导 Petri 变迁引起资源流动的数学方程，定义符号 $M_0[\alpha > M]$ 表示 Petri 网在 M_0 为初始标识下经过 $\alpha = \{t_1,t_2,t_3,t_4\cdots\}$ 代表的变迁系列导致了标识 M 出现，定义 n 元列向量 U，其中 $U(t_i)$ 等于 t_i 在 α 中的出现次数，则方程有

$$M_0＋C \cdot U = M$$

如果 Petri 网 $\sum$ 中几个库所中包含的资源（Token）个数总和在任何可达标识下保持不变均为 M_0 状态下的资源之和，那么这几个库所构成了网系统的一个 S_不变量，即 S_不变量反映了若干资源的流动范围。S_不变量可以根据下列定义求得。

9. S_ 不变量

设 I 为 $\sum$ 的 S_向量，C 为 $\sum$ 的关联矩阵，C^T 为关联矩阵的转置，θ_T 是分量全 0 的 T_向量，θ_S 是分量全 0 的 S_向量。

（1）若 $C^T \cdot I = \theta_T$ 则称 I 为 S_不变量，$P_i = \{s \in S | I(s) \neq 0\}$ 称为 I 的支撑集。

（2）若 θ_S 是方程组 $C^T \cdot X = \theta_S$ 的唯一解则 Σ 没有 S_不变量，否则 θ_S 也称为 Σ 的 S_不变量。

T_不变量是 S_不变量的对偶概念，T_不变量可以按以下定义求出。

10.T_不变量

令 J 为 Σ 的 T_向量，则

（1）只要 $C \cdot J = \theta_S$ 则称 J 为 Σ 的 T_不变量。

（2）T_不变量是方程组 $C \cdot Y = \theta_S$ 的解，当 θ_T 是其唯一解时，Σ 没有 T_不变量，否则 θ_T 也称为 Σ 的 T_不变量

Σ 的 T_不变量对应着 Petri 网的循环子系统，表示当若干变迁动作相继发生后，系统会返回第一个变迁发生前的状态。T_不变量对研究 Petri 的局部循环特性具有重要意义。

11.可达性

验证各种可达状态之间的可达关系。如果从状态 A 到状态 B 的变迁不可能发生（直接或间接），则从状态 A 到状态 B 是不可达的。如果验证模型从初始状态到某一状态不可达，则这一模型必有错误。

12.Petri 网的可达图

设 T（∑）为∑的可达树，如果存在从 T（∑）到 G 的满映射 $h: T(\sum) \to G$，使得：

（1）x 为 T（∑）的节点，则 $h(x)$ 为 G 的节点，且 $h(x)$ 以 x 在 T（∑）中的标记为标记。

（2）(x,y) 为 T（∑）上以变迁 T 为标记的有向弧，则 $(h(x),h(y))$ 为 G 上的有向弧。

（3）$x \neq y$ 为 T（∑）上的不同节点，则当且仅当 $M_i = M_j$，且 x 和 y 同在从 T（∑）根节点 r 出发的同一条路径时，才能有 $h(x) = h(y)$。

若以上条件满足，则 G 称为∑的可达图，记为 G（∑）。

Petri 网的可达性与可达图可用于分析 Petri 网的活性。可达树描述了 Petri 网各标识的转换关系，可达图用于揭示系统中是否有死锁现象。

13.死锁

最典型的死锁是图中各实体都处于这样一种等待状态，即只有在"某一事件"发生后才能做进一步的动作，但在该状态下，这一"某一事件"却不可能发生。死锁发生时，模型所处的状态称为死锁状态。死锁的另一种形式是协议处于无限的循环中，而没有别的事件可使协议从这一循环中解脱出来，这种形式的死锁称为"活锁"，表示整个模型的状态还是变化的，不过不能脱离这种死循环状态而已。

14.正确性

若网络模型或协议所对应的 Petri 网能够保证特定变迁（动作）序列一定可以发生，则证明此模型或协议是正确的。

15.完备性

如模型对相关事件的处理是完整的，且模型运行时不会出现非期待的结果。我们就称此模型的设计是完备的。

网络模型的正确性与完备性，可以通过研究其对应 Petri 网模型的安全性与进展性而得到验证。Petri 网安全性要求所有可能的状态变化均服从给定的规律，典型的例子为系统无死锁，安全性可以通过 Petri 网的关联矩阵、可达图加以研究；Petri 网的进展性要求某些特定状态一定是可以到达的，即某些特定的变迁一定发生。典型的例子为系统中无"饥饿"现象。网络协议的 Petri 网模型中所有异常情况都得以处理，系统不会无限的陷入某个局部循环状态，则协议是完备的；若网络协议对应的 Petri 网模型能够保证特定变迁系列一定可以发生，则协议是正确的。

二、协同组播机制 Petri 网描述

根据上节对基于 Overlay Network 协同组播机制的描述，可以把协同组播机制分为三个独立的部分，分别是组播源的注册、组用户的加入和组用户的退出。因此在对协同机制进行 Petri 网形式化描述时，也分别对三个部分进行单独描述。

根据上节对组播源注册机制的描述，得到其 Petri 网模型如图 3.5 所示，图中的库所和变迁的定义如表 3.1 所示。系统中所有库所的容量为 1，弧的权值也为 1，这样保证构成的网是一个简单网。此源注册模型包括了 MH 注册成为 MH_S（库所 s11）过程，以及特定的组播代理 MP 成为 MP_S（库所 s9）的过程。系统的最终状态是 MH_S 循环发送数据给 MP_S（变迁 t8），然后再由 MP_S 转发组播数据（变迁 t9）给系统组播中的其它端用户，从而完成源注册，并发送数据给组播组。

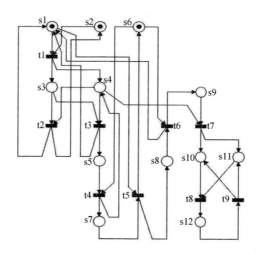

图 3.5 协同组播源注册 Petri 网描述

Fig.3.5 The Petri Nets model of the cooperative multicast source login

表 3.1 图 3.5 的 Petri 网库所与变迁定义

Table 3.1　The Define of　Position & Transition of Fig.3.5

序号	库所（S）定义	变迁（T）定义
1	MGMS 等待接收申请消息	MH 向 MGMS 发源注册申请消息
2	一个 MH 准备源注册	MH 验证未通过
3	MGMS 验证 MH 合法性	MH 验证通过
4	MH 等待应答消息	MH 向最近 MP 发注册申请消息
5	MH 收到域内 MP 地址	MP 向 MGMS 发送源注册消息
6	域内 MP 等待接收消息	MGMS 返回 MP 注册成功消息
7	MP 收到 MH 注册消息并建立组播组	MP_S 向 MH 发送注册成功消息
8	MGMS 存储组播组状态	MH_S 向 MP_S 发送组播数据包
9	MP 成为 MP_S	MP_S 转发组播包
10	MP_S 等待接收 MH_S 数据	
11	MH 成为 MH_S 注册成功	
12	MP_S 收到 MH_S 数据	

　　对于协同组播中组用户加入机制的 Petri 网描述，首先是协同组播域内端用户的加入，当域内第一个端用户加入时，它首先向 MGMS 申请，获得验证通过以后再向域内的 MP 申请，此时 MP 将作为域内的首代理 HMP 建立域内协同组播组，并让 MH 加入到组播组中。同时，HMP 还要申请加入到域间组播组中，从而转发组播数据到域内组播组中。当域内再有用户申请加入时，HMP 不再申请加入域间组播组，而直接把此用户加入到域内组播组。域内组用户加入机制的 Petri 网描述模型如图 3.6 所示，图中库所和变迁的定义如表 3.2 所示。

表 3.2 图 3.6 的 Petri 网库所与变迁定义

Table 3.2   The Define of   Position & Transition of Fig.3.6

序号	库所（S）定义	变迁（T）定义
1	MGMS 等待接收消息	MH 向 MGMS 发送加入申请消息
2	MH 准备加入组播组	MH 验证未通过
3	MGMS 验证 MH 合法性	MH 验证通过
4	MH 等待应答消息	MGMS 返回 MH 所在域 HMP 地址消息
5	MGMS 查询组播组状态	MII 向 HMP 发送加入申请消息
6	域内 HMP 等待接收数据	HMP 返回 MH 加入父节点地址信息
7	域内 MP 等待接收加入申请	MH 向注册父节点发送加入申请消息
8	MH 收到 HMP 地址消息	父节点接受 MH 加入申请
9	HMP 接收到 MH 的加入申请消息	MH 接收组播数据
10	MH 收到注册父节点地址消息	MH 使用或转发组播数据
11	父节点等待新用户加入	父节点未加入组播组
12	父节点收到 MH 加入申请消息	父节点已加入组播组
13	MH 加入组播组等待接收组播数据	父节点加入组播组成功
14	父节点查询组播组状态	父节点接收组播数据
15	MH 收到组播数据	HMP 转发组播数据
16	父节点申请加入组播组	MGMS 返回 MH 所在域 MP 地址消息
17	父节点等待接收组播数据	MH 向最近 MP 发送加入申请消息
18	父节点接收并转发组播数据	MP 接受加入申请并返回注册父节点地址消息
19	MH 收到 MP 地址消息	MP 加入域间组播组成为 HMP
20	MP 收到 MH 加入申请消息	辅助变迁（无物理意义）
21	MP 准备加入域间组播	同上
22	HMP 转发组播数据	同上
23-25	辅助库所（无物理意义）	

在图 3.6 中辅助库所 s23-s25 与辅助变迁 t20-t22 的作用是去除库所 s7 与 t16，s13 和 s17 与 t15 之间的双向弧，使系统变为简单网，利于后面的 Petri 网络模型验证。系统中的双向弧的作用是使变迁 t16 和 t15 能够实现实施，从而驱动资源（token）的流动，完成用户的加入。由于变迁是瞬时发生的，没有时间的延续，而辅助库所没有实际物理意义，对其它的变迁也无干扰，因此，在随后的可达图构造中将忽略辅助库所与变迁。

对于 HMP 加入到域间组播组的机制，由于与域内用户具有相似的机制，因此可以通过相同的 Petri 网模型表示，只是原模型中 MH 变为 HMP，而原模型中的 HMP 变为 MP_S。

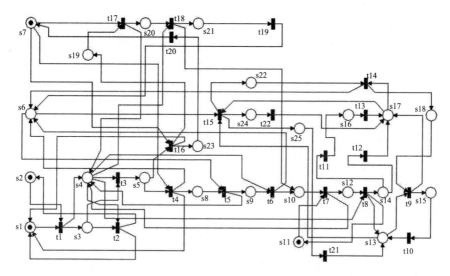

图 3.6 协同组播组用户加入 Petri 网描述

Fig.3.6 The Petri Nets model of the cooperative multicast group member joining

对于协同组播中组用户的退出机制，申请退出的端用户根据是否连有子节点，在向父节点申请退出的同时，也要向它的子节点发送退出通知，让子节点能够重新加入到组播组中。父节点再根据自己是否还连有其它子节点的情况决定是否也退出组播组。系统的最终状态是组用户退出组播组，如果有子节点，其子节点申请重新加入组播组，而父节点根据自身连接情况申请退出或继续转发数据给其子节点。组用户退出机制的 Petri 网描述模型如图 3.7 所示，图中的库所定义和变迁定义如表 3.3 所示。

对于 HMP 退出域间组播组，由于与域内组用户退出具有相同的机制，因此也采用图 3.7 的 Petri 网模型表示，只是原模型中的 MH 变为 HMP，各级父节点为 HMP。

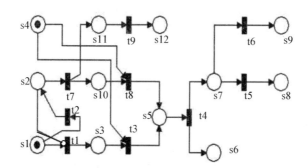

图 3.7 协同组播组用户退出 Petri 网描述

Fig.3.7 The Petri Nets model of the cooperative multicast group member leaving

表 3.3 图 3.7 的 Petri 网库所与变迁定义

Table 3.3   The Define of   Position & Transition of Fig.3.7

序号	库所（S）定义	变迁（T）定义
1	MH 准备退出组播组	MH 检查无子节点
2	MH 的子节点存在状态	MH 检查有子节点
3	MH 无子节点准备退出组播组	MH 向子节点发出退出消息
4	MH 的父节点等待接收数据	父节点接受 MH 退出
5	父节点收到 MH 退出消息	父节点向上级节点申请退出组播组
6	MH 退出组播组	父节点不申请退出组播组
7	父节点检索是否需要退出组播组状态	MH 向子节点发出退出消息
8	父节点申请退出组播组	MH 向父节点发送退出消息
9	父节点继续转发组播数据	子节点发送重新加入消息
10	MH 有子节点准备退出组播组	
11	子节点收到 MH 退出消息	
12	子节点申请重新加入组播组状态	

三、协同组播机制 Petri 网验证

本书对协同组播的相关机制进行了基于 Petri 网的形式化描述，虽然库所变迁图能够直观的显示协同机制实体间的交互过程，但难于保证协同机制动态运行结构的正确性；另一方面，多实体间复杂、异步的交互过程可能产生设计时无法预料的后果，因此本书进一步采用 Petri 网的分析方法，对协同组播机制进行正确性和完备性验证。

对于 Petri 网系统正确性和完备性的验证，可以采用可达图方法。基于可达图的列举法，通过建造系统可达图，表示每个网的标识和它们之间单个变迁的发生。如果网系统是有界的，则可达图就是有限的并且各种不同的性质能够轻易证明。基于上述讨论我们采用可达图方法，构建各个 Petri 网系统的可达图，通过可达图从理论上验证系统的正确性和完备性。

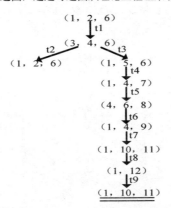

图 3.8 源注册 Petri 网系统的可达图

Fig.3.8 The reachability graph of the source login Petri Net

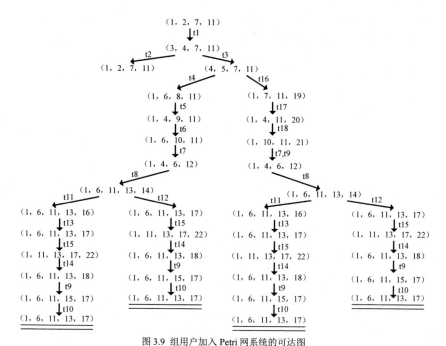

图 3.9 组用户加入 Petri 网系统的可达图

Fig.3.9 The reachability graph of the group member joining Petri Net

可达图的构建

根据上节所述的协同机制的 Petri 网模型，我们分别构建了源注册 Petri 网系统的可达图（如图 3.8）、组用户加入 Petri 网系统的可达图（如图 3.9）和组用户退出 Petri 网络系统的可达图（如图 3.10）。这些可达图中涵盖了系统在一定初始标识下所能到达的所有系统标识和系统的变迁序列。

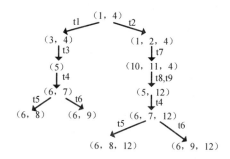

图 3.10 组用户退出 Petri 网系统的可达图

Fig.3.10 The reachability graph of the group member leaving Petri Net

正确性验证

网络行为逻辑的正确性指网络行为的执行结果是否能达到预期目标。验证目标包括：可进展性和可实现性。可进展性是要求 Petri 网系统的某些特定状态一定是可以到达的，即某

75

些变迁序列一定可发生,协议的最终结果是合理的等;可实现性研究对资源的占有是否有界。这些性质都可以通过 Petri 网系统的可达图加以研究。

对于源注册 Petri 网系统,变迁序列 $\delta1=(t3,t4,t5,t6,t7)$ 表示源 MH 申请注册成为组播组的 MH_S 的过程,通过这个变迁序列最终成为组播组的源,同时在这个变迁序列中还含有一个子序列 $\delta2=(t3,t4,t5,t6)$ 它表示组播代理 MP 成为 MP_S 的过程。通过图 3.8 的可达图可以看出,变迁序列 $\delta1$ 和 $\delta2$ 都经历了一次而且仅一次实施,即证明这些变迁序列均是可发生的,同时在可达图中它们只发生一次,证明组播源没有重复注册,成为源后循环发送数据给其它组用户。

对于用户加入 Petri 网系统,变迁序列 $\delta1=(t1,t3,t16,t17,t18,t7,t19,t8)$ 表示域内第一个组用户加入到组播组过程;变迁序列 $\delta2=(t11,t13)$ 表示父节点加入到组播组中;变迁序列 $\delta3=(t17,t18,t19)$ 表示当域内第一个组用户加入后,MP 加入域间组播从而成为域内的首代理 HMP;而变迁序列 $\delta4=(t1,t3,t4,t5,t6,t7,t8)$ 表示当域内存在组播组后,再有端用户申请加入到组播组的过程。通过可达图 3.9 可以看出,变迁序列 $\delta1$、$\delta2$、$\delta3$ 和 $\delta4$ 都经历了至少一次实施,即证明这些变迁序列均是可发生的。而且变迁 $\delta3\subset\delta1$,即在域内第一个组用户加入时必然让域内的特定 MP 成为 HMP,从而加入到域间组播中。对于变迁序列 $\delta1+\delta2$ 从可达图可以看出也经历了一次实施,它表示了当第一个端用户加入时,由于域内此时还没有组播组,因此其注册父节点也要申请加入到组播中。而对于序列 $\delta4+\delta2$ 表示再有组用户加入时,如果其注册父节点没有加入到组播组中,其父节点也需要申请加入到组播组中,从可达图中可以看出,当再有节点加入时此序列是可以实施的。从可达树中可以看出不论是第一次有用户加入还是再次加入新用户,系统的最终状态都是 HMP 转发数据给父节点,再由父节点转发数据给新加入的端用户,与实际情况相符合。

对于组用户退出 Petri 网系统,变迁序列 $\delta1=(t3,t4)$ 表示域内组用户没有子节点的情况下退出组播组;变迁序列 $\delta2=(t8,t4)$ 表示组用户在有子节点的情况下退出组播组;变迁序列 $\delta3=(t7,t9)$ 表示子节点收到父节点退出消息后,重新申请加入组播组;$\delta4=(t4,t5)$ 表示退出用户的父节点在收到退出信息后,在没有其它子节点的情况下也申请退出组播组。从可达图 3.10 可以看出变迁序列 $\delta1$、$\delta2$、$\delta3$ 和 $\delta4$ 在网系统中都可以经历一次实施,在 $\delta1$ 实施后 $\delta4$ 才可以实施,说明只有当子节点退出后父节点才可以申请退出。系统的最终状态是用户退出组播组,而父节点根据是否还连有子节点决定是否退出组播组,如果有子节点则子节点重新申请加入组播组,与实际情况相符。

根据以上对可达图的变迁序列的分析可知,各种特定的变迁序列都能够在网系统中得到实施,系统不存在死锁现象,网络行为逻辑的可达结果均是合理有效的,且网系统中的所有库所容量都是 1,因此网系统是安全、有界的。因此基于 Overlay Network 的协同组播机制正确性得证。

完备性验证

网系统的完备性验证主要是证明网系统模型对相关事件的处理是完整的,且模型运行时不会出现非预期的结果。如果以上条件都满足,则称此模型设计是完备的。

在组播源注册机制中,主要出现的库所状态是 MH 向 MGMS 申请注册(3,4),MH 向 MP 申请注册(5,6),MP 向 MGMS 申请注册(6,8),通过这三个申请注册过程最终使 MH 和 MP 都注册成为 MH_S 和 MP_S(10,11)。通过可达图 3.8 分析可以看出,这些状态都能够在系统中到达，而且最终系统到达（1，10，11），即源注册成功，没有出现非预期的结果。

在组用户加入机制中，主要出现的库所状态是域内第一用户向 MGMS 申请加入（3，4），第一用户向 MP 申请加入（4，20），MP 申请加入域间组播（21），注册父节点申请加入组播组中（16），通过上述过程最终使 MH 加入到组播组中，MP 成为域内 HMP，注册父节点也加入组播组中（6，13，17）。而当再有其它用户加入时，由于域内已经存在 HMP，只要 MH 加入到已有组播中即可（6，8），系统最终状态是新用户加入，父节点加入或保持已加入状态（13，17）。通过可达图 3.9 分析可以看出，上述这些状态在可达图中从初始标识下都有可能到达，而且系统最终到达（1，6，11，13，17），即用户加入成功，HMP 建立域内组播组，父节点加入组播组中，并等待新节点的加入，没有出现非预期的结果。

在组用户退出机制中，主要出现的库所状态是组用户向父节点申请退出（3，5），父节点根据自身连接是否还连有其它子节点决定是否退出组播组（6，8）或（6，9），如果此用户还连有子节点（2），则子节点还要重新申请加入组播组中（12）。通过对可达图 3.10 的分析可以得到，上述这些状态在初始标识下都有可能达到，而且系统最终到（6，8/9，/12），即用户退出，其父节点退出或继续在组播组中，如果有子节点，则子节点重新加入组播组中，没有出现非预期的结果。

根据以上对可达图的各种状态分析可知，各种主要的系统状态在初始标识下都是可以到达的，系统不存在死锁现象，同时网系统的可达结果均是合理有效的，且网系统中的所有库所容量都是 1，因此网系统是安全、有界的。因此基于 Overlay Network 的协同组播机制完备性得证。

本章在基于 Overlay Network 协同组播网络体系结构的指导下，对基于 Overlay Network 的应用层与网络层协同组播机制进行了详细论述。根据组播机制的特点，把协同组播机制分解为源注册，组用户加入和组用户退出三个独立的部分，每个部分中详细论述了域内协同组播机制和域间协同组播机制的异同点和它们各自的特点。在协同机制语言描述的基础上，利用形式化工具 Petri 网对协同组播机制进行了形式化描述，分别建立了协同机制三个部分的 Petri 网系统模型，并利用 Petri 网的可达图对系统模型的正确性和完备性进行了验证。

第四章　基于 Overlay Network 协同组播路由问题研究

本章根据组播路由问题的特点和性质，在基于Overlay Network协同组播体系结构和协同机制的基础上，深入分析了协同组播的特点，分别深入研究了协同组播域内和域间的组播路由问题。针对域内和域间静态及动态路由问题，分别提出相应的静态和动态路由算法；针对域间协同组播多组播组的情况下，对域间组播树的聚集问题进行了研究，提出域间组播树聚集匹配算法。

第一节　引言

根据前面章节的论述，本书提出的"协同组播"是以 Overlay Network 为基础，通过在网络中部署一定的组播代理（MP），由组播代理、组播路由器（MR）和端用户（MH）共同构建一个覆盖网，在覆盖网络的基础上实现应用层组播与网络层组播的协同工作。协同组播就是以网络层组播功能节点及应用层组播功能节点为基础，由应用层节点发起，以网络层路由信息为依托，应用层节点根据自身所连接网络层节点的组播特性，通过网络层或应用层组播加入到组播组的方式实现两者的协同组播，从而提供组播服务。在本书协同组播中，为了实行广域范围内的组播应用，把协同组播分为域内组播和域间组播两层结构，组用户首先加入域内的协同组播组，域内协同组播树采用有源树结构，由域内的首组播代理（HMP）为根构建一棵协同组播树。当组播组源未在域内时，由本域的协同组播树的根节点，即首组播代理作为本域的代表加入到域间组播组中，通过域间组播树接收和转发组播数据给域内的各个端用户。域间组播树也采用有源树的结构，由组播组源所在域的首组播代理作为源组播代理（MP_S），以源组播代理为根构建一棵域间协同组播树，从而实行组播数据在各个协同组播域间的接收与转发。

由上所述，本书基于Overlay Network协同组播由协同组播域内路由和协同组播域间路由两部分协同完成。因此，在进行协同组播路由问题的研究时也从这两方面着手，分别研究协同组播域内和域间路由问题。本章4.2和4.3小节对协同组播域内静态路由和动态路由问题进行了描述和相关算法的研究；4.4和4.5小节对域间静态和动态路由问题进行了深入研究；4.6小节对域间组播中组播树的聚集问题进行了研究。

第二节　域内协同组播静态路由算法研究

在组播路由问题中，为了向端用户提供更好的组播服务，要重点考虑组播的 QoS 路由问题。组播 QoS 路由问题就是要找到一条满足一个或多个 QoS 条件的路径。单约束 QoS 路由算法一般只考虑了路由的时延或路径最小带宽等单约束条件，相对比较简单。而在很多组播应用服务中需要综合考虑到带宽、时延、时延抖动和丢包率等在内各种因素，从而构成了多 QoS 约束路由问题。研究表明，寻找一条路径，使之满足两个或者多个加法和乘法组播的约束条件属于 NP 完全问题。本节将在对协同组播域内多约束 QoS 路由问题模型详细描述的基础上，采用多克隆策略解决协同组播多约束 QoS 问题，提出基于多克隆策略的协同组播域内静态路由算法。

一、域内协同组播多约束 QoS 组播路由问题模型

一般的 QoS 组播路由问题包含多个约束条件，如时延、时延抖动、丢包率、带宽和费用等。如果在设计具体的路由算法时考虑所有因素，算法势必太复杂而不能实际应用。因此，在进行具体算法设计时，结合实际情况，要对多约束条件进行简化。时延和带宽是实时多媒体传输时路由路径必须要保证的重要条件，从而保证用户获得高质量的组播服务；而费用是评价网络使用效率的重要因素，通过这个指标使组播系统获得最好的效率，因此这些因素都应该列入约束条件中。另一方面，在保证有效时延的条件下，时延抖动可以在接收端通过缓冲技术解决，所以此参数可用忽略；由于现有多数网络多媒体应用都附带传输数据错误恢复功能，能够容忍一定范围的包丢失率，所以此参数也可以不予考虑。根据以上分析，我们所研究的协同组播多约束 QoS 组播路由问题主要考虑时延、带宽和费用三个约束条件。同时由于本书基于 Overlay Network 协同组播网络中，除网络层组播节点（组播路由器）外还存在大量的应用层组播节点（端用户），因此根据端用户性能的有限性，还要对应用层节点进行度约束，保证整个协同组播系统的稳定性。下面给出基于 Overlay Network 协同组播系统域内多约束 QoS 组播路由模型。

设 $G_{ON} = (MV, H, E, C)$ 表示基于 Overlay Network 的协同组播网络，其中元素 $MV = \{mv_1, mv_2, \cdots, mv_k\}$ 为协同组播网络中网络层组播节点（组播路由器节点）的集合，$H = \{MH, MP\}$ 包含组播端用户节点的集合 $MH = \{mh_1, mh_2, \cdots, mh_k\}$ 和组播代理节点的集合 $MP = \{mp_1, mp_2, \cdots, mp_k\}$；元素 E 为覆盖网中链路的集合 $E = \{ME, NE\}$，它包含网络层组播链路 $ME = \{me_1, me_2, \cdots me_k\}$ 和应用层单播链路 $NE = \{ne_1, ne_2, \cdots ne_k\}$，其中网络层组播链路为覆盖网上组播路由器节点之间的链路，对应底层物理网络的真实组播链路，而应用层单播链路为端用户（或与组播代理）之间的虚拟组播链路，是对真实底层物理网络中端用户之间的路由路径的抽象提取；元素 $C = \{C_{ME}, C_{NE}\}$ 为网络中链路的代价的集合，它包括覆盖网上网络层组播链路的代价 $C_{ME} = \{c_{me1}, c_{me2}, \cdots, c_{mek}\}$ 的集合，它对应于真实物理网络中组播链路的代价，而 $C_{NE} = \{c_{ne1}, c_{ne2}, \cdots, c_{nek}\}$ 为覆盖网上应用层单播链路的代价集合，它对应于真实物理网络中端用户间的路由路径的代价，在本节多约束 QoS 路由问题中，它表示一个 QoS 代价向量，包括链路的费用、时延和带宽。

在协同组播网络 G_{ON} 中，$s \in H$ 为协同组播的源节点，$M \subseteq H - \{s\}$ 为协同组播目的节点的集合，R^+ 表示非负实数集合，N^+ 表示正整数。对于任意链路 $e \in E$，定义三种度量：时延函数 $delay(e): E \to R^+$，带宽函数 $bandwidth(e): E \to R^+$，费用函数 $cost(e): E \to R^+$。对于网络中任意节点 $v \in H$，定义一个度函数 $d_T(v): H \to N^+$。则对于给定的组播源节点 $s \in H$，目的节点集合 M 组成一棵组播树，记作 $T(s, M)$。在协同组播网络中，由于存在网络层组播子树，因此目的节点到源节点的路径上可以同时存在两种链路，即应用层组播链路 $ne \in NE$，和网络层组播链路 $me \in ME$，因此对于协同组播树 $T(s, M)$ 存在如下关系：

（1）$cost(T(s, M)) = \sum_{ne \in T(s, M)} cost(ne(u, v)) + \sum_{me \in T(s, M)} cost(me(u', v'))$

（2）$delay(P_T(s, t)) = \sum_{ne \in P_T(s, t)} delay(ne(u, v)) + \sum_{me \in P_T(s, t)} delay(me(u', v'))$

（3）$bandwidth(P_T(s, t)) = \min\{bandwith(e), e \in P_T(s, t)\}$

（4）$d_T(v) = \beta + d_H(v)$

上述公式中，$P_T(s, t)$ 为协同组播树 $T(s, M)$ 上源节点 s 到目的节点 t 的路由路径。对于协同组播树的费用代价，它是构造协同组播树的所有链路的费用代价总和，包括覆盖网上虚

拟应用层组播链路的费用和网络层组播链路费用共同组成。同理，对于路径 $P_t(s,t)$ 的时延代价，也是由此路径中包含的应用层组播链路和网络层组播链路的时延代价共同构成，路径 $P_t(s,t)$ 的瓶颈带宽，为路径中包含的所有链路（应用层组播链路和网络层组播链路）中带宽最小的链路表示。

而对于网络中节点 $v \in H$ 的度约束，由于此节点可以通过应用层组播链路与其它应用层节点直接相连，另一方面，它也可以通过网络层组播子树（如果它直接连有网络层组播路由器）与同一棵子树上的其它应用层节点通过网络层组播链路相连，因此存在一个函数 β，

$$\beta = \begin{cases} 1 & v \in H \text{作为网络层子树的源节点，并且此子树存在其它端用户} \\ 0 & \text{否则} \end{cases}$$

节点函数 $d_H(v) \in N^+$ 为节点 v 通过应用层组播链路直接相连的端用户数量。

根据上述论述，对于基于 Overlay Network 协同组播域内多约束 QoS 组播路由问题可以描述为：设在给定网络 $G_{ON} = (MV, H, E, C)$ 中，$s \in H$ 为协同组播的源节点，$M \subseteq H - \{s\}$ 为协同组播目的节点的集合。设时延函数为 $delay(e) \in R^+$，带宽函数为 $bandwidth(e) \in R^+$，费用函数为 $cost(e) \in R^+$ 和网络节点的度函数为 $d_T(v) \in N^+$，在这些条件下，构造一棵协同组播树 $T(s,M)$ 使之满足：

$$\begin{cases} & \min \quad cost(T(s,M)) & (a) \\ s.t. & delay(P_T(s,t)) \le D, & \forall t \in M & (b) \\ & bandwith(P_T(s,t)) \ge B, & \forall t \in M & (c) \\ & d_T(t) \le d_{\max}(t) & \forall t \in M & (d) \end{cases} \quad (4\text{-}1)$$

式中 $D \in R^+$，$B \in R^+$ 和 $d_{\max}() \in N^+$ 分别为路径的最大时延约束，最小瓶颈带宽约束和节点的最大度约束数值。从公式（4-1）可以看出，协同组播的多约束 QoS 路由问题，就是一个单目标多约束的数学规划问题，目标函数为组播树的费用最小。有研究者已经证明，存在一个以上不相关可加度量的 QoS 组播路由问题是 NP 完全问题。显然，上述协同组播多约束 QoS 组播路由问题属于 NP 完全问题，其时延和费用为可加度量且互不相关。

二、域内多约束 QoS 组播静态路由算法 MCQCSA

对于多约束 QoS 组播路由问题的求解，大多数确定性算法在有限的时间内不能得到费用较小的组播树，因此，有研究者提出用遗传算法解决此问题。遗传算法（GA）是通过对生物进行过程中的繁殖、变异、竞争和选择等行为的模拟来实行的。它强调群体中的优胜劣汰以及优势个体的产生。由于遗传算法在搜索过程中并未提供有效的反馈机制，所有操作算子的运作纯粹以概率为导向，造成寻优过程可能出现退化和早熟现象，或者收敛速度过慢，影响了算法性能的进一步提高。针对这种情况，有研究者提出了克隆策略（Clonal Strategy－CS）。其基本思想是以克隆选择算子和克隆变异算子代替遗传策略中的选择和变异算子，引入反馈机制，使得找最优解的过程变得更有"目的"性，从而提高算法收敛速度，并避免了遗传策略中的早熟和退化现象。

（1）克隆策略的基本思想

克隆策略根据生物学免疫系统的抗体克隆选择机理，通过构造合适的克隆算子来求解优化问题。为便于说明，先做以下符号约定，令 clone 为克隆算子，mut 为变异算子，sel 为克隆选择算子，f 为亲和度函数，antibody 表示抗体 (x_i)，pop 表示抗体群 (A)。克隆算法的基本步骤如下：

步骤 1. 随机在解空间产生初始抗体群：$X = (x_1, x_2, \cdots, x_n)$，令 $A = X$；

步骤 2. 根据以下规则得到种群的克隆规模 $\{(k_1, k_2, \cdots, k_n); k_i \ge 1, i = 1, \cdots n\}$，

$$k_i = Int \left[N_c * \frac{f(x_i)}{\sum_{j=0}^{n-1} f(x_j)} \right]$$ （4-2）

其中 N_c 为一个大于 n 的整数，$Int[*]$ 表示计算值取整。

步骤 3. 克隆（clone）：将分量 A 中的每个分量 x_i 分别乘以 k_i 维的单位向量 I_{ki}，即对每个分量 x_i 分别复制 k_i 份，记作：

$$B = clone(A) = \{(x_1 * I_{k1}, x_2 * I_{k2}, \cdots x_n * I_{kn}), I_{ki} = (1,1,\cdots 1)_{ki}\}$$
$$= \{x_{11}, x_{12}, \cdots, x_{1k1}; x_{21}, x_{22}, \cdots, x_{2k2}; \cdots; x_{n1}, x_{n2}, \cdots, x_{nkn}\}$$ （4-3）

其中，$x_{ij} = x_i$，B 为经过克隆后所得到的抗体群。

步骤 4. 变异（mut）：变异算子 mut 的选择根据具体的情况确定，经过变异操作后得到新的种群，记作：

$$C = mut(B) = \{mut(x_1 I_{k1}), mut(x_2 I_{k2}), \cdots, mut(x_n I_{kn})\}$$
$$= \{x'_{11}, x'_{12}, \cdots, x'_{1k1}; x'_{21}, x'_{22}, \cdots, x'_{2k2}; \cdots; x'_{n1}, x'_{n2}, \cdots, x'_{nkn}\}$$ （4-4）

步骤 5. 克隆选择（sel）：$D = sel(A,C)$，且满足

$$f(D) = f(sel(A,c)) = \{\max(f(x_1), f(x'_{11}), \cdots, f(x'_{1k1})), \max(f(x_2), f(x'_{21}), \cdots,$$
$$f(x'_{2k2})), \cdots, \max(f(x_n), f(x'_{n1}), \cdots, f(x'_{nkn}))\}$$ （4-5）

步骤 6. 若满足收敛条件或停止准则，终止算法；否则，$A = D$，返回步骤 3 继续计算。

从上述的描述可以看出，克隆的实质是在进化中，在一代最优解的附近，根据亲和度的大小，产生一个变异解的群体，从而扩大了搜索范围，有助于防止进化早熟和搜索陷入局部极小值。

（2）克隆算法与遗传算法的比较

克隆算法与遗传算法是两种不同的算法，它们之间存在着相似的地方，也存在着不同的特征。两种算法的相同点主要体现在三个方面：第一，它们都是群体搜索策略，强调群体中个体间的信息交换；第二，它们算法流程大致相同；第三，两者本质上都具有并行性和随机搜索性。

另一方面，克隆算法并不是进化算法的简单改进，而是新的人工免疫系统方法。首先，克隆算法的基本思想来源于人工免疫系统而不是自然进化，虽然算法中也采用进化算子，但这主要是因为交叉和变异是细胞基因水平上的主要操作，而进化和免疫的生物基础都来自细胞基因的变化。其次，在具体的算法实现上，进化算法更多地强调全局搜索，而忽视局部搜索；但克隆选择算法二者兼顾，并且由于克隆算子的作用，因而算法具有更好的种群多样性。再次，进化算法更多地强调个体竞争，较少关注个体间的协作，而克隆算法则不同，在细胞水平上，由于抗体间的相互协作才有记忆细胞库、疫苗和免疫优势的存在；在算法构造上，不但强调群体的适应度函数改变，也关心抗体间的相互作用而导致的多样性改变，提出抗体——抗体亲和度的概念。最后，在一般遗传算法中，交叉是主要算子，变异是背景算子，而克隆算法则恰好相反，它更强调变异的作用。

（3）协同组播多约束 QoS 路由克隆算法（MCQCSA）

与遗传算法相似，MCQCSA 算法进行具体设计前，要对抗体的编码方式、MCQMSA 算法中的算子和亲和度函数进行详细的定义。

1）抗体编码机制

虽然协同组播覆盖网络 G_{ON} 不是一个完全图，但是可以通过在不直接连通两个节点间

添加一个虚拟链路，使 G_{ON} 变为一个完全图，此类虚拟链路的费用代价 $cost(e) = \infty$，链路时延 $delay(e) = \infty$，链路带宽 $bandwidth(e) = 0$。协同组播树为该图上的一棵生成树，而 Prüfer 编码正好是针对完全图的，所以我们采用此编码作为抗体的编码。采用 Prüfer 编码，将生成树表示成为 $n-2$ 个数的排列，解码与编码步骤完全相反。

树 T 的 Prüfer 编码过程为：

步骤 1 将所有节点按自然数编码；

步骤 2 选取标号最小的叶节点 i，并找出与之相连的唯一父节点 j；

步骤 3 将 j 作为编码的第一个数字，同时删去节点 i 和边 e_{ij}，得到 $n-1$ 个节点的树，这里，编码的顺序是从左读到右。

步骤 4：重复以上过程，直到只剩下一条边。于是就得到了树 T 的 Prüfer 数。

由于 Prüfer 编码代表的完全图的生成树是无序树（不指定根），不同于组播树，后者需要指定一个特定节点为根节点，因此本书扩充 Prüfer 编码为 $n-1$ 位，最后一位代表根节点编号。从组播树的编码过程可知，树 T 中节点 i 所链路应用层节点的数量等于 i 在树 T 的 Prüfer 编码中出现的次数加 1。

Prüfer 数的解码过程

步骤 1：令 P 是原 Prüfer 数，$\bar{P}$ 是所有不包含在 P 的节点的集合，$\bar{P}$ 为构造一棵树的合格节点。

步骤 2：令 i 是标号最小的合格节点，令 j 为 P 中最左边的数字，将节点 i 到节点 j 的边加到组播树上，标号 i 不再是合格的，将其从 $\bar{P}$ 中除去。若 j 在 P 中的剩余部分不再出现，将 j 加入 $\bar{P}$ 中，重复以上过程直到 P 中不再有数字为止。

步骤 3：若 P 中不再有数字，$\bar{P}$ 中正好有两个合格节点 r 和 s，则将 r 到 s 的边加到组播树上，于是就构成了一棵 $n-1$ 条边的树。

2）MCQCSA 算法算子的定义

由于抗体在亲和度成熟的过程中，是以抗体变异和体细胞高频变异为主要方式，因此本书定义了抗体重组算子和抗体变异算子，来实现人工免疫算法的亲和度成熟过程。抗体重组算子包括抗体交换算子、抗体逆转算子和抗体移位算子。通过抗体重组算子、抗体变异算子等的多重作用，将会使算法能够在已有的优秀抗体的基础上，通过亲和度成熟过程以较高的概率找到更优秀的抗体。

抗体交换算子（Change Operator）是指抗体按照一定的交换概率 P_c，随机选取抗体中的两个或多个点，并交换这些点上的基因形成新的抗体。

例如抗体"12<u>3</u>456<u>7</u>89"随机选取其中的 3 和 7 两个基因作为交换操作的对象，经过抗体交换操作后到新抗体"127456389"。

抗体逆转算子（Inverse Operator）是指单个抗体按照一定的逆转概率 P_i，随机选取抗体中的两个点，将这两个点之间的基因段首尾倒转过来形成新的抗体。

例如抗体"12<u>3456</u>789"，选取下划线的基因段作为逆转操作的对象，经过抗体逆转操作后得到新抗体"127654389"。

抗体移位算子（Shift Operator）是指单个抗体按照一定的移位概率 P_s，随机选取抗体中的两个点，将两点之间基因段中的基因循环向左移位，使该基因段中的末尾基因移到段的首尾形成新的抗体。

例如抗体"12<u>3456</u>789"，选取下划线的基因段作为抗体移位操作的对象，经过抗体移位操作后得到新抗体"12<u>734</u>5689"。

抗体变异算子（Mutation Operator）是指单个抗体按照一定的突变概率 P_m，随机选取抗体中的一个或多个点，将这些点上的基因抽出，再插入原抗体随机的某个位置，形成新的抗体。

例如抗体"123<u>5</u>56789"，随机选取基因 5 作为抗体变异操作的对象，把它抽出后放入抗体基因 7 和 8 位之间，得到一个新的抗体"123467589"。

某些抗体在经过变异后可能会出现退化现象，亲和度反而降低，则免疫系统会将这些抗体删除，为模拟这个过程，本书引入克隆删除算子，防止算法运行中，抗体出现退化，减缓收敛速度，降低收敛的全局可靠性。

抗体删除算子（Deletion Operator）是指经过重组或者突变之后的抗体，如果亲和度反而低于重组或突变前的父代抗体，则删除该抗体，用其父代抗体来代替。

生物免疫系统中为了保持抗体的多样性，每天都会产生大量的新抗体引入免疫系统，其中绝大多数因为亲和度低而遭到抑制死亡，但是仍然有极少数具有较高亲和度的抗体，通过克隆扩增和亲和度成熟过程而成为优秀的抗体。为模拟这种机制，本书引入抗体补充算子，以提高抗体的多样性，实行全局范围内的搜索优化，避免陷入局部最优解。

抗体补充算子（Supplement Operator）是指每一次对抗体群 Ab 进行克隆选择之前，从一个随机产生的规模为 N_r 的候选抗体群 Ab_r 中选择 N_s（其中 $N_s \ll N_r$，且一般 $5\% < N_s/N < 20\%$）个亲和度较高的抗体 Ab_s 来取代 Ab 中亲和度最低的 N_s 个抗体进入克隆选择扩增以及亲和度成熟过程。

3）MCQCSA 算法的亲和度函数定义

亲和度函数是克隆算法来判断抗体性能好坏的标准。本书算法中抗体是一棵覆盖组播源节点和目的节点的子树，其费用越小，表明树的性能越好；性能好（满足 QoS 约束且费用较小）的抗体亲和度大，而性能差（不满足 QoS 约束或费用较大）的抗体亲和度较小。本算法根据公式（4-1）得到的亲和度函数定义为：

$$f(T) = f_c(Af_{delay} + Bf_{bandwidth} + Cf_{degree}) \qquad (4\text{-}6)$$

其中

$$f_c = \frac{\alpha}{cost(T(s,M))}$$

$$f_{delay} = \prod_{t \in M} \Phi_{delay}(delay(P_t(s,t) - D))$$

$$f_{bandwidth} = \prod_{t \in M} \Phi_{bandwidth}(B - bandwidth(P_t(s,t)))$$

$$f_{degree} = \prod_{t \in M} \Phi_{degree}(d_T(t) - d_{max}(t))$$

$$\Phi_{delay}(x) = \begin{cases} 1, x \le 0 \\ r_a, x > 0 \end{cases}, \quad \Phi_{bandwidth}(x) = \begin{cases} 1, x \le 0 \\ r_b, x > 0 \end{cases}, \quad \Phi_{degree}(x) = \begin{cases} 1, x \le 0 \\ r_c, x > 0 \end{cases}$$

其中，α 是正实数；A，B，C 分别为 f_{delay}、$f_{bandwidth}$ 和 f_{degree} 的正加权系数，分别表示时延、带宽和节点度约束在亲和度函数中所占的比重，值由系统根据具体应用设定。Φ_{delay} 是时延约束度量的惩罚函数，当抗体满足时延约束条件时（$delay(P_t(s,t)) \le D$），其值为 1；否则等于 $r_a(0 < r_a < 1)$；同理，$\Phi_{bandwidth}$ 是带宽约束度量的惩罚函数，当抗体满足带宽约束条件时（$bandwidth(P_t(s,t)) \ge B$），其值为 1；否则等于 $r_b(0 < r_b < 1)$；Φ_{degree} 是度约束度量的惩罚函数，当抗体满足度约束条件时（$d_T(t) \le d_{max}(t)$），其值为 1；否则等于 $r_c(0 < r_c < 1)$；r_a、r_b 和 r_c

值的大小决定了惩罚的程度，在模拟实验中，我们选择 $r_a = r_b = r_c = 0.5$ 。

4）MCQCSA 算法设计

本书 MCQCSA 算法利用利用克隆算法的基本流程框架，但为了提高算法的收敛速度，同时避免早熟现象，我们引入了抗体重组算子，和抗体删除算子，在每次进行变异操作中，根据变异概率，随机选取一种重组算子进行操作。同时，为保证抗体适应度在每次变异后不退化，在每代种群进化的最后利用抗体补充算子对种群进行筛选，保留优秀抗体进入下一代种群中。该算法的主要流程与前文所述的克隆算法的框架相同。

5）MCQCSA 算法收敛性及复杂性分析

免疫多克隆策略算法的种群序列 $\{A(n), n \geq 0\}$ 是有限齐次马尔可夫链。

证明：与进化算法一样，免疫多克隆策略算法的状态变化都是在有限空间中进行，只是种群中矢量的分量是位 $\{0,1\}$ 或者离散实数，因此，种群是有限的。

由于

$$A(k+1) = T(A(k)) = T_s^c * T_m^c * \Theta(A(k)) \tag{4-7}$$

其中 T_s^c，T_m^c 和 Θ 均与进化代数 n 无关，因此 $A(k+1)$ 仅与 $A(k)$ 有关，即 $\{A(n), n \geq 1\}$ 是有限齐次马尔可夫链。

在上述算法中初始种群的规模位 μ，中间群体的规模为 N，初始种群中的全部近似解看成是状态空间 $S^1 := X^\mu$ 中的一个点，而将中间群体的全部近似解看成是状态空间 $S^2 := X^N$ 中的一个点，当没有必要区分 S^1 和 S^2 时，我们用 S 表示状态空间，$S_i \in S$ 表示 S 中的第 i 个状态，V_k^i 表示随机变量 V 在第 k 代时处于状态 S_i。设 f 是 X 上的被优化的目标函数，令

$$S^* = \{x \in X \mid f(x) = \max_{x \in X} f(x)\} \tag{4-8}$$

则可如下定义算法的收敛性。

如果对于任意的初始分布均有

$$\lim_{k \to \infty} \sum_{s_i \cap S^* \neq \varnothing} p\{A_k^i\} = 1 \tag{4-9}$$

则称算法收敛。

该定义表明算法收敛是指当算法迭代到足够多的次数后，群体中包含全局最佳个体的概率接近于 1。这种定义即为通常所说概率 1 收敛。

为方便论述，下文用 B，C 和 D 分别表示经过克隆，交叉和变异操作后种群中间状态。免疫多克隆策略是概率 1 收敛的。

证明：设 $s_i = \{x^1, x^2, \cdots, x^\mu\} \in S^1$，记 $f(s_i) = (f(x^1), f(x^2), \cdots, f(x^\mu))$，若 $f(s_i) = f(s_j)$ 或 $f(s_i) - f(s_j)$ 的第 1 个零分量为正，则记为 $s_i \geq s_j$。此外记 $I = \{i \mid s_i \geq s_j, \forall s_j \in S^1\}$。由以上定义可知，若 $i \in I$，则 $s_i = (x^1, x^2, \cdots x^\mu)$ 满足：

$$f(x^1) = f(x^2) = \cdots = f(x^\mu) = f^* \tag{4-10}$$

因此，$s_i \cap X^* \neq \varnothing$（事实上 $s_i \subseteq X^*$）。设随机过程 $\{A_k\}$ 的转移概率为 $p_{ij}(k)$，则

$$p_{ij}(k) = p\{A_{k+1}^j / A_k^i\} = \sum_{s_i \cap S^2} p\{C_k^l / A_k^i\} p\{A_{k+1}^j / A_k^i C_k^l\} \tag{4-11}$$

以下讨论 $p_{ij}(k)$ 两种特殊情况：

1）$i \in I$，$j \notin I$ 时，对于任意的 l，

$$p\{A_{k+1}^j / A_k^i C_k^i\} = \sum_{s^d \in S^2} p\{D_k^d / A_k^i C_k^i\} p\{A_{k+1}^j / A_k^i C_k^i D_k^d\} \qquad (4\text{-}12)$$

由克隆及克隆选择定义可知:

$$p\{A_{k+1}^j / A_k^i C_k^i D_k^d\} = 0$$

由式（4-11）和式（4-12）可知, $p_{ij}(k) = 0$

2）当 $i \notin I$, $j \in I$ 时，由式（13）可知

$$p_{ij}(k) \geq p\{C_k^j / A_k^i\} \times p\{A_{k+1}^j / A_k^i C_k^j\} \qquad (4\text{-}13)$$

而

$$p\{A_{k+1}^j / A_k^i C_k^j\} = \sum_{s^d \in S^2} p\{D_k^d / A_k^i C_k^j\} \times p\{A_{k+1}^j / A_k^i C_k^j D_k^d\} \geq p\{D_k^d / A_k^i C_k^j\} p\{A_{k+1}^j / A_k^i C_k^j D_k^d\}$$

则

$$p_{ij}(k) \geq 0 \qquad (4\text{-}14)$$

在讨论了转移概率的两种特殊情况后，证明式（4-9）。

记 $p\{A_k^i\}$ 为 $p_i(k)$, $p_k = \sum_{i \in I} p_i(k)$, 则由马尔可夫链的性质可知：

$$p_{k+1} = \sum_{s \in S} \sum_{j \notin I} p_i(k) p_{ij}(k) = \sum_{i \in I} \sum_{j \in I} p_i(k) p_{ij}(k) + \sum_{i \notin I} \sum_{j \in I} p_i(k) p_{ij}(k) \qquad (4\text{-}15)$$

由于

$$\sum_{i \in I} \sum_{j \in I} p_i(k) p_{ij}(k) + \sum_{i \in I} \sum_{j \notin I} p_i(k) p_{ij}(k) = \sum_{i \in I} p_i(k) = p_k$$

因此

$$\sum_{i \in I} \sum_{j \in I} p_i(k) p_{ij}(k) = p_k - \sum_{i \in I} \sum_{j \notin I} p_i(k) p_{ij}(k)$$

把上式代入式（4-15），再利用式（4-14），则

$$p_{k+1} \leq p_k - \sum_{i \in I} \sum_{j \notin I} p_i(k) p_{ij}(k) \leq p_k$$

所以

$$\lim_{k \to \infty} p_k = 0 \qquad (4\text{-}16)$$

则

$$1 \geq \lim_{k \to \infty} \sum_{x_i \in X^*} p_i(k) \geq \lim_{k \to \infty} \sum_{i \in I} p_i(k) = 1 - \lim_{k \to \infty} p_k = 1$$

于是定理 4.2.2 得证

对于网络节点数为 n, 求解此网络上的最优组播树的 MCQCSA 算法的最大时间复杂度与算法的最大迭代次数 S, 克隆的规模 N_c 有关网络节点总数 n 有关，因此算法的最大时间复杂度为 $O(S*N_c*n)$。

三、仿真模拟及分析

为了验证本书 MCQCSA 算法的性能，我们同时对遗传算法（GA）和此算法进行了仿真模拟，通过与遗传算法进行比较来证明 MCQCSA 算法的正确性和具有更好的收敛性。仿真网络采用基于 Waxman 模型的拓扑生成算法。$\alpha = 0.15$, $\beta = 0.2$；其中具有组播功能的节点占全部网络节点数的20%，均匀分布在网络中；每个节点所连接的端用户数量权值 $w(i)$ 在[0,5]上均匀分布。网络节点的数目从10逐渐增加到50个，在不同度约束条件下进行比

较实验，仿真结果如图 4.1 和 4.2 所示。

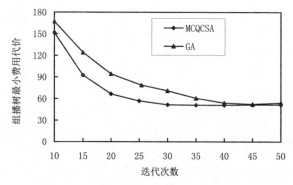

图 4.1　两种算法收敛速度比较

Fig.4.1 The compare of the two algorithms convergent rate

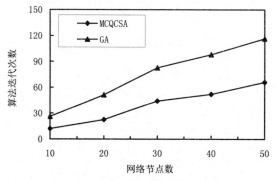

图 4.2　网络节点变化时迭代次数

Fig.4.2 The iterative time with the network nodes vary

　　图 4.1 是网络节点数为 30 时，MCQCSA 和 GA 算法求得组播树在满足多约束条件的最小费用所计算的迭代次数。从图中可以看出，在相同网络规模条件下，MCQCSA 算法具有更快的收敛速度，比 GA 算法具有更好的性能。图 4.2 为两种算法在不同网络规模条件下的收敛速度，从图中可以看出，随着网络节点的增多，MCQCSA 算法具有更快收敛的速度，这是因为随着网络规模的增加，算法的可行解的空间增多，如果进化算法不能够有效的缩小解空间，必然不能提高算法的收敛速度。而 MCQCSA 算法利用克隆策略，在每次进化中保留优秀个体，同时淘汰退化个体，从而保证可行解的收敛，最终加快迭代计算找到最优解（或近似最优解）的速度。

第三节　域内协同组播动态路由算法研究

　　随着网络技术的发展，电视会议、远程教育等业务相继出现，对网络资源的优化也提出了新的要求，组播路由就是为了节约网络资源而提出的。在实际的网络通信中，组播路由问题分为两种：一种是静态组播路由，即组成员固定，网络的拓扑信息不动态变化；另一种是动态组播路由问题，允许组成员随时加入或离开，网络的拓扑信息随组成员的改变而变化。在实际电视会议、远程教育等多媒体业务中经常采用动态组播路由，用户可以随时加入或离开，这有利于根据网络拓扑结构和业务量的变化实时进行选路，以适应网络的变化，从而更有效地利用网络资源。

动态路由优化问题是组播通信所特有的。在单播通信中，不会有第三方的介入。如果其中有一方想离开，整个通信进程也就终止了，因此不存在动态路由问题。而在组播通信中，参与组播的成员可以随时地离开，新的节点也可以随时地加入而不影响整个通信进程。组播成员的动态性决定了组播路由的动态性。组播动态路由的优化问题比静态路由优化问题更为复杂。

而带有多约束 QoS 组播动态路由优化对路由计算有着严格的时限要求，已有的利用遗传、启发式遗传或蚂蚁算法构造的多约束 QoS 组播静态路由算法，虽然收敛效果较好，但大都过于复杂。另外，由于无法事先预测哪些成员将会加入或离开通信组，所以动态路由优化通常是在通信过程中进行的，除要求计算高效以外，还要求路由调整对其它成员不造成影响或影响的程度很小。

一、域内协同组播动态路由算法描述

根据公式（4-1）对具有时延、带宽以及节点度约束的协同组播的多约束 QoS 路由问题的描述，提出一种动态组播路由算法（MCQDRA）。该算法仅要求节点维护局部状态信息，而不要求维护全局网络状态信息。MCQDRA 能有效地减少构造一棵具有多 QoS 约束组播树的费用。在该算法中，组播树可优化某些目标函数（如有效地利用网络资源），组播组成员能够动态地加入或退出一个组播组。

在 MCQDRA 算法中，组播树是由端用户驱动渐近生成的，在协同组播覆盖网络 $G_{on} = (MV, H, E, C)$ 中的每一个节点 $v \in H$ 中通过覆盖网络上的链路，得知当前与该节点相连覆盖网络链路的时延、带宽、费用等信息，即其与邻居节点之间的链路状态信息。由于在协同组播网络中，节点之间也可以通过网络层组播链路连接（如果节点连有组播路由器），因此对于在覆盖网络上通过网络层组播链路相连的节点，可以认为它们是直接相连的邻居节点，每个节点维护与其在同一个网络层组播子网的节点的状态信息。为了描述算法方便，我们首先对 MCQDRA 算法进行如下的定义：

如果协同组播覆盖网络上从一个节点 $w \in H$ 到组播源节点 $s \in H$ 的一条路由路径 $P(s, w)$ 满足：

$$(delay(P(s,w)) = d(s,*) + d(v,w) \leq D) \bigcap (bandwidth(P(s,w)) = min(bandwidth(u,v) | e(u,v) \in P(s,w)) \geq B)$$
$$\bigcap (d_T(s) \leq d_{max}(s)) \bigcap (d_T(*) \leq d_{max}(*))$$

则称 $P(s, w)$ 为将 w 连入到组播树 $T(s, M)$ 的一条可行路径，其中 $d(s, *)$ 表示从源 s 到路径 $P(s, w)$ 某个中间节点的时延之和。

如果在协同组播覆盖网络上从一个节点 $w \in H$ 到源节点 $s \in H$ 的一条路径 $P_t(s, w)$ 满足：

$$(delay(P(s,w)) = d(s,*) + d(v,w) \leq D) \bigcap (bandwidth(P(s,w)) = min(bandwidth(u,v) | e(u,v) \in P(s,w)) \geq B)$$
$$\bigcap (d_T(s) \leq d_{max}(s)) \bigcap (d_T(*) \leq d_{max}(*)) \bigcap (cost(P_t(s,w)) = min(cost(P(s,w))))$$

则称此路径为源 s 到 w 的最优路径。

MCQDRA 算法的基本思想是首先选择组播源构成初始组播树，然后根据组播成员的加入请求或退出请求，依照加入或退出相应操作规则，动态地建立或删除连接。组播树的形成过程就是组播成员地动态加入和退出的过程。MCQDRA 算法主要由加入和退出操作两部分组成。

(1) 节点加入

在 MCQDRA 算法中，组播树是动态渐近形成的，当某个目的节点准备加入一个组播组时，它首先利用覆盖网络上的节点向源节点方向发送一个加入请求报文 Join。当此节点到源节点的路径上的某个中间节点接收到此报文后，它将进行合格性测试，检测新节点的 QoS 要求与现存组播树上节点（链路）的 QoS 保证能否符合，如符合则转发此请求，否则让其子节点重新选取其它父节点。此过程重复直至此报文转发到源节点，建立源节点到此节点的满足多 QoS 约束的组播转发路径，具体过程如下所述。

假设 $w \in H$ 是准备要加入一个组播组的新节点，而节点 $v \in H$ 是与其在协同组播覆盖网络上直接相邻的向源节点方向路由的上游邻居节点，同样的节点 $u \in H$ 也为节点 v 直接相邻的上游邻居节点。

当 w 准备加入组播组时，它首先发送 Join 请求信息到 v，v 再转发此信息到 u。在路径搜索过程中节点 u 将进行测试计算，如果下式成立

$$(d(w,v) + d(v,u) \leq D) \bigcap ((bandwidth(w,v) \geq B \bigcap bandwidth(v,u) \geq B)) \bigcap (d_T(u) \leq d_{\max}(u))$$

则 u 继续将此 Join 信息传送给它直接相邻的上游邻居节点，此过程重复直到源节点 s 接收到此信息。源节点 s 将按定义 4.3.1 进行测试。如果下式公式成立

$$(delay(P(s,w)) = d(s,*) + d(v,w) \leq D) \bigcap (bandwidth(P(s,w)) = \min(bandwidth(u,v)|e(u,v) \in P(s,w)) \geq B)$$
$$\bigcap (d_T(s) \leq d_{\max}(s)) \bigcap (d_T(*) \leq d_{\max}(*))$$

则由源节点 s 返回一个响应 Accept 信息给新节点 w，完成新节点的加入。

另一方面，如果在节点路径搜索过程中，出现下列情况

$$(d(w,v) + d(v,u) > D) \bigcup (bandwidth(w,v) < B \bigcup bandwidth(v,u) < B) \bigcup (d_T(u) > d_{\max}(u))$$

则由节点 u 发送 Reject 信息给它直接相邻的下游节点 v，然后 v 进入选择路由路径状态。节点 v 向它的邻居节点发送 Request 申请信息，如果邻居节点还能够建立新的连接，则返回响应信息 Respond，否则丢弃此信息不作响应。v 选择响应一个新邻居节点作为上游节点发送 Join 信息。重复上述节点加入过程，从而完成新节点的加入过程。

如果在选择路由时，同时出现多条可行路径，则节点进行定义 4.3.2 的测试，如果路径满足公式

$$(delay(P(s,w)) = d(s,*) + d(v,w) \leq D) \bigcap (bandwidth(P(s,w)) = \min(bandwidth(u,v)|e(u,v) \in P(s,w)) \geq B)$$
$$\bigcap (d_T(s) \leq d_{\max}(s)) \bigcap (d_T(*) \leq d_{\max}(*)) \bigcap (cost(P_t(s,w)) = \min(cost(P(s,w))))$$

则选取路径费用代价最小的路径作为组播路径，完成新节点的加入过程。重复上述过程，加入其它所有的目的节点，就组成一棵满足时延、带宽和节点度约束的费用最小（或近似最小）代价的组播树。

对于连接在相同网络层组播子网中的端用户，相邻的两个端用户节点加入组播组时，如果此网络层组播子网中还没有建立网络层组播子树，则两个节点中，相邻的上游节点将作为网络层组播子树的源节点建立此网络层组播子树，而下游节点则作为目的用户加入到网络层组播子树中。如果此网络层组播子网已经建立了网络层组播子树，则下游节点在选择它的上游父节点时，则优先选择此网络层组播子树的源节点作为上游父节点，从而充分利用网络层组播的高效性加入到协同组播组中。同时，当网络层组播不能够满足约束条件时，如果下游节点具有更好的应用层组播路径，则选择此应用层组播路径，从而使节点能够利用应用层组播的灵活性加入到协同组播组中。

MCQDRA 算法的节点动态加入过程可形式化描述如下：

Algorithm 4.1 MCQDRA_Join（G_{ON}, s, w）

Begin.

    Initialize the algorithm. G_{ON} is the model of the multicast overlay network;

       s is the multicast source node; w is the new joining node; v is a middle node of the multicast routing path from w to the source node s.

    Select the shortest path father node u of the v from v to s.

    If u satisfies the formula as

$$((delay(P(w,v)) + d(v,u)) \leq D) \bigcap ((bandwidth(P(w,v)) \geq B \bigcap bandwidth(v,u) \geq B)) \bigcap (d_T(u) \leq d_{max}(u))$$

  Then   Transmit the Join/Request message to the source node s.

  Else v sent the Request message to its upriver neighbours.

  End if

While $\forall g \in Neighbour(v)$ Do

    If g satisfies the formula as

$$((delay(P(w,v)) + d(v,g)) \leq D) \bigcap ((bandwidth(P(w,v)) \geq B \bigcap bandwidth(v,g) \geq B)) \bigcap (d_T(g) \leq d_{max}(g))$$

  Then   Transmit the Join/Request message to the source node s.

    Else g reject to transmit the Request message to s.

    End if

End while

s receives multiple routing path from w to s.

  While all path $P(s,w)$ Do

  If the path $P_r(s,w)$ satisfies the formula $cost(P_r(s,w)) = min\{cost(P(s,w))\}$

  Then Select the path $P_r(s,w)$ as the multicast routing path.

    Else   delete the path $P(s,w)$.

  End if

End while

End

（2）节点退出

在 MCQDRA 算法中，当节点 $v \in H$ 准备退出组播组时，如果退出节点 v 为协同组播树的叶子节点，则它向其直接相连的上游父节点 $u \in H$ 发送剪枝信息 Prune。当上游节点 u 收到此信息后，删除此转发链路，完成此叶子节点 v 的退出。如果其上游父节点 u 只是中继节点，则此节点 u 继续转发剪枝信息 Prune，退出组播树。此过程重复到路径 $P_r(s,v)$ 中有节点成为协同组播树的叶子节点，从而剪枝构成新的协同组播树。

如果退出节点 v 为非叶子节点，因此退出节点 v 的子节点 w 还要连接到组播树上。退出节点 v 在向它的父节点 u 发送 Prune 信息的同时，还要向它的子节点 w 也发送 Prune 信息，告知子节点它的父节点 u 的地址信息。当父节点 u 接收到 Prune 信息后，删除此转发链路 (u,v)，完成此非叶子节点 v 的退出。而子节点 w 在接收到 Prune 信息后，根据此信息向其祖父节点 u 发送加入信息 Join，申请重新加入组播树，执行新节点加入过程。最终使所有的子节点都重新连接到组播树上。

当准备退出的节点 v 具有多个子节点时，子节点在向祖父节点申请重新加入组播组时，由于节点有度的约束，因此当祖父节点连接子节点后不在满足度约束条件时，有的子节点将通过其它父节点加入到协同组播树中。

在节点退出协同组播时，由于在协同组播网络中存在网络层组播子树，当网络层组播子树的源节点申请退出组播组时，它在退出组播组的同时，其在网络层组播子树的子节点还要选则一个新的节点为源。新源的选取根据距离协同组播源的远近程度确定，距离协同组播源最近的节点将成为新的网络层组播子树的源，同时它还要通过协同组播覆盖网络加入到协同组播组中。而此网络层组播子树的其它节点将还作为叶子节点连接在此网络层组播子树上。

MCQDRA 算法的节点动态退出过程可形式化描述如下：

Algorithm 4.2 MCQDRA_Leave（T,s,w）

Begin.

Initialize the algorithm. T is the multicast tree based on the multicast overlay network;

  s is the multicast source node; w is the leaving node;

w send the Prune message to the father node v in the tree.

If w is not the leaf node of the tree   Then

w sent the Prune message to its children nodes.

End if

v delete the child node w after it receives the Prune message of the w.

If v is a relaying node   Then

v transmits the Prune message the its father in the multicast tree.

End if

Children rejoin the multicast tree after received the Prune message from w

End

二、MCQDRA 算法正确性分析

MCQDRA 算法所构造的组播树 T_{MCQDRA} 一定满足时延、带宽和节点的度约束要求。

证明：定理 4.3.1 的证明等价于证明，

1）对于 $\forall P_t \subseteq T_{MCQDRA}$ ，有 $delay(P_t(s,v)) \le D$ ；

2）对于 $\forall P_t \subseteq T_{MCQDRA}$ ，有 $bandwidth(P_t(s,v)) \le B$ ；

3）对于 $\forall v \in T_{MCQDRA}$ ，有 $d_T(v) \le d_{max}(v)$ 。

证明 1），根据 MCQDRA 算法的描述可知，当节点 "*" 接收到准备加入节点 v 的 Join 请求加入消息后，当且仅当此节点验证通过 $delay(P(*,v)) \le D$ 时，此节点才有可能接收加入申请，成为组播树上的节点。因此，组播树上的任意节点 $w \in T$ ，必满足 $delay(P_t(s,w)) \le D$ 。

同理证明 2）和 3）。综合以上 3 个条件的证明可知，MCQDRA 算法所构造的组播树 T_{MCQDRA} 必定满足时延、带宽和度的约束，证毕。

在节点进行多路径选取时，存在多条可选路径条件下，如果最优（或近似最优）路径存在，那么 MCQDRA 算法将能搜索到该路径。

证明：在进行多路径选取时，MCQDRA 算法启动分叉路由过程后，该分叉节点将发送 Request 消息报文给源节点 s，若有多条可行路径存在，则 MCQDRA 将能搜索到这些路径，多个 Respond 报文会被回送给该分叉节点，并比较其费用代价，若其中一条路径满足下式：

$$(d(s,*) + d(v,w) \le D) \bigcap (\min(bandwidth(u,v)|e(u,v) \in P(s,w)) \ge B)$$
$$\bigcap (d_T(s) \le d_{max}(s)) \bigcap (d_T(*) \le d_{max}(*)) \bigcap (cost(P_r(s,w)) = min(cost(P(s,w)))$$

则根据前述定义 4.3.2 可知，该可行路径也是一条最优（或近似最优）路径，证毕。

如果节点有一条可行路径存在，则 MCQDRA 算法将会搜索到该路径。

证明：在 MCQDRA 算法中，路由搜索过程起始于最短路径，如果搜索路径上的每个链路和节点满足下式

$$(d(s,*) + d(v,w) \le D) \bigcap (\min(bandwidth(u,v)|e(u,v) \in P(s,w)) \ge B) \bigcap (d_T(s) \le d_{max}(s)) \bigcap (d_T(*) \le d_{max}(*))$$

则根据上述定义 4.3.1 该路径是可行路径。当 MCQDRA 进行多路径选取时，必要条件是最短路径不满足上式，即路由过程向分叉节点返回 Reject 报文。在这种条件下，分叉节点将会沿多条可能的分行支路向源节点发送多个 Request 报文。在这些分枝中，如果有可行路径存在，则它必定满足 QoS 约束。如前所述，若节点存在一条可行路径，MCQDRA 将能搜索到它，证毕。

仿真模拟及分析

为了验证本书 MCQDRA 算法的性能，我们同时采用动态启发式算法（QoSHA）求解多约束 QoS 路由问题和 MCQDRA 算法进行了仿真模拟，通过与 QoSHA 算法进行比较来证明 MCQCSA 算法的正确性和具有更好的收敛性。仿真网络采用基于 Waxman 模型的拓扑生成算法。$\alpha = 0.15$，$\beta = 0.2$；其中具有组播功能的节点占全部网络节点数的 20%，均匀分布在网络中；每个节点所连接的端用户数量权值 $w(i)$ 在[0,5]上均匀分布。网络节点的总数目为 50，节点由少到多逐渐动态加入到组播组中，并且在相同度约束条件下进行比较模拟实验，仿真结果如图 4.3 和 4.4 所示。

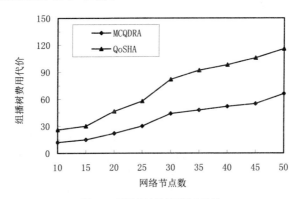

图 4.3　两种算法组播树代价比较

Fig.4.3 The compare of the two algorithms multicast tree cost

图 4.3 表示组播树代价随组播组规模增大的变化曲线。从此图中可以看出，当组播组规模增大时，MCQDRA 算法比 QoSHA 算法能够求解到组播树费用代价更小的组播树，而且当网络规模越增大，越能找到费用更低的组播树。这是因为 MCQDRA 在进行多路径选取时，能够同时获得多个可行路径，从中选取代价最小的作为最优（或近似最优）路径，而 QoSHA 算法基于启发式原理，每次只能取得局部链路最优解，而不能保证获得最优路径，因此 MCQDRA 算法具有更好的性能。

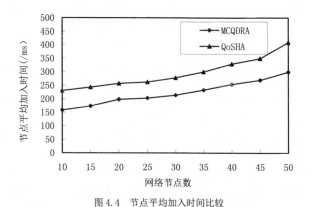

图 4.4 节点平均加入时间比较

Fig.4.4 The compare of new nodes joining time

图 4.4 表示新节点加入平均时间随网络规模变化的曲线。从此图中可以看出，MCQDRA 算法节点加入平均时间小于 QoSHA 算法，这是因为它在搜索阶段就采用了 QoS 预测来进行了有向搜索与多分支搜索机制，使得在搜索阶段找到合适路径的可能性增加，从而缩小了寻路的时间。因此本书提出的 MCQDRA 算法具有分布式、动态特点，允许组播树渐近生成、可以动态地实现新成员的加入或退出等优点。

第四节　域间协同组播静态路由算法研究

根据本书第二章所述，本书提出的基于 Overlay Network 应用层与网络层协同组播系统是由域内协同组播和域间协同组播两部分构成。根据协同组播的网络体系结构可知，域内协同组播和域间协同组播具有相似的体系结构，因此两者的协同组播路由问题也具有相同的特点。但两者也有不同的地方，在域间协同组播树的构成中，组播树的节点由域内的组播端用户 MH，变为每个协同组播域的首组播代理 HMP。这是因为，在域内协同组播中，协同组播采用有源树的结构，树的根节点（域内组播的源节点）为域内的首组播代理，每个域内协同组播组只能有一个首组播代理 HMP，因此在研究协同组播域间路由问题时，每一个协同域可以抽象为一个应用层节点，由这些抽象节点和域间组播路由器共同构成协同组播域间的协同组播树。在域间协同组播中主要考虑时延问题，从而保证每个域内的组播组用户都能够达到时延的要求，保证组播服务质量。因此对协同组播域间的静态路由问题，在考虑时延最小（或近似最小）的基础上进行算法的研究。

在协同组播域间构造从源节点到其它所有节点的域间协同组播树时，几乎不可能同时达到最小时延和最小总消耗。因此，有研究者提出了一些构造低代价最短路径树算法。而其中"目的驱动最短路径算法 DDSP"，结合 DDMC 算法共享路径的方法，当源节点到目的节点的最短路径不唯一时，总是选择一条与其它的目的节点的共享路径最长的路径，从而降低所构造组播树的总消耗。该算法的时间复杂度为 O($e$log$n$)（其中 e 和 n 分别为边和节点的数目），与目的节点数无关，因此适合计算目的节点数较多的最小时延组播树。

本书提出的域间协同组播由于同时具有应用层节点（组播代理）和网络层节点（组播路由器），而应用层节点的连接能力一般都有限，因此需要进行度约束。同时，由于协同组播可能存在多个网络层组播子树（PNMT），因此在计算应用层节点间时延时要分别考虑利用应用层组播和利用网络层组播时产生的时延。因此本节对基于 Overlay Network 的域间协同组播的带度约束的低代价最小时延组播路由问题进行了形式化描述，在此基础上提出域间最小时延的组播静态路由算法 DCLSPT。

一、域间协同组播度约束最小时延路由问题形式化描述

根据前文所述，基于 Overlay Network 的域间协同组播网络模型为 $G_{ON} = (MV, MP, E, C)$，其中元素 $MV = \{mv_1, mv_2, \cdots, mv_k\}$ 为协同组播网络中网络层组播节点（组播路由器节点）的集合，MP 为组播代理节点的集合 $MP = \{mp_1, mp_2, \cdots, mp_k\}$；元素 E 为覆盖网中链路的集合 $E = \{ME, NE\}$，它包含网络层组播链路 $ME = \{me_1, me_2, \cdots me_k\}$ 和应用层单播链路 $NE = \{ne_1, ne_2, \cdots ne_k\}$；元素 $C = \{C_{ME}, C_{NE}\}$ 为网络中链路的代价的集合，它包括覆盖网上网络层组播链路的代价 $C_{ME} = \{c_{me1}, c_{me2}, \cdots, c_{mek}\}$ 的集合，和 $C_{NE} = \{c_{ne1}, c_{ne2}, \cdots, c_{nek}\}$ 覆盖网上虚拟组播链路的代价集合。

本节中协同组播网络链路的代价为链路的时延代价，通过链路的权值表示。网络中端用户 $u \in MP$ 到组播组源 $s \in H$ 的时延表示为 $Delay(u, s)$，其中 $Delay()$ 为求节点对间时延代价函数。对于 $\forall u \in MP$ 节点的度约束值 $d_{\max}(u) \in N$。对于给定组播源点 $s \in H$，带度约束的最小时延组播路由问题就是求解一棵协同组播树，使协同组播树上的每个应用层节点到源节点的时延最小（或近似最小），同时要满足每个节点的在组播树上的连接度数不大于它的最大度数，即为求解一个以 s 为源点的生成树 $T \subseteq G_{ON}$ 满足：

$$\begin{cases} \min \quad Delay(u, s) \quad \forall\, u \in V_T \\ s.t. \quad d_T(u) \leq d_{\max}(u) \end{cases} \tag{4-17}$$

其中 $V_T \subseteq MP$ 为协同组播树上应用层组播节点的集合，$d_T(u)$ 为节点 u 在协同组播树上实际连接的度数（对于网络层组播子树的根节点，它通过网络层子树所连接节点，只使它的度数增加一个单位，而不影响它通过应用层组播链路连接其它节点）。该问题可以归结为带约束的 Steiner 问题，这是 NP-hard 的。因此，可以通过根据 DDSP 算法思想设计启发式算法来解决此问题。在满足约束条件的基础上求得低代价的最小时延组播树。

二、域间度约束最小时延组播静态路由算法 DCLSPT

DCLSPT 算法的主要思想是，从源节点出发，每次选择一个节点加入到组播生成树时，要求此节点到源节点 s 的距离最短，若存在多条路径，则从组播成生树中连接较优的父节点（共享路径较长）加入到组播树中。同时，由于在协同组播树中存在网络层组播子树，因此为表述算法引入如下定义：

从节点 u 到 v 之间各链路的时延代价之和最小的路径称为从 u 到 v 的最短路径，记为 $path(u, v)$。组播最小时延路径树就是以 s 为根，由所有 $v \in D$（D 为目的节点集合）到 s 的最短路径 $path(v, s)$ 构成的组播树。

与节点 u 有链路直接相连接的节点，称为 u 的相邻节点，记为 $NB(u)$。若 v 是 u 的相邻节点，则 $v \in NB(u)$，且链路 $e(u, v)$ 的时延代价为 $cost(u, v)$。

若在协同组播树上具有多棵网络层组播子树 PNMT，则所有在同一棵网络层组播子树上节点的集合记为 $V_{PT}(i)$，$V_{PT}(i) \subset \{MV, H\}$。其中 $i \in \{1, 2, \cdots n\}$ 为网络层组播子树的随机标识。

为了表述 DCLSPT 算法引入四个向量 CST，$rCST$，TM 和 TS。其中，$CST(u)$ 表示节点 u 到源节点 s 的最短路径的时延代价；$rCST(u)$ 表示节点 u 到组播树 T 上最近的目的节点的时延；$TM(u)$ 为 1 表示节点 u 已经加入到组播树中，否则表示 u 尚未加入组播树；$TS(u)$ 为 1 表示节点 u 连有网络层组播子树，并且是此 PNMT 的组播源，否则为 0。

当最短路径中不包含网络层节点时，最短路径的时延代价为此路径上所有节点之间的链路时延之和，即

$$CST(u) = \sum_{e(u',v')\in path(u,s)} cost(u',v'), \quad (u',v'\in H, \quad e(u',v')\in NE);$$

同理，$\qquad rCST(u) = cost(u,v), \quad (v\in T \text{ 且 } u\in H)。$

而当最短路径中包含有网络层节点时，由于在协同组播中，一个域内存在多个网络层组播子树 PNMT，而网络层组播树的构建采用的是已有的路由算法构建，不需要对网络层节点进行升级。因此网络层组播子树上应用层节点之间的时延为节点到此子树源的时延（由于端用户与它直接相连的路由器的传输时延相对路由路径的时延很小，为方便问题讨论可以忽略不计），所以有子树上端用户的时延为

$$cost(w,v) = \sum_{e(mu,mv)\in path(w,v)} cost(mu,mv), \quad w,v\in V_{PT},$$

其中 $path(w,v)$ 为节点 w 到子树源 v 的网络层组播路径。$CST(u)$ 表示为

$$CST(u) = \sum_{e(u',v')\in path(u,s)} cost(u',v') + \sum_{e(mu,mv)\in path(u'',s')} cost(mu,mv),$$

$(u',v',s\in H \text{ 且 } u'\notin V_{PT} \text{ 或 } v'\notin V_{PT}, \quad u'',v'',mu,mv\in V_{PT}, \quad e(u',v')\in NE, \quad e(mu,mv)\in ME);$

同理，$\qquad rCST(u) = cost(u,v), \quad (v\in T \text{ 且 } u\in H)。$

DCLSPT 算法的基本思路如下：

1）初始化协同组播树 T，以源节点 s 为其根节点，$CST(s)=0$，$rCST(s)=0$，$TM(s)=1$ 和 $TS(s)=0$；初始化其它节点的向量 CST、$rCST$、TM 和 TS，对于任意其它节点，$TM(u)=0$ 和 $TS(u)=0$，若 u 为源节点 s 的邻居节点，即 $u\in NB(s)$，则 $CST(u)=cost(s,u)$，$rCST(u)=cost(s,u)$，否则，$CST(u)=\infty$，$rCST(u)=\infty$。

2）选择节点 u，使得

$$CST(u) = \min\{CST(w)|1\le w\le n, TM(w)=0\}$$

从组播树中选择节点 p 作为节点 u 的父节点，使节点 p 满足：

$$d_T(p)+1\le d_{max}(p), \quad CST(u)=CST(p)+cost(p,u) \text{ 且 } rCST(u)=rCST(p)+cost(p,u)$$

如果节点 u 为一个目的节点，则修改 $rCST(u)=0$，并将节点添加到组播树 T 上，修改 $TM(u)=1$。如果 $p,u\in V_{PT}(i)$，则使 p 作为网络层组播子树的源，修改 $TS(p)=1$，节点 u 加入到此网络层组播子树上。

当组播树上父节点 p 不满足度约束要求时，即 $d_T(p)+1 > d_{max}(p)$，此节点 u 需要重新选取其它的节点作为它的父节点，修改 $CST(u)=\infty$，$rCST(u)=\infty$，重新开始执行步骤2）。

3）对于任意节点 v，如果 $TM(v)=0$ 且 $u\notin V_{PT}$ 或 $v\notin V_{PT}$，$v\in NB(u)$，修改此节点的 $CST(v)$ 和 $rCST(v)$ 值。如果

$$CST(u)+cost(u,v) < CST(v),$$

则令 $\qquad CST(v)=CST(u)+cost(u,v), \quad rCST(v)=rCST(u)+cost(u,v);$

否则，如果

$$CST(u)+cost(u,v)=CST(v) \text{ 且 } rCST(v) > rCST(u)+cost(u,v),$$

则令 $\qquad rCST(v)=rcst(u)+cost(u,v)$

对于任意节点 v，如果 $TM(v)=0$，$TS(u)=1$ 且 $u,v\in V_{PT}(i)$，$v\in NB(u)$，修改此节点的 $CST(v)$ 和 $rCST(v)$ 值，令

$$CST(v) = CST(u) + cost(u,v), \qquad rCST(v) = rCST(u) + cost(u,v)$$

其中 $cost(u,v)$ 为节点 u 和 v 在网络层组播子树上的路由时延代价。

4）重复步骤 2）和步骤 3），直到所有目的节点都已经添加到协同组播树 T 上为止。

此算法在第 1）步初始化后；第 2）步从所有未计算的节点中选择到源节点距离最短的节点为当前节点，并从生成树中选择较优的节点作为当前节点的父节点，从而将当前节点加入到协同组播树中；同时，如果父节点和子节点都连接有相同网络层组播子树，则让父节点作为源加入到网络层组播子树中，而子节点作为目的节点加入到此子树中，从而实现子节点加入到域内协同组播树中。而当父节点不能够满足度约束要求时，则修改此节点的相关向量值，使其找寻其它的父节点再连接到协同组播树上。第 3）步从所有未计算的节点中选取当前节点的所有邻居节点进行预处理，修改邻居节点的 CST 和 $rCST$ 向量值。重复 2）和 3）直到所有节点都加入到协同组播树中，算法结束。

本算法采用路径递增的基本思想，并结合目的节点共享路径的方法，通过用 $rCST$ 向量保存节点到已计算目的节点的最短距离，在存在多条最短路径时总是选择能满足度约束并使 $rCST$ 分量值最小的路径，最大限度地与其它目的节点共享路径，从而能够降低最小时延组播树的总消耗，并且此算法中每个节点只需知道其邻居节点的信息，无需保存全网状态，利于组播网络的扩展。算法的伪代码描述如下：

Algorithm 4.3 DCLSPT（ G_{ON} ,s, D ）

　　Input: $G_{CM} = (V, MP, E, C)$ is the model of the cooperation multicast network based on the overlay network; s is the multicast source node; and D is the set of the multicast destination nodes.

Output: T is the shortest path cooperation multicast tree with node degree constraints.

Begin:

　　Initialize multicast tree T with a source node s and clear Q.

　　For all $w \in H$

　　　If $w \in NB(s)$ Then

　　　　$CST(w) \leftarrow cost(s,w)$; $rCST(w) \leftarrow cost(s,w)$; $parent(w) \leftarrow s$; $Q \leftarrow Q \cup \{w\}$.

　　　Else

　　　　$CST(w) \leftarrow \infty$; $rCST(w) \leftarrow \infty$; $parent(w) \leftarrow NULL$.

　　　End if

　　　$TM(s) \leftarrow 0$; $TS(w) \leftarrow 0$.

　　End for

　$CST(s) \leftarrow 0$; $rCST(w) \leftarrow 0$; $parent(w) \leftarrow NULL$;

While there exists a node in D that has not been added to multicast tree T　Do

　　select node u from Q which satisfied $CST(u) = \min\{CST(m) | m \in Q\}$

　　If u is a destination node　Then

　　If $d_T(parent(u)) + 1 \le d_{max}(parent(u))$ 　Then

Establish shortest path from s source node to the node u .

$rCST(u) \leftarrow 0$; $TM(u) \leftarrow 1$

If $(u, parent(u) \in V_{PT}(i))$ 　Then

$TS(parent(u)) \leftarrow 1$;

　　End if

　　　Else

$CST(s) \leftarrow \infty$; $rCST(w) \leftarrow \infty$; $parent(w) \leftarrow NULL$; $Q \leftarrow Q - \{w\}$

　　　　　　End if

　　　End if

　　　For all $w \in NB(u)$ and $TM(u) \neq 0$ 　Do

If $CST(w) = \infty$ Then 　$Q \leftarrow Q \cup \{w\}$ 　End if

If $w \notin V_{PT}(i)$ or $u \notin V_{PT}(i)$ 　　Then

If $CST(u) + \mathrm{cost}(u,w) < CST(w)$ 　　Then

$CST(w) \leftarrow CST(u) + \mathrm{cost}(u,w)$; $rCST(w) \leftarrow rCST(u) + \mathrm{cost}(u,w)$; $parent(w) \leftarrow u$.

Else

If $CST(u) + \mathrm{cost}(u,w) = CST(w)$ 　Then

If $rCST(u) + \mathrm{cost}(u,w) < rCST(w)$ 　　Then

$rCST(w) \leftarrow rCST(u) + \mathrm{cost}(u,w)$; $parent(w) \leftarrow u$;

End if

End if

　　　　　End if

　　　　Else

If $TS(u) = 1$ 　Then

$CST(w) \leftarrow CST(u) + \mathrm{cost}(u,w)$; $rCST(w) \leftarrow rCST(u) + \mathrm{cost}(u,w)$; $parent(w) \leftarrow u$;

End if

End if

　　　　End for

End while

算法时间复杂性分析

设图 G_{ON} 中，$n = |H|$ 为端用户数目，$e = |E|$ 表示所有边的数量，$d(u)$ 表示节点 u 的邻居节点数目。算法的初始化时间复杂度都是 $T_1 = \mathrm{O}(n)$。算法的关键是从待发展节点序列 Q 中选择最合适的节点进行下一步的扩展。解决这一问题的关键在于使用什么样的数据结构。较常使用的数据结构有数组、单双链表、堆栈、哈希散列和队列等。将待发展节点序列 Q 构成 Fibonacci 堆，则从 Q 中输出最小节点等操作可以在 $O(\log n)$ 时间内完成。每一个节点最多向序列 Q 中添加一次，在将该节点添加到组播树上时从 Q 中取出，并且每添加一个新节点 u 到组播树上后需要访问 $d(u)$ 个 u 的邻居节点。在所构造的最短路径树中最多包含 n 个节点，所以算法构造组播树的时间复杂度为

$$T_2 = n \log n + \sum_{i=1}^{n} d(v_i) = \mathrm{O}(n \log n + e)$$

综上所述，DCLSPT 算法的总复杂度为：

$$T = T_1 + T_2 = \mathrm{O}(n) + \mathrm{O}(n \log n + e) = \mathrm{O}(n + n \log n + e) = \mathrm{O}(n \log n + e)$$

三、仿真模拟及分析

为了验证本书 DCLSPT 算法的正确性和有效性，我们把 DCLSPT 算法与 Dijkstra 算法都进行了仿真实验及结果分析比较。采用 BRITE 工具来生成仿真实验的网络拓扑图，网络拓扑生成基于 Waxman 模型的拓扑生成算法。在本次仿真实验中，网络有如下属性：边的时延代价在[1,8]上均匀分布；平均每个节点的度数 $d(v_i) = 3$，$\alpha = 0.15$，$\beta = 0.2$；其中具有组播功能的节点占全部网络节点数的 20%，均匀分布在网络中；每个节点所连接的应用层节点数量权值 $w(i)$ 在[0,5]上均匀分布。网络节点的数目从 10 逐渐增加到 50 个，每种情况下比较实验都进行 20 次，取它们平均值作为最后的结果，保证结果的正确性。仿真结果如图 4.5 和 4.6 所示。

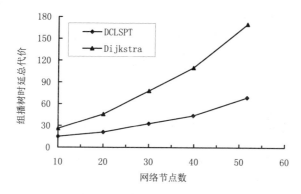

图 4.5 组播树时延代价与节点数目关系

Fig.4.5 Vary of the multicast delay cost with the nodes numbers

图 4.5 给出了在相同网络规模下，DCLSPT 算法与 Dijkstra 算法所求得的组播树所有链路的时延代价的总和。从图中可以看出，DCLSPT 算法能够有效降低组播树的总体代价，这是因为此算法考虑到在存在多条最短路径的条件下，选取节点间共享链路多的路径，从而提高整体网络带宽的利用。另一方，随着网络规模的增加，DCLSPT 算法性能显现的更明显，这是因为节点越多，可选最短路径也在增多，共享链路也在增长，从而更高的提高网络链路利用率。

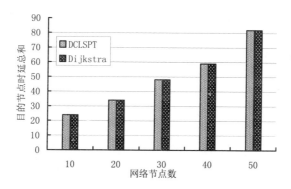

图 4.6 组播树节点时延代价总和与节点数目关系

Fig.4.6 Vary of the multicast nodes delay cost sum with the nodes numbers

图 4.6 给出了在不同网络规模下，组播树上所有节点到源的时延的总和。如果两种算法中每个节点选取的路径都是此节点到源的最短路径，那么每个节点应该具有相同的时延代价，不论它们是否选取是相同的路径，从而所有节点路径时延代价总和也应该是相同的。从图中可以看出，在不同网络规模下，两者算法具有相同的节点时延代价总和。这是因为 Dijkstra 算法是以求每个节点的最短路径为目的，建立一棵最短路径树。而 DCLSPT 算法也是以选取节点的最短路径为前提，当一个节点具有多条最短路径时，才根据共享链路的多少进行二次选取，因此两种算法都能求得最短路径树。

第五节　域间协同组播动态路由算法研究

参加协同组播域间路由的节点为网络层节点（组播路由器）和应用层组播节点（组播代理），虽然域间协同组播与域内协同组播路由具有相似的拓扑结构，但是域间协同组播的应用层节点为组播代理。相对于域内端用户，域间组播代理具有更好的性能，在稳定性和连接度上都优于端用户。但是，域间组播由于组播用户所具有的动态性，必然导致域间组播网络的拓扑结构、链路状态以及组播成员等动态变化。因此，需要研究域间组播的动态路由算法，从而满足组播成员的加入和退出，使这些活动不影响协同组播的性能。根据前文所述，域间组播在时延和带宽消耗之间很难同时达到最优，因此我们在域间协同组播动态路由中重点考虑时延约束，在满足时延和节点度约束的条件下，利用域间协同组播动态路由算法构造具有最小代价的协同组播树，从而满足域间协同组播中成员的动态变化要求，保证域间协同组播的性能。

一、域间协同组播动态路由算法描述

针对域间协同组播具有时延及节点度约束动态路由问题，提出了一种动态组播路由算法 IMDRA。该此算法中，域间组播树是由组播代理驱动渐近生成的，在域间协同组播覆盖网络 $G_{on} = (MV, MP, E, C)$ 中的每一个节点 $v \in MP$ 中通过覆盖网络上的链路，得知当前与该节点相连覆盖网络链路的时延、带宽、费用等信息，即其与邻居节点之间的链路状态信息。由于在域间协同组播网络中，节点之间也可以通过网络层组播链路连接（如果节点连有组播路由器），因此对于在覆盖网络上通过网络层组播链路相连的节点，可以认为它们是直接相连的邻居节点，每个节点维护与其在同一个网络层组播子网的节点的状态信息。

IMDRA 算法的基本思想是首先选择组播源构成初始域间组播树，然后根据组播成员的加入请求或退出请求，依照加入或退出相应操作规则，动态地建立或删除连接。域间组播树的形成过程就是域间组播组成员的动态加入和退出的过程。此算法主要由加入和退出操作两部分组成。

（1）节点加入

当某个域的组播代理节点准备加入域间组播组时，它首先利用域间覆盖网络上的节点向源节点方向发送一个加入请求报文 Join。当此节点到源节点的路径上的某个中间节点接收到此报文后，它将进行合格性测试，检测新节点的 QoS 要求与现存组播树上节点的 QoS 要求（时延和度约束）能否符合，如符合则转发此请求，否则让其子节点重新选取其它父节点。此过程重复直至此报文转发到源节点，建立域间源节点到此节点的满足约束条件的组播转发路径。

对于连接在相同网络层组播子网中的组播代理节点，相邻的两个节点加入组播组时，如果此网络层组播子网中还没有建立网络层组播子树，则两个节点中，相邻的上游节点将作为网络层组播子树的源节点建立此网络层组播子树，而下游节点则作为目的用户加入到网络层组播子树中。如果此网络层组播子网已经建立了网络层组播子树，则下游节点在选择它的上游父节点时，则优先选择此网络层组播子树的源节点作为上游父节点，从而充分利用网络层组播的高效性加入到协同组播组中。同时，当网络层组播不能够满足约束条件时，如果下游节点具有更好的应用层组播路径，则选择此应用层组播路径，从而使节点能够利用应用层组播的灵活性加入到协同组播组中。

Algorithm 4.4 IMDRA_Join（G_{ON}, s, w）

Begin.

　　　　Select the shortest path father node u of the v from v to s .

　　　　If u satisfies with $((delay(P(w,v)) + delay(v,u)) \le D) \bigcap (d_T(u) \le d_{max}(u))$

　　　　{Transmit the Join/Request message to the source node s .}

　　Else　　{v sent the Request message to its upriver neighbors.}

While $\forall g \in Neighbor(v)$

　　{If g satisfies with $((delay(P(w,v)) + delay(v,g)) \le D) \bigcap (d_T(g) \le d_{max}(g))$

　　{Transmit the Join/Request message to the source node s .}

　　Else　{g reject to transmit　the Request message to s .}}

While all path $P(s,w)$

　{If the path $P_r(s,w)$ satisfies with $cost(P_r(s,w)) = min\{cost(P(s,w))\}$

　　{Select the path $P_r(s,w)$ as the multicast routing path.}

　　　Else　delete the path $P(s,w)$.}

End

（2）　**节点退出**

在 IMDRA 算法中，当节点 $v \in MP$ 准备退出组播组时，如果退出节点 v 为域间协同组播树的叶子节点，则它向其直接相连的上游父节点 $u \in MP$ 发送剪枝信息 Prune。当上游节点 u 收到此信息后，删除此转发链路，完成此叶子节点 v 的退出。如果退出节点 v 为非叶子节点，此节点的子节点 w 还要连接到组播树上。v 在向它的父节点 u 发送 Prune 信息的同时，还要向它的子节点 w 也发送 Prune 信息，告知子节点它的父节点 u 的地址信息。当父节点 u 接收到 Prune 信息后，删除此转发链路 (u,v)，完成此非叶子节点 v 的退出。而子节点 w 在接收到 Prune 信息后，根据此信息向其祖父节点 u 发送加入信息 Join，申请重新加入域间协同组播树，执行新节点加入过程。最终使所有的子节点都重新连接到域间协同组播树上。

在节点退出域间协同组播时，由于在域间协同组播网络中存在网络层组播子树，当网络层组播子树的源节点申请退出组播组时，它在退出域间组播树的同时，其在网络层组播子树的子节点还要选择一个新的节点为源。新源的选取原则是最先重新加入域间协同组播树的节点作为源，而此网络层组播子树的其它节点将还作为叶子节点连接在此网络层组播子树上。

二、IMDRA 算法分析

IMDRA 算法所构造的域间组播树 T_{IMDRA} 一定满足时延和节点的度约束要求。

证明：定理 4.5.1 的证明等价于证明，

1）对于 $\forall P_r \subseteq T_{IMDRA}$，有 $delay(P_r(s,v)) \le D$；

2）对于 $\forall v \in T_{IMDRA}$，有 $d_T(v) \le d_{max}(v)$。

证明 1），根据 IMDRA 算法的描述可知，当节点 Join 请求加入消息后，当且仅当此节点验证通过 $delay(P(*,v)) \le D$ 时，此节点才有可能接收加入申请，成为组播树上的节点。因此，组播树上的任意节点 $w \in T$，必满足 $delay(P_T(s,w)) \le D$。

同理证明 2）。综合以上条件的证明可知，IMDRA 算法所构造的组播树 T_{IMDRA} 必定满足度的约束，证毕。

在节点进行多路径选取时，存在多条可选路径条件下，如果最优（或近似最优）路径存在，那么 IMDRA 算法将能搜索到该路径。

证明：在进行多路径选取时，路径上的分叉节点将发送 Request 消息报文给源节点 s，若有多条可行路径存在，则 IMDRA 将能搜索到这些路径，多个 Respond 报文会被回送给该分叉节点，并比较其费用代价，若其中一条路径满足下式：

$$(d(s,*) + d(v,w) \le D) \bigcap (d_T(s) \le d_{max}(s)) \bigcap (d_T(*) \le d_{max}(*)) \bigcap (cost(P_T(s,w)) = min(cost(P(s,w)))$$

则该可行路径也是一条最优（或近似最优）路径，证毕。

如果节点有一条可行路径存在，则 IMDRA 算法将会搜索到该路径。

证明：在 IMDRA 算法中，路由搜索过程起始于最短路径，如果搜索路径上的每个链路和节点满足下式

$$(d(s,*) + d(v,w) \le D) \bigcap (d_T(s) \le d_{max}(s)) \bigcap (d_T(*) \le d_{max}(*))$$

则该路径是可行路径。当 IMDRA 进行多路径选取时，必要条件是最短路径不满足上式，即路由过程向分叉节点返回 Reject 报文。在这种条件下，分叉节点将会沿多条可能的分行支路向源节点发送多个 Request 报文。在这些分枝中，如果有可行路径存在，则它必定满足 QoS 约束。如前所述，若节点存在一条可行路径，IMDRA 将能搜索到它，证毕。

第六节　域间协同组播树聚集匹配算法研究

在域间组播树中，组播树上的组播代理节点起着关键作用，一方面它要进行域间组播数据的接收与转发，另一方面它还是域内组播树的根节点，要把获得的域间组播数据转发给域内的组播用户，同时由于域内组播采用有源树的结构，因此它还要维护域内的协同组播树状态。上述因素造成域间组播树上的组播代理节点维护协同组播树的状态负载很大，尤其是当域间具有多个协同组播组，而且这些组播组具有相似的组播树结构时，进行域间组播的组播代理节点要为每个组播组维护一个路由转发表项，进一步增加了进行域间组播路由的代理节点的负担。虽然组播代理节点比端用户具有更优的性能，但是随着网络规模及协同组播组数目的增加，域间组播代理节点所维护的每个组播组的转发状态，转发表项的数量随着组的数量的增加而线性增长，而这些不断增长的转发表项也使得内存需求增大，同时由于每个分组的转发都需要进行地址访问，导致转发过程也会变慢，不利于协同组播的扩展。因此，为减少域间组播代理节点的负载，我们利用聚集组播（aggregated multicast）方法来减少域间组播代理节点所需维护的负载数量组，即使多个域间组播组共享一个组播树，从而减少组播代理节点的维护状态和转发表项负载，利于协同组播的扩展，下面将进行详细的论述。

一、域间组播树聚集问题描述

聚集组播的目标是在骨干网络中提供一种减少组播状态的机制，其核心思想是多个组

播组共享一棵聚集组播树，而不需要在网络中为每个组播组构造一棵单独的组播树。通过这种方法，聚集组播树上的节点可以为多个组播组只建立一个转发表项，而不用为每个组播建立一个转发表项。因此，节点与组播组数目有关系的转发表项的数目得到减少，同时节点只需要维护更少的组播树状态。这种方案带来的负面影响是由于通过组播聚集树可能转发组播数据到非组成员节点，从而导致额外的网络带宽资源的浪费。

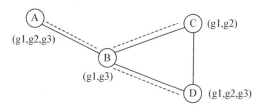

图 4.7 聚集组播示意图

Fig.4.7 Aggregated multicast sketch map

图 4.7 给出了一个聚集组播树的例子。在图中，A、B、C和D分别代表一个协同组播域的组播代理节点，在网络中共有三个协同组播组分别为g1、g2 和g3。对于组播组g1 和g2 形成相同的域间组播树 $T_{g1} = T_{g2} = \{A,B,C,D\}$，组播树包含链路为{AB，BC，BD}三条链路，而组播组g3 形成的组播树 $T_{g3} = \{A,B,D\}$，组播树包含链路为{AB,BD}两条链路。如果在协同组播网络中不采用聚集组播方法，则A、B和D节点中要维护三个组播组的状态，而C节点也要维护两个组播组的状态。而当g1 和g2 组播共享一个组播树时，则每个节点减少一个维护状态。如果组播组g3 也共享此组播树，则每个节点只要维护一个聚集组播状态就可以，减少了节点需要维护的状态数量。但是这是对组播组g3 牺牲了链路BC的带宽为代价的。

通过上述方法，构建的聚集组播树上的节点仅仅维护少量的聚集组播树状态，因此可以减少组播转发状态数目。同时，组播树的管理负担也得到降低：首先，只有少量的组播树需要交换刷新信息；其次，组播树维护频率相对于传统组播方案小的多，因为一棵聚集组播树相对于单个组播组的组播树具有更长的生存时间，这相对于其它的组播方案来说是一个独特的特点。

当一个组播组开始发起时，需要为这个组播组指派一棵组播树。当组播组G和一棵聚集组播树T进行匹配时，可能有下面 4 种情况出现：

（1）T可以覆盖G，并且T的所有节点都是G的端节点，这种匹配称为组组G的完全匹配（perfect match）。

（2）T可以覆盖G，但是T的部分节点不是组G的端节点，这种匹配称为组G的纯漏匹配（pure－leaky match）。

（3）T不能够覆盖G，并且T的所有树节点都是组播组G的端节点，这种匹配称为组G的纯不完全匹配（pure－incomplete match）。

（4）T不能够覆盖G，并且其中部分节点不是组G的端节点，这种匹配称为不完全漏匹配（incomplete leaky match）。

当某些聚集组播树节点不是组播组G的端节点时，称该匹配为漏匹配（leaky match）；而当聚集组播树不能够覆盖组播组G时，称这种匹配为不完全匹配（incomplete match）。显然，漏匹配包括上述情况的（2）和（4），而不完全匹配包括的情况为（3）和（4）。漏匹配能够提高组播组间对组播树的共享能力，但这种能力的提高是以带宽资源的牺牲为代价的。在不完全匹配情形下，可以将现在的聚集树扩展到一棵更大的组播树，从而覆盖组播组G，实现多组播组共享聚集树的目的。

根据前文所述，域间协同组播Overlay Network网络可以用一个无向图 $G_{ON} = (MV, H, E, C)$ 表示，其中元素MV为域间组播路由器节点的集合，H为域间组播代理节点的集合，E为覆盖网络链路的集合，C为覆盖网络链路代价的集合。对于给定的一棵组播树T，则在该组播树上分发单位数据的总费用为：

$$C(T) = \sum_{e(i,j) \in T} c_{ij}$$

用ATS（aggregated tree set）来表示网络中当前建立的组播树的集合，T_g 代表组播组g采用某种已有的组播路由算法（例如DCLSPT、MCQCSA算法等）构造的一棵"原始（native）"组播树。在漏匹配情况下，组播树 $T \in ATS$ 的一些节点不是组播组g的端节点，分组会到达那些并不需要接收的目标节点，因此在聚集组播中存在带宽开销。假设每条链路都具有相同的带宽，每个组播组具有相同的带宽需求，则定义带宽开销比为：

$$\xi(g,T) = \frac{|C(T_g) - C(T)|}{C(T_g)}$$

因此域间组播树聚集问题为给定一个新加入的组播组g和一个带宽开销约束阈值Ω，找到一棵聚集组播树 $T \in ATS$，使 T 覆盖 g，且满足 $\xi(g,T) < \Omega$，当有多个满足约束条件的聚集组播树存在时，选择组播树费用代价最小的组播树为此新加入组的聚集树，即

$$\begin{cases} \min \ C(T) \\ s.t \quad V(T) \supseteq V(g) \\ \qquad \xi(g,T) < \Omega \end{cases}$$

其中 $V(*)$ 为组播树*所包含的节点，Ω 为带宽约束阈值，根据具体的网络环境确定。

二、域间组播树聚集匹配算法 ATMA

针对上节提出的域间协同组播聚集问题，我们提出了域间组播树聚集匹配算法－ATMA。为了描述算法方便，设准备组播树集合TS，存放所有可能最终成为新加入的组播组g的聚集组播树，算法每次被调用时 $TS = \Phi$。ATMA算法的基本思想是，当一个新组播组g加入时：

1）根据网络具体要求采用DCLSPT或MCQCSA算法等为新加入的组播组g构造一棵原始组播树 T_g，并计算此组播树的费用代价 $C(T_g)$；

2）对于 $\forall T \in ATS$，计算每个现有组播树相对组播组g的带宽开销比 $\xi(g,T)$，如果 $\xi(g,T) < \Omega$，则将T加入到准备组播树集合TS中；

3）如果 $TS = \Phi$，说明没有符合条件的聚集树，则使用 T_g 作为组播组 g 的聚集树，并将 T_g 加入到现有组播树集合 ATS 中，算法结束。

4）否则，如果 $TS \neq \Phi$ 则在准备组播树集合TS中，将所有 $T \in TS$ 按其带宽开销比 $\xi(g,T)$ 值升序进行排列，即：$(T_1, T_2, \cdots, T_n)$（假设TS中共有n棵组播树）。对于 $\forall T_i \in TS$，$i = 1, 2, \cdots, n$，如果 T_i 能够覆盖组播组g，则 T_i 就是组播组g的匹配聚集树，将 T_i 加入到现有组播树集合 ATS 中，算法结束。

5）如果所有的 $T \in TS$ 都不能够覆盖组播组g，则对于 $\forall T_i \in TS$，$i = 1, 2, \cdots, n$，采用贪婪策略原理，在满足网络约束条件下对组播树 T_i 进行扩展，直到 T_i 能够覆盖组播组g，扩展后的聚集组播树记作 T'。扩展后，如果 $\xi(g,T') < \Omega$，满足带宽开销比要求，则 T' 就是组播组g的聚集组播树，将 T' 加入到组播树集合ATS中，算法结束；

　　6）如果对所有的 $T \in TS$ 进行扩展后，其 $\xi(g,T')$ 值均超过 Ω，则使用 T_g 作为组播组g的聚集树，并将 T_g 加入到现有组播树集合 ATS 中，算法结束。

　　当聚集组播树 $T \in ATS$ 上的组播组g离开时，ATMA算法首先检测此聚集组播树T是否还包含有其它的组播组，如果还包含有其它的组播组，则保留此聚集组播树；否则，删除此聚集组播树。

　　当聚集组播树 $T \in ATS$ 上的组播组g发生改变时，ATMA算法首先检测聚集组播树 T 是否还能够覆盖组播组g，如果能够覆盖还要检测 T 相对于新的组播组 g' 的带宽开销比值是否满足约束条件。如果上述任意一个条件得不到满足，则认为旧得组播组 g 已经离开，执行组播组离开操作，然后对新组播组 g' 执行组播组加入操作，从而实行对变化后的组播组 g' 地覆盖。

　　在域间协同组播覆盖网络中，既有应用层节点（组播代理节点MP），也有网络层节点（组播路由器MV），因此在进行聚集组播树扩展时要考虑到网络层组播的高效性，如果节点直接连有网络层组播路由器，则应该首先考虑用网络层组播链路进行扩展，如果通过网络层组播扩展不能够满足要求时，再考虑通过应用层组播进行扩展，从而充分利用网络层组播的高效性，和应用层组播的灵活性。ATMA新组播组g加入的算法描述如下：

Algorithm 4.5 ATMA（G_{ON}, g）

Begin.

Initialize the algorithm. $TS \leftarrow \Phi$，$found \leftarrow FALSE$；

Compute a multicast tree T_g for group g with the native routing algorithm;

Evaluate the T_g cost $C(T_g)$；

For all $T_i \in ATS$ do

$\quad \xi(g,T_i) \leftarrow (C(T_i) - C(T_g))/C(T_g)$；

$\quad$ If $\xi(g,T_i) < \Omega$ then

$TS \leftarrow TS \cup T_i$

$\quad$ End if

End for

TS is sorted order from little to big with $\xi(g,T_i)$；

While $\quad found = FALSE$ and there is a tree $T_i \in TS$ not evaluated.

$\quad$ If T_i can cover the group g then

$found = TRUE$；T_i is the aggregated multicast tree for g；

$\quad$ Else

$i \leftarrow i+1$；

$\quad$ End if

End while

While $found = FALSE$ and there is a tree $T_i \in TS$ not extended

$\quad T_i$ is extended to cover the group g，and becomes T_i'；

$\quad$ If $\xi(g,T_i') < \Omega$ then

$found = TRUE$；$ATS \leftarrow T_i'$；

$\quad$ Else

$i \leftarrow i+1$；

End if

End while

If *found = FALSE*   then

   $ATS \leftarrow T_g$;

End if

End

ATMA算法是针对域间组播具有多个组播组的情况，通过对域间组播组的聚集，利用聚集组播树来减少域间节点的网络状态维护的负担，使多个组播组共享一棵聚集组播树，减轻节点维护状态，提高组播数据转发效率，但这些优点是以牺牲一定的网络带宽资源为代价的。因此，对于聚集组播树的使用，应该是当域间协同组播的组播组数量达到一定的规模后使用，在组播组较少的情况下，采用"原始"的组播路由方案来构造协同组播树，这样才能使协同组播网络具有更高的效率。

算法性能分析：

设 $N(t)$ 为 t 时刻协同组播域间中的所有组播组的数量，$M(t)$ 是所有聚集树的数量，则组播树的聚集度（aggregation degree）定义为：

$$AD(t) = \frac{N(t)}{M(t)}$$

$AD(t)$ 是衡量树管理代价的一个重要指标。例如，组播树所要周期发送的刷新报文的数量就从 N 减少到 N/AD。

所有组的平均负荷 $\eta_A(t)$ 可以通过每个聚集树 T 的平均聚集负荷 $\eta(T,t)$ 计算得到。

$$\eta_A(t) = \frac{\sum_{T \in ATS} |G(T)| \times C(T)}{\sum_{T \in ATS} \frac{|G(T)| \times C(T)}{1 + \eta(T,t)}} - 1$$

$\eta_A(t)$ 反应了使用聚集组播树所造成的带宽浪费。

考虑一个域间组播组集合 G，如果每个组 g 都有一个组播树 $T_A(g)$，那么总的状态数量 S_A 就等于

$$S_A = \sum_{g \in G} |T_A(g)|$$

如果使用了聚集组播树集合 ATS，那么总的状态数量 S_T 就等于

$$S_T = \sum_{T \in ATS} |T| + \sum_{g \in G} |g|$$

这里 $|T|$ 是树 T 中的节点数量，$|g|$ 是组 g 的大小，$\sum_{T \in ATS} |T|$ 表示的组播树中分枝节点所有维护的状态数量，$\sum_{g \in G} |g|$ 表示的是叶节点所维护的状态数量。则状态减少率为：

$$r = 1 - \frac{S_T}{S_A} = 1 - \frac{\sum_{T \in ATS} |T| + \sum_{g \in G} |g|}{\sum_{g \in G} |T_A(g)|}$$

则分枝节点状态减少率为

$$r_c = 1 - \frac{\sum_{T \in ATS} |T|}{\sum_{g \in G} (|T_A(g)| - |g|)}$$

如前所述，ATMA算法的一个主要优点就是以减少组播状态信息的代价来获得可扩展性。判断标准就是ATMA算法维护组播状态信息的代价大于引入的带宽浪费，这个关系可以表示为：

$$Cost_{state}(S_A) + \sum_g Cost_{BW}(T_A(g)) > Cost_{state}(S_T) + \sum_g Cost_{BW}(T(g))$$

该式可以简化为

$$Cost_{state}(S_A) \times r > \sum_g Cost_{BW}(T(g)) \times \eta_A$$

因为维护状态需要占用大量的内存和CPU处理时间，而带宽代价相对要小，因此维护状态所需的代价远远大于带宽的代价，上式可以满足。

三、仿真模拟及分析

聚集组播树 ATMA 算法由于要在具有多个网络组播组的条件下进行，因此我们模拟了网络组播组数目从 500 到 4000 变化时，聚集组播树的数目随带宽开销比值的变化而变化的情况，为了具有可靠性，每组实验都进行 20 次，取其平均值为最终结果。实验的结果记录如表 4.1 所示。

表 4.1 组播聚集树与组播组数目变化表

Table 4.1   Relation of the aggregated multicast tree with the multicast group number

	500 组	1000 组	1500 组	2000 组	2500 组	3000 组	3500 组	4000 组
$\Omega = 0.1$	475	910	1393	1874	2368	2872	3216	3675
$\Omega = 0.2$	410	785	1107	1435	1976	2267	2563	2876
$\Omega = 0.3$	320	640	853	1134	1467	1729	1874	2092
$\Omega = 0.4$	263	530	647	967	1173	1369	1467	1679

从表中的结果可以看出，在具有相同带宽开销比值条件下，随着网络中组播组数目的增加，也使得聚集组播树的数目随之增加，但是要比没有采用聚集组播树 ATMA 算法的网络中组播组数要减少。而且随着带宽开销比值的增加，网络中的聚集组播树的数目也随之减少，这是因为当带宽开销比值 Ω 增大后，对于一个新加入的组播组而言，可选的聚集树也增多了，从而不用采用"原始"组播树作为新的组对应的组播树。

本章对基于Overlay Network应用层与网络层协同组播的路由问题进行了深入的研究。根据协同组播的网络体系结构特点，对协同组播的路由问题分别从域内和域间路由两个方面进行了研究。在协同组播的域内路由问题研究中，分析了域内协同组播路由的多QoS约束问题，分析了域内协同组播的QoS路由的特点，对带时延、带宽和节点的度约束的协同组播路由问题进行了建模；针对问题模型，我们提出了求解问题的静态克隆算法MCQCSA，和求解此问题的域内协同组播动态路由算法MCQDRA。通过两种算法能够构建满足QoS要求的协同组播树，为用户提供更好的组播服务。

对协同组播的域间路由问题，虽然域间协同组播网络与域内协同组播具有相似网络体系结构，但域间组播的节点为组播代理和网络层节点，因此也分别研究了域间组播的静态路由算法DCLSPT和动态路由算法IMDRA。最后，针对域间组播的扩展性问题，研究了域间组播树聚集问题，提出了域间组播树聚集匹配算法ATMA，通过采用此算法来构造聚集组播树减少域间组播节点状态负载，提高节点转发效率，使协同组播具有更好的扩展性。

第五章 基于 Overlay Network 协同组播拥塞控制问题研究

本章以基于Overlay Network协同组播网络体系结构的理论框架为指导，在深入分析现有组播拥塞控制问题的基础上，首先从协同组播的拥塞避免方面入手，分析了协同组播拥塞的特点，利用系统控制理论的原理提出了基于速率的协同组播拥塞控制机制；另一方面从协同组播的网络拓扑结构入手，分析了组播树共享拥塞链路的产生，提出从网络拓扑结构消除协同组播共享拥塞链路的机制；同时，还有分析了当协同组播树因某些问题导致组播树分裂时，如何使协同组播树从分裂状态中恢复的机制。

第一节 引言

组播作为一种高效的单点到多点（或多点到多点）的通信方式，虽然能够提高网络的利用率，节省网络资源，然而至今组播无法达到广泛的应用，一个重要的原因在于组播没有提供合适的拥塞控制机制。当前网络的日益普及，网络用户的急剧增加，网上业务尤其是多媒体业务的日益增多，不断增长的需求会对网络负荷能力和拓扑结构提出挑战。通信业务的迅猛增长使得网络中有限的资源被越来越多的用户共享使用，网络将变得越来越"拥塞（congestion）"。

拥塞就是指在某一时刻网络中某一资源的负载超过了该资源的处理能力时，则称该资源在该时间内产生了拥塞。网络拥塞的严重后果则是使网络的性能降低，甚至导致网络瘫痪。当前网络中，网络的资源分布和流量分布的不均衡性是广泛存在的，由此导致的网络拥塞不能够仅依靠增加网络资源的方法来解决，同时它也不会随着网络处理能力的提高而自动消除，一旦网络进入拥塞状态，恢复是很缓慢而且是非常艰难的，必然对网络的通信通畅和网络保证的服务质量（QoS）产生重大的影响。因此要想使协同组播技术得到广泛的应用，必须对协同组播的拥塞控制问题进行深入的研究。

通常拥塞控制包括拥塞避免（congestion avoidance）和拥塞恢复（congestion recovery）两种不同的机制。拥塞避免策略是预防性的，其主要目标是避免网络进入拥塞状态，使网络能够在高吞吐量，低延迟的状态下运行；而拥塞恢复策略是救治性的，其目标是当网络拥塞发生后，使得网络复原至正常的工作状态，它用于把网络从拥塞状态中恢复出来。若没有拥塞恢复机制，当拥塞发生时网络可能崩溃。因此，即使采用了拥塞避免策略，仍需要拥塞恢复策略保持吞吐量。

根据上文论述，本书首先研究协同组播拥塞控制的拥塞避免机制，分析基于 Overlay Network 协同组播的拥塞特点，利用系统控制理论中的闭环控制原理，提出基于速率的协同组播拥塞控制机制。然后，再进一步研究当协同组播拥塞发生时，从组播树的拓扑结构入手，分析协同组播共享拥塞链路产生的原因及特点，从协同组播的网络拓扑结构方面，提出协同组播共享拥塞链路的消除机制，从而使网络从拥塞状态中恢复到正常状态；以上两种策略虽然能够一定程度上保证协同组播避免出现由于拥塞而导致的崩溃现象，但是由于一些突发性的原因（例如节点失效等），也可能导致协同组播树的分裂，并且不是采用拥塞控制策略所能解决的，因此本书又对组播树的分裂进行研究，提出了协同组播树的恢复机制，从而保证协同组播能够从各种非正常状态下恢复到正常状态，进行正常的组播通信。

第二节 协同组播中基于速率的拥塞控制机制

一、协同组播中拥塞的产生及其拥塞控制的特点

在基于 Overlay Network 协同组播的网络中，协同组播树是由网络层节点（组播路由器）和应用层节点（组播端用户和组播代理服务器节点）共同构成。由于在协同组播树上，除了网络层节点利用网络层组播转发数据给应用层节点外，应用层节点也可以利用应用层组播来实现应用层节点间的组播数据的接收与转发。因此，在协同组播中可能出现的拥塞问题就包括了网络层组播部分和应用层组播部分。

对于网络层组播的拥塞控制可以采用基于端用户间的拥塞控制，通过在发送端和接收端的检测与控制，实现网络层组播的拥塞控制，它的特点是忽略底层节点，减少对网络层组播节点的改造，网络层节点不需要进行大量的拥塞控制计算。

另一方面，对于应用层组播拥塞控制，现有方案多利用已有单播中的网络拥塞控制机制来解决应用层组播的拥塞问题。但是单播拥塞控制方案只能解决两个直接相连的节点间的拥塞问题，当组播树具有很深的层次，网络规模比较大时，这种方式将不能够很快的响应拥塞，进行有效的组播拥塞控制。

根据上述对组播中拥塞问题的介绍可知，虽然在协同组播网络中同时具有网络层组播和应用层组播，但是可以通过在协同组播应用层节点间采用一定的拥塞控制机制来避免协同组播的拥塞现象，由应用层节点间协调完成协同组播的拥塞控制，避免对现有网络层节点的改造，利于协同组播的部署和扩展。

在对组播拥塞控制机制的研究中，需求的多样性导致了组播拥塞控制协议指标的多样化，而其中两个指标是最基础和重要的，即 TCP 友好性和可扩展性。

组播 TCP 友好性，是指在发送端与接收端之间，如果流量具有单播流量 TCP 友好的特性，则此组播流量被认为是 TCP 友好的。而单播 TCP 友好性，指在相同网络条件下，如果一个单播流量对其它并存 TCP 流量的长期吞吐量的影响（减少）不大于另外一个 TCP 流对后者的影响，则此单播流量被认为是 TCP 友好。在协同组播中，由于应用层组播是利用现有的单播进行通信，因此它必然跟共存的 TCP 流量是友好的，不会有特殊性。而在协同组播中的网络层组播分枝树中，由于分枝树的发送端是通过应用层组播从其它应用层节点接收的组播数据，组播数据量受到限制，因此它必然保持 TCP 友好性，从而保证它的接收端也受到限制，保证 TCP 友好性。

组播拥塞控制的可扩展性主要是指在网络性能（包括吞吐率、时延）下降前可以支持的用户的多少。总的来说，它主要受到五个方面因素的限制：

（1）任务复杂性：当组播组成员的数量增多时，拥塞控制任务的复杂性会急剧上升，从而限制协议的可扩展性。但是可以通过在发送端和接收端之间进行合适的分工来解决这个问题。

（2）反馈爆炸问题：拥塞控制需要考虑到所有组成员的拥塞状况，随着组播组规模的增加，来自接收方的大量反馈报文可能会淹没发送方，从而导致反馈风暴问题。对于反馈风暴的问题，可以采用反馈抑制机制（feedback suppression mechanism）或反馈聚合机制，

通过组播树中间转发节点来过滤报文解决。

（3）LPM 问题：在当前网络中，通常将数据包的丢失作为网络拥塞的唯一信号。当网络拥塞时，若发送方使用接收端发送的丢失反馈信号调整发送速率时，如果没有合适的综合这些信号的处理机制，对每一个接收方的数据丢失做出响应的话，那么其发送速率可能下降为零，产生速率归零问题（Drop to Zero）问题。这也称为丢失路径多样性（loss path multiplicity－LPM）问题。因此，解决这个问题，必须寻找对丢失反馈信号进行过滤的方法，适当的反馈聚合和反馈聚集机制（feedback aggregation mechanism）可以减轻 LPM 问题对组播组性能的影响。

（4）网络随机延迟的影响：即使在非常理想的网络环境中（网络中无分组丢失，节点缓存无限大），随着网络组播组规模的增加，网络中节点随机分布的队列延迟（节点的服务延迟）也会给组播组的性能造成影响。因此，在大的组播组中，多速率的组播可能是更好的选择。

（5）应答闭塞问题：由于组播是"单点对多点"或"多点对多点"的相同数据拷贝的传输，多个接收者必然产生相同数量的应答，当组播组成员扩展到很多时，源端的处理能力就要经受考验，处理大量应答的开销会导致源端性能的降低，从而产生对控制信息的闭塞问题。解决这个问题的方法是对应答进行一定策略的抑制和合并，在平衡应答抑制和反馈延迟的基础上，解决应答闭塞问题。

为了解决上述协同组播的拥塞控制问题，我们采用基于速率的端到端的拥塞控制策略。在基于速率的网络拥塞控制中目前多采用现代控制理论的方法。从控制理论的角度来讲，网络的拥塞控制一般有开环控制（open－loop control）和闭环控制（closed－loop control）两种。对于组播这种端用户具有动态性的复杂系统而言，通常倾向于采用闭环控制的拥塞控制方法。根据控制理论的观点，发送方接收来自接收方的反馈信息，利用反馈信息来了解当前网络的情况（如交换节点的拥塞情况、数据包是否到达、数据是否正确等信息），以此确定控制参数，然后依据预先设定的控制算法来调整发送速率，完成对网络拥塞的响应。正确的控制算法和正确及时的控制参数是网络拥塞控制的关键。因此，网络拥塞控制的研究重点就变成研究控制算法和控制参数的问题。

当前利用现代控制理论进行拥塞控制的方案中，多采用基于速率的闭环控制，文献[]最早针对单个拥塞节点的情况提出了一种 PD（Proportional plus Derivative）控制方案，同时文献[,,]则在单个信源模型的基础上，提出了利用比例控制（P：Proportional）、比例积分控制（PI：Proportional plus Integrative）、比例预测控制（PP：proportional plus predictive）和比例积分微分控制（PID）的控制器方案。通过对以上各种控制器的仿真结果进行比较，发现 PID 控制方案比其它控制方案使得系统稳定的响应时间更短，使系统稳定的效果更好，在快速响应节点拥塞的同时，能够当系统的可用带宽增加时，快速通知信源端提高发送速率，尽快利用可用带宽，提高带宽利用率。

综上所述，基于对协同组播拥塞控制的讨论，我们提出利用现代控制理论的基于速率的拥塞控制方案，此方案采用 PID 控制器进行发送端的发送速率控制。系统采用闭环控制，根据协同组播树的瓶颈节点状态调整控制参数，从而快速响应节点的拥塞变化情况，使组播系统流量速率稳定，避免拥塞的发生。

二、基于速率的拥塞控制机制

协同组播通信网络是由一系列局域分布的发送（source）、中间（middle）和目的

（destination）接收节点组成。由组播源（发送端）发送数据包，通过一系列中间节点被传输到接收节点。而且在网络通信过程中，发送端和接收端通过控制报文 CM（control message）来进行连接以及时了解对方的情况。通常在每个周期，发送端都会向接收端发送一个前向控制报文 FCM（forward control message），告知接收端节点有关发送端的情况。FCM 到达目的接收节点以后，目的接收节点会根据当时网络的具体情况，产生一个相应的后向控制报文 BCM（backward control message），根据 FCM 从源节点到目的节点的路径返回发送端，以便使发送端了解网络的情况和接收端节点的状态，及时地调节源端的发送速率以满足接收节点的需要。参考图 5.1 所示的单源组播系统模型，并假设该系统模型具有如下的特征：

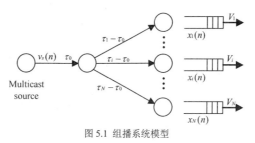

图 5.1 组播系统模型

Fig 5.1 The multicast system model

1）该模型是面向连接的，数据以固定长度的数据包来传输，而且多个组播流稳定时能够平等的共享链路带宽。

2）将时间按照周期 T 分割成区间 $[n, n+1]$。

3）组播树中分支节点将来自上游节点（即发送端节点）的数据包（包含控制数据报文）复制后，传送给下游的相应分支节点，而且分支节点还将来自下游的 BCM 数据报文进行整合后传给其上游节点，分支节点可对不同的源端分别建立相应的注册表来管理不同组播数据流的传输。

4）发送端到最近分支节点的链路时延为 τ_0，发送端到末端分支节点 i 的链路时延记为 $\tau_i (i = 1, 2, \cdots N)$，且环路时延 $\tau_{Ri} = 2\tau_i$，记作 $\tau = \max(\tau_{R1}, \tau_{R2}, \cdots \tau_{RN})$，这里 τ_0，τ_i 和 τ_{Ri} 均为周期 T 的整数倍（如果不是，可以对周期 T 进行调整，使之成立）。

5）每个分支节点均按照先来先服务（First－come－first－service，FCFS）的原则，传输接收到的组播数据包。

6）在 n 时刻，第 i 个分支节点的缓冲占有量记为 $x_i(n)$，其最大值记为 K_i，理想值记为 $\bar{x}_i$（$\bar{x}_i < K_i$），若某时刻 $x_i(n) > K_i$，则称该节点发生了拥塞。

7）第 i 个分支节点在一个周期内可向网络发送的数据包数为 V_i，即第 i 个节点按照最大发送速率在一个周期内所发送的数据包数量。

8）从发送端到各个分支节点的路径时延从小到大排列，即当 $1 \leq i \leq j \leq N$ 时，$\tau_i \leq \tau_j$。

根据上述对组播网络模型特征的描述，图 5.1 中的分支节点 i 的动态缓冲占有量可用描述为如下公式：

$$x_i(n+1) = L_{K_i}\{x_i(n) + v_s(n - \tau_i) - V_i\} \tag{5-1}$$

其中函数

$$L_{K_i}(x) = \begin{cases} K_i & x > K_i \\ x & 0 \le x \le K_i \\ 0 & x < 0 \end{cases}$$

在接收节点产生拥塞之前，应该设计控制器控制组播源节点发送数据包的速率，以避免拥塞的发生。因此，可以去掉公式（5-1）的非线性约束，代之以考虑如下的线性方程：

$$x_i(n+1) = x_i(n) + v_s(n - \tau_i) - V_i \tag{5-2}$$

对公式（5-2）两边实施 Z 变换后，有

$$(z - 1)X_i(z) = z^{-n} * v_i(n) - V_i * D(z) \tag{5-3}$$

其中，记 $X_i(z) = \sum_{n=0}^{+\infty} x_i(n)z^{-n}$，$R(z) = \sum_{n=0}^{+\infty} R(n)z^{-n}$，$D(z) = \dfrac{z}{z-1}$。

针对协同组播系统的拥塞问题，我们提出了一种由发送方驱动的单速率组播拥塞控制器－PID 控制器。针对协同组播系统模型（图 5-1），假设信源发送方到每个接收节点往返延迟为 τ_{Ri}，且 $\tau_{Ri} = 2\tau_i$，记 $\tau = \max(\tau_{R1}, \tau_{R2}, \cdots, \tau_{RN})$，考虑在组播信源节点设计具有如下反馈形式的控制器：

$$v_s(n) = V_s^{max} + a * \sum_{i=1}^{N} (x_i(n - \tau_i) - \bar{x}_i) + \sum_{j}^{\tau} (b_j * v_s(n - j))$$
$$+ c * \sum_{k=1}^{N} (x_k(n - \tau_k) - x_k(n - \tau_k - 1)) \tag{5-4}$$

式中 V_s^{max} 表示信源端的最大发送速率，a、b_j 和 c 为 PID 控制器的控制参数，由系统的稳定性确定，当取适当的控制参数时，能够使系统保持稳定。

对上式（5-4）两端进行 z 变换有：

$$V_s(z) = V_s^{max} * D(z) + a * \sum_{i=1}^{N} (z^{-\tau_i} * X_i(z) - \bar{x}_i * D(z)) + \sum_{j=1}^{\tau} b_j * z^{-j} * V_s(z)$$
$$+ c * \sum_{i=1}^{N} (z^{-\tau_i} * X_i(z) - z^{-\tau_i - 1} * X_i(z)) \tag{5-5}$$

将式（5-3）代入（5-5），整理后得到：

$$\Delta z * V_s(z) = a * \sum_{i=1}^{N} (-V_i * D(z) * z^{-\tau_i} - \bar{x}_i * D(z) * (z-1)) - c * \sum_{i=1}^{N} z^{-\tau_i} * V_i * D(z) * (1 - z^{-1})$$
$$+ V_s^{max} * D(z) * (z - 1)$$

其中

$$\Delta z = (1 - \sum_{j=1}^{\tau} b_j * z^{-j}) * (z - 1) - a * \sum_{i=1}^{N} z^{-2\tau_i} - c * \sum_{i=1}^{N} (z^{-2\tau_k} - z^{-2\tau_k - 1}) \tag{5-6}$$

Δz 即为 PID 闭环控制系统（3.2）、（3.4）的特征多项式，它决定了控制系统的稳定性，通过取适当的 a、b 和 c 参数值，保证系统的稳定性。

大量研究表明，研究系统的稳定对保证系统的性能是非常必要的。当系统不稳定时，节点的缓冲占有量会存在较大的抖动，数据包容易丢失，丢包引起大量数据包的重传，从而加重网络系统的负载，进一步使网络传输性能恶化，导致系统拥塞状况更加严重。而当系统稳定时，控制器方案在接收节点缓冲占有量临近门限值时，可以尽快通知信源端减少发送速率，防止数据包丢失，减少了数据包的重传从而能较快的响应网络的拥塞状况；另一方面，当系统的可用带宽增加时，可以很快地通知信源端提高发送速率，尽快地利用网络可用带宽，提高带宽利用率。

拥塞控制算法网络实现及算法描述

PGM 是一种单个发送方，多个接收方的组播协议。它通过利用基于 NAK（negative acknowledgment）的重传请求技术，在基于 IP 组播协议的基础上改进了传输的可靠性。在 PGM 中使用的基于随机延迟策略使协议具有可扩展性。而且，PGM 有效地利用组播树中间节点对反馈聚集和选择性前向修复的支持。特别是 PGM 的中间节点将做跳式（hop-by-hop）的前向传输，并聚集来自同一个子树的复制的 NAKs 信息。但 PGM 标准本身不包含拥塞控制方案，源端按提前设定的数据速率进行传输，不能实时响应网络需求并及时地调节源端的发送速率，因此，我们基于 PGM 协议原理，在保持 PGM 原有反馈机制的可扩展性的基础上，尽量使源端快速地响应网络的拥塞状况，通过在组播树中选择瓶颈节点 CLR（current limiting receiver），然后在 CLR 和组播源之间运行一个闭环的，实时反馈的 PID 控制方案。对于 CLR 的选择，与通常的单速率组播协议相同，即采用有最低吞吐量的接收者作为 CLR。

在协同组播网络的拥塞控制方案中，也利用中间分支节点 BN（branch node）执行反馈聚集策略提高可扩展性。BN 通过两种方法节省了网络带宽：一是通过减少反馈 NAKs 信息的数量；二是通过仅仅重传数据包给数据包丢失的节点，从而限制了大量的数据重传。在组播数据的传输中，对于某个给定的数据包，仅有第一个 NAK 被传递到源端，其它来自接收端的 NAKs 均被 BN 过滤掉，接下来的 NAKs 都被抑制，抑制等到 BN 中相应状态被删除。表面来看，这种过滤方式可能会影响 CLR 的选择，单实际上由于具有最差接收能力的接收者通常发送更多的 NAKs，从而减少了被抑制的可能性，所以 NAK 的反馈方式具有可扩展性，而且避免了"反馈风暴"的发生。

在未建立组播连接时，CLR 还没有被选择出来，组播源端不能运行拥塞控制算法来调节发送速率，因此，它先以最大发送速率进行数据发送。在建立组播连接后，接收端用基于 NAKs 的机制选择 CLR，并将 CLR 的相关信息写入到 ACK 信息中。通过 BN 聚合后返回到源端，从而使源端根据此信息运行拥塞控制算法来调节发送速率。为了描述算法方便，首先给出如下几个参数：

$multicasttree[i]$：设 $multicasttree[i]=1$ 表示第 i 个分支节点接收到控制报文 CMs，当 $multicasttree[i]=0$ 表示未接收到控制报文，这里控制报文 CM 包括前向控制报文 FCM 和反向控制报文 BCM。

$receivertree[j]$：设 $receivertree[j]=1$ 表示第 j 个分支节点收到来自目的接收端的确定，否则为 0 表示未接收到确定。

假设在任意时刻网络拓扑结构是确定的，因此，在任意时刻协同组播基于速率的拥塞控制算法可以具体描述为：

对于信源端来说，在建立连接阶段，源端以最大的发送速率发送组播数据包，当连接建立后根据组播接收端返回来的组播网络瓶颈节点的信息，进行控制参数的调节，利用闭环 PID 控制器进行发送端的发送速率控制。

Algorithm 5.1 Source node_algorithm

Begin

For multicast source

{Upon every T epoch

Transmit data including FCMs;

Upon receipt of a consolidation BCMs from its downstream

Compute the sending rate based on consolidation BCM using PID controller;

Adjust the transmitting rates based on computed sending rate.}

End

对于中间分支节点，在接收转发组播源发送的数据包的同时，还要对从目的接收端反馈回来的控制报文信息进行聚集，并转发给组播信源。

Algorithm 5.2 BN_algorithm

Begin

If multicasttree[i]=1

{ If the packet is an FCM

{ Put the data packet in the buffer;

Copy the data including FCM;

Multicast them the downstream nodes; }

else

{Contruct the BCM based on the received BCMs;

Feedback it to the upstream node;

If receivedtree[j]=1

{ Delete the data packets from the buffer;}

else

{ Maintain the data packets in the buffer until receiving

all confirmations of the receivers;}}}

End

对于目的接收节点，在所有的目的接收点中选择一个具有最差的接收能力的接收者作为 CLR，并把此 CLR 的相关信息写到反馈控制信息报文中，生成新的 ACK；并将新生成的 ACK 包反馈到其上游节点。

Algorithm 5.3 Destination receiver_algorithm

Begin

{ Upon receipt of an BCM;

Put the data packets into the buffer;

Construct the BCM based on the current case of the receiver nodes;

Feedback the BCM to the upstream branch node point;}

End

系统稳定性分析

对于系统特征方程（5-6）的稳定性分析，可以采用多种证明方法，这里我们采用 Routh—Hurwitz 标准进行系统的稳定性判别方法来选择控制参数 a、b_i 和 c 的取值，使得特征方程的根在单位圆内，从而保证系统的稳定性。

为分析系统稳定性，在特征多项式（5-6）中，可以设

$$\begin{cases}1+b_1=\varepsilon\\ b_2-b_1=\varepsilon\\ \cdots\\ b_{\tau R1}-b_{\tau R1-1}=\varepsilon\\ an_1+b_{\tau R1+1}+cn_1-b_{\tau R1}=\varepsilon\\ b_{\tau R1+2}-cn_1-b_{\tau R1+1}=\varepsilon\\ \cdots\\ b_{\tau Rni}-b_{\tau Rni-1}=\varepsilon\\ b_{\tau Rni+1}-b_{\tau Rni}+an_i+cn_i=\varepsilon\\ b_{\tau Ri+2}-b_{\tau Ri+1}-cn_i=\varepsilon\\ \cdots\\ b_\tau-b_{\tau-1}=\varepsilon\end{cases}$$

且 $an_M+cn_M-b_\tau=\varepsilon$，　$-cn_M=\varepsilon$，　$i=1,2,3,\cdots,(M-1)$；

可得：

$$a=(\tau\varepsilon+2\varepsilon-1)/N；$$

$$c=(-\varepsilon)/n_M；$$

$$b_j=\begin{cases}j\varepsilon-1 & (j=1,2,3,\cdots,\tau_{R1})\\ j\varepsilon-1-a(n_1+n_2+\cdots+n_i)-cn_i & (j=\tau_{Rni}+1)\\ j\varepsilon-1-a(n_1+n_2+\cdots+n_i) & (j=\tau_{Rni}+2)\\ j\varepsilon-1-a(n_1+n_2+\cdots+n_{(i-1)}) & (i=2,3,\cdots,M;\\ & \quad j=\tau_{R(i-1)}+3,\cdots,\tau_{Rni}; and\ j=(\tau_{R1})+1,\cdots,\tau)\end{cases}$$

将上式各值代入（5-6）可以得到：

$$\Delta z=z(z^{-\tau-2}(z^{\tau+2}-\varepsilon(z^{\tau+1}+z^\tau+\cdots+1)))\tag{5-7}$$

当且仅当 $\varepsilon<\dfrac{1}{\tau}$ 成立时，多项式（5-7）的所有根均在单位圆内。

证明：首先考虑一种特殊的情况 $\varepsilon=0$ 时，此时式（5-7）变为 $\Delta z=z$，很明显此时多项式只有一个根 $z=0$，在单位圆内，系统稳定。

为不失一般性，下面假设 $\varepsilon\neq0$，对于式（5-7），很明显 $z=0$ 是它的根，如果要其所有根均在单位圆内，那么只需要考察

$$\Delta_1(z)=-z^\tau+\varepsilon*(z^{\tau-1}+\cdots+z+1)\tag{5-8}$$

的所有根是否都在单位圆内即可。如果式（5-8）的所有根都在单位圆内，那么系统稳定；否则系统处于不稳定状态。

根据 Routh－Hurwitz 稳定性分析，τ 阶多项式（5-8）可以由 A_j 所示的矩阵来表示，$\det A_j$ 为矩阵 A_j 所对应行列式的值，这里 A_j 表示 $2j\times2j$ 的矩阵，其表达式为：

$$A_j=\begin{bmatrix}\varepsilon&0&\cdots&0&-1&\varepsilon&\cdots&\varepsilon\\ \varepsilon&\varepsilon&\ddots&\vdots&0&-1&\ddots&\vdots\\ \vdots&\ddots&\ddots&0&\vdots&\ddots&\ddots&\varepsilon\\ \varepsilon&\cdots&\varepsilon&\varepsilon&0&\cdots&0&-1\\ -1&0&\cdots&0&\varepsilon&0&\cdots&0\\ \varepsilon&-1&\ddots&\vdots&\varepsilon&\varepsilon&\ddots&\vdots\\ \vdots&\ddots&\ddots&0&\vdots&\ddots&\ddots&0\\ \varepsilon&\cdots&\varepsilon&-1&\varepsilon&\cdots&\varepsilon&\varepsilon\end{bmatrix}\qquad j=1,2,\cdots,n.\tag{5-9}$$

对上式（5-9）实施高斯削去法，可以改写为如下形式：

$$\hat{A}_j = \begin{bmatrix} \varepsilon & \cdots & * & * & \cdots & * & & * \\ 0 & \ddots & * & \vdots & \vdots & \vdots & & \vdots \\ \vdots & \ddots & \varepsilon & * & * & * & & * \\ 0 & \cdots & 0 & -(\varepsilon+1)/\varepsilon & * & * & & * \\ 0 & \cdots & 0 & \ddots & \ddots & * & & \vdots \\ \vdots & \vdots & \vdots & & \ddots & -(\varepsilon+1)/\varepsilon & & * \\ 0 & \cdots & 0 & 0 & \ddots & 0 & & [j\varepsilon^2+(j-1)\varepsilon-1]/\varepsilon \end{bmatrix} \qquad (5\text{-}11)$$

上式中由 j 各 ε 项，$j-1$ 各 $(-(\varepsilon+1)/\varepsilon)$ 项和一个 $[j\varepsilon^2+(j-1)\varepsilon-1]/\varepsilon$ 项，上式中 * 处表示该位置的系数不为 0。根据上式有

$$\det \hat{A}_j = \det A_j = (-1)^{j-1}(\varepsilon+1)^j(j\varepsilon-1)，\quad j=1,2,\cdots\tau \qquad (5\text{-}12)$$

根据 Routh－Hurwitz 稳定性方法只要 $\det A_j < 0$（j 为奇数时）；$\det A_j < 0$（j 为偶数时）成立，那么特征多项式的所有根都在单位圆内。对于式（5-8）当且仅当 $\varepsilon < \dfrac{1}{\tau}$ 成立时可以满足 $\det A_j < 0$（j 为奇数时），$\det A_j < 0$（j 为偶数时）的条件。证毕。

通过上述分析可知，ε 的选择范围是很广泛的，因而可以得到一类很广泛的控制器。这些控制方案均能够使分支节点缓冲占有量趋于稳定，可以防止丢失数据包，避免拥塞的发生。基于这些控制方案，在具体设计特定组播网络拥塞控制方案时，可以从中选取更适合的方案使网络的性能更好。在参数 $\varepsilon < 1/\tau$ 条件下，相关控制参数 a、$b_j(j=1,2,\cdots,\tau)$ 和 c 的表达式分别为

$$a = (\tau\varepsilon + 2\varepsilon - 1)/N；$$

$$b_j = \begin{cases} j\varepsilon - 1 & (j=1,2,3,\cdots,\tau_{R1}) \\ j\varepsilon - 1 - a(n_1 + n_2 + \cdots + n_i) - cn_i & (j = \tau_{Rn_i} + 1) \\ j\varepsilon - 1 - a(n_1 + n_2 + \cdots + n_i) & (j = \tau_{Rn_i} + 2) \\ j\varepsilon - 1 - a(n_1 + n_2 + \cdots + n_{(i-1)}) & (i = 2,3,\cdots M; \\ & \quad j = \tau_{Rn(i-1)} + 3,\cdots,\tau_{Rn_i}; and\ \ j = (\tau_{R1})+1,\cdots,\tau) \end{cases} \qquad (5\text{-}13)$$

$$c = (-\varepsilon)/n_M$$

命题 5.2.1 的主要意义在于，在进行网络拥塞控制时可以选择任何适当的 ε，使得 $\varepsilon < 1/\tau$ 成立（τ 是组播数中所有目的节点到信源节点往返时延的最大值），然后通过计算后就可以得到 PID 控制器的控制参数 a、b_j 和 c 使得控制系统趋于稳定，避免组播网络节点拥塞的产生。

三、仿真模拟及分析

为了评估协同组播拥塞控制算法的性能，我们采用 Matlab 编制程序作为仿真平台，对网络模型如图 5.2 进行了模拟仿真。由于拥塞控制器是随时间的变化来调整源端节点的传输速率，因此一般采用组播源端的响应时间和系统稳定性等最为算法性能分析中主要考虑的动态行为指标。这是因为如果组播源端的响应越短，控制器就可以对网络的动态变化做出及时而有效地响应，使系统更快地趋于稳定，从而有效减少数据包的丢失，避免网络拥塞的发生，提高整个网络的性能。当受控网络的接收节点的缓冲占有量的响应时间越短，则系统越容易趋于稳定，因而不易丢失数据包；动态缓冲占有量越小，说明网络的吞吐率越大，因而网络的性能越好。

在仿真模型中，共有 5 个目的接收节点，每个节点到组播源及中间节点链路时延如图 5.2 所示。从组播源端到各个目的接收节点的往返时延为 $\tau_{R4} = 6m$、$\tau_{R5} = 8m$，$\tau_{R6} = 12m$，

$\tau_{R7}=16m$ 和 $\tau_{R8}=24m$，从而 $\tau=23m$。各接收目的节点向网络发送数据包的速率为 $V_4=2Mbps$、$V_5=2Mbps$、$V_6=3Mbps$、$V_7=4Mbps$ 和 $V_8=5Mbps$。各个分支节点的缓冲占有量的理想值 $\bar{x}_4=70Kb$，$\bar{x}_5=75Kb$，$\bar{x}_6=80Kb$，$\bar{x}_7=120Kb$ 和 $\bar{x}_8=140Kb$。由上述论述的稳定性分析可知，如果当 ε 取 $\varepsilon=1/28$ 和 $\varepsilon=0.9$ 两种不同值时，$\varepsilon=1/28$ 可使系统逐渐稳定，而当 $\varepsilon=0.9$ 则系统不能稳定运行。通过公式（5-13）计算出两种情况下的控制参数取值。

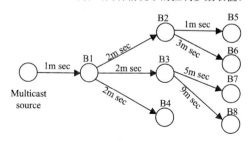

图 5.2 组播网络仿真模型

Fig 5.2 The multicast network simulation model

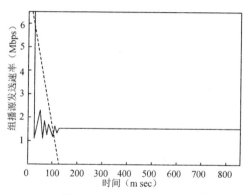

图 5.3 组播网络仿真模型

Fig 5.3 The multicast network simulation model

仿真结果图 5.3-5.5 中，实线表示系统稳定时的情况，而虚线表示系统不稳定的情况。图 5.3 分别显示了 ε 取不同值时组播源端发送速率随时间变化的情况。当 ε 的取值使系统稳定时，控制器能够较快的调节源端的发送速率，并使之稳定；而当 ε 取值使系统不稳定时，控制器并不能起到很好的调节作用，组播源端的发送速率很快被抑制为零。

图 5.4-5.5 分别显示了 ε 取不同值时目的接收节点 B4、B6 缓冲占有量的瞬态行为的仿真结构。从图中可以看出，初始化阶段，组播数据发送端按照最大发送速率向网络发送数据包，但这些数据包并未到达目的接收节点，因此各个目的接收节点的缓冲占有量为 0，而随着时间的推移，目的接收节点发送了 BCM 报文，并且经过中间节点的聚合转发给信源，信源端根据接收的到 CLR 信息，PID 控制器开始对发送节点的发送速率进行调节。经过一段时间的调节后，发送节点的发送速率逐渐稳定，瓶颈节点的缓冲占有量趋于稳定，而其它节点的缓冲区中积压的数据包开始清空，缓冲区始终保持为 0kbit，当系统稳定后信源端发送速率与其发送速率相等。在网络拓扑结构发生改变时，接收方能够通过重新选择

CLR，并及时调节源端发送速率，使系统重新稳定。

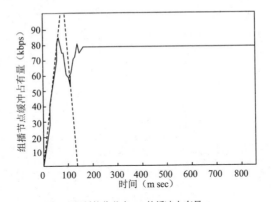

图 5.4 组播接收节点 B4 的缓冲占有量

Fig 5.4 Buffer occupancy of the multicast receiver node B4

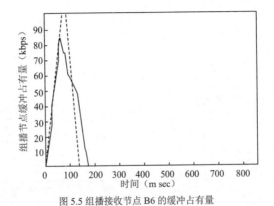

图 5.5 组播接收节点 B6 的缓冲占有量

Fig 5.5 Buffer occupancy of the multicast receiver node B6

从信源端发送速率的调节情况和缓冲占有量的稳定情况等方面综合比较，可以发现，系统稳定时比系统不稳定时有更好的网络性能。可以实现在接收节点缓冲占有量临近门限值时，尽快通知信源端减少发送速率，防止数据包丢失；当系统的可用带宽增加时，可以尽快通知信源端提高发送速率，尽快地利用可用网络带宽，提高带宽利用率。

第三节 协同组播中共享拥塞链路的消除机制

基于速率的端到端的拥塞控制机制，通过对组播源节点和接收节点间的组播数据的流量速率的调节，避免在组播树的瓶颈节点产生拥塞，是一种"拥塞避免"机制。但在组播网络由于共享链路发生拥塞时，还需要"拥塞恢复"机制来使组播网络恢复正常。组播"拥塞恢复"机制可以通过调整组播网络的拓扑结构来消除拥塞共享链路。这种拥塞链路的产生是当组播树中的某个链路被多个组播会话共享时，当这些组播数据流的总带宽要求大于此链路所能提供的最大可用带宽时，就产生了共享链路拥塞。而当此种组播拥塞发生时，应及时调节组播树的拓扑结构，减少共享拥塞链路的通信量，从而达到拥塞控制的目的。因此，我们将从组播树的拓扑结构入手，在探知组播树共享拥塞链路发生的前提条件下，采用一种新算法来调整组播树的拓扑结构，在组播树代价得到保证的情况下消除共享拥塞链路，达到组播拥塞控制的目的。

一、共享拥塞链路的产生及其形式化描述

在基于 Overlay Network 应用层与网络层协同组播的网络中，由于组播端用户根据自身直接相连的路由器节点的情况，可以利用应用层组播来实行组播通信，而应用层组播实际上是利用网络的单播链路在端用户节点间转发与接收组播数据，因此，对于不同的端用户节点间的应用层组播通信路径可能要共享一段（或多段）底层物理链路；而在协同组播网络中，有些端用户因为之间连有组播路由器，可以通过网络层组播加入到协同组播网络中，而这些组播路由器也负责网络层普通数据的转发任务，因此，通过网络层组播链路加入协同组播的端用户也有可能与利用应用层组播的加入协同组播组的端用户间产生共享底层物理链路。而由于协同组播网络的扩展，当端用户数量增加时，可能在共享物理链路上转发的组播数据流也增多，当网络增加到一定规模时，共享链路中的数据所要求的总的带宽之和可能大于此物理链路所能够提供的最大带宽，从而导致此共享链路的拥塞，使它成为了协同组播的共享拥塞链路，影响协同组播的发送速率。

根据前文所述，设基于 Overlay Network 的协同组播网络模型为 $G_{ON} = (MV, H, E)$，其中元素 MV 为协同组播网络中网络层组播节点（组播路由器节点）的集合，H 为组播端用户节点的集合；元素 E 为覆盖网中链路的集合；对于节点 $m, n \in H$ 之间的链路 $e(m, n) \in E$ 有两个权值参数：$B(m, n)$ 和 $c(m, n)$，其中 $B(m, n)$ 代表此链路的可用带宽，$c(m, n)$ 代表链路代价。同时假设此网络为对称路由，即 $c(m, n) = c(n, m)$。对于两个节点 $u, v \in H$，两者之间的最短路径为两者之间的路径上链路的集合，即 $P_L(u, v) = \{(u, m_1), (m_1, m_2), ..., (n_i, v)\}$。

协同组播树是建立在覆盖网络 G_{ON} 之上的，由端用户节点集合 $H'(H' \in H)$ 组成，H' 为参加协同组播会话的端用户集合。协同组播树可以表示为集合 $T = \{e(u, v) | u, v \in H'\}$，其中集合 T 中的每一个元素 $e \in T$ 代表组播树上的一条边。在组播树 T 上与路径 P_L 的定义相似，$P_T(u, v) = \{(u, h_1), (h_1, h_2), ..., (h_i, v)\}$，$h \in H'$，$P_T(u, v) \in T$ 表示协同组播树上组播端用户节点 u, v 之间的组播数据转发路径。

若把同一链路上的组播数据看作由若干组播数据流组成，每个组播数据流代表一个组播会话。设组播数据流记为 f，则组播数据流的源节点为 $Src(f)$，目的节点为 $Snk(f)$，此数据流的流量速率记为 $Rate(f)$。设 $F(m, n)$ 表示通过同一个物理链路 $l(m, n) \in L$（L 表示协同组播网络中物理链路的集合）的数据流的集合，即 $F(m, n) = \{f | l(m, n) \in P_L(Src(f), Snk(f))\}$，若

$$B(m, n) < \sum_{f \in F(m,n)} Rate(f)，且 |F(m, n)| > 1，$$

则链路 $l(m, n)$ 为共享拥塞链路。其中符号 $|S|$ 代表集合 S 中元素的数目。

根据共享拥塞链路在协同组播网络中产生的位置不同，可以把共享拥塞链路分为两类：路径内共享拥塞链路和路径间共享拥塞链路，如图 5.6（a）所示，粗线箭头代表共享拥塞链路产生的位置。为了简化问题表述，设端用户节点 u_2 比 u_1 远离根节点，协同组播树上的两条边 $e(u_1, v_1)$，$e(u_2, v_2) \in T$ 和链路 $l(m, n) \in P_L(u_1, v_1) \bigcap P_L(u_2, v_2)$。如果 $e(u_1, v_1) \in P_T(r, u_2)$，则 $l(m, n)$ 称为协同组播径内共享拥塞链路；如果 $e(u_1, v_1) \notin P_T(r, u_2)$，则 $l(m, n)$ 称为协同组播路径间共享拥塞链路。当共享链路产生拥塞时，此时可以通过改变组播树的拓扑结构来减少共享拥塞

链路的组播数据流数量，从而降低共享拥塞链路的数据流量，缓解链路的拥塞情况，避免组播网络的崩溃，使组播网络的通信恢复正常。

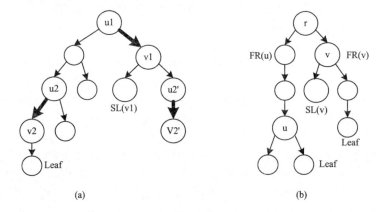

(a)   (b)

图 5.6 组播系统模型
Fig 5.6 The multicast system model

二、共享拥塞链路消除算法 SCLE

本算法 SCLE 的目标在于通过有限次的迭代运算，调整组播网络的拓扑结构，最终消除组播树中的共享拥塞链路，从而提高组播树的带宽利用率，消除数据拥塞。为描述算法方便，定义如下符号。

— $CL(u)$ 表示最靠近分枝树根节点 u 的叶子节点；

— $FR(u)$ 表示 u 所在组播树分枝的第一个分枝节点；

— $Parent(u)$ 表示 u 所在组播树分枝的上游父节点；

— $d(u,v)$ 表示组播树 T 上节点 u，v 之间的距离，即 $d(u,v)=|P_T(u,v)|$。

如图 5.6（b）所示一棵组播模型，其中 $r \in H$ 为组播组的源，$SL(v)$ 表示 v 节点所在分枝树的最近叶子节点，$FR(u)$ 和 $FR(v)$ 分别为节点 u 和 v 所在分枝树的第一分枝节点。对于节点 u，它的父节点 $Parent(u)$ 和所在的组播树分枝的第一分枝节点为不同的节点，而且这两个节点之间的其它节点只能够有一个子节点，而对于节点 $SL(v)$，它的父节点和它所在组播树分枝的第一分枝节点为同一个节点 v。

对于共享拥塞链路的消除，为了更加清晰、简单的对算法进行描述，可以根据对共享拥塞链路的分类，分别对路径间的共享拥塞链路和路径内的共享拥塞链路采取不同的算法，从而简化问题的复杂度。

（1）路径间共享拥塞链路的消除

路径间共享拥塞链路消除算法的基本思想，当组播树上两条路径有共享拥塞链路时，根据两条路径距离组播源节点的远近，把远离组播源节点的路径的组播树分枝从现有组播树中分离出来，把它连接在距离组播源较近的另一个组播树分枝上，通过这种方法，减少底层物理链路对相同组播数据的转发，减少组播树中间节点的输出数据量，避免引起新的拥塞链路。并且还要保证此分枝树在重新加入组播树后不能够比原来增加过多的层次，即距离组播源的距离不能过远；同时还要保证，在此分枝树重新加入组播树后，不产生新的共享拥塞链路。

对于图 5.6（a）中的组播树 T，当检测到此组播树 T 上两条边 $e(u_1,v_1)$ 和 $e(u_2,v_2)$ 存在路径间共享拥塞链路时，首先把远离根节点的边 $e(u_2,v_2)$ 从原组播树 T 中分离出来，然后把以 v_2 为根节点的组播分枝树重新连接到以 v_1 为根节点的组播分枝树上，形成新的组播树 T'。当原组播树 T 上 v_1 节点所在的组播分枝子树的最近叶子节点 $CL(v_1)$ 没有比节点 v_2 深，即在原组播树 T 中 $d(r,CL(v_1)) < d(r,v_2)$ 时，则选择此节点 $CL(v_1)$ 连接以 v_2 为根的分枝树，即 $CL(v_1)$ 成为 v_2 在新组播树 T' 中的父节点 $parent(v_2)$，通过这种方法可以避免增加组播树中间节点的输出数据量，避免引起新的拥塞链路。同时，为了不使组播树变的太深，应该避免把 v_2 连接到非常深的组播树节点上。因此，如果 v_1 的 $CL(v_1)$ 比 v_2 深，即 $d(r,CL(v_1)) > d(r,v_2)$，则应该将 v_2 所在的组播树分枝连接到节点 v_1 与 $CL(v_1)$ 路径上的一个中间节点上，并且使节点 v_2 的深度最多只增加一层。

当移走 v_2 的组播树分枝以后，如果 u_2 成为新组播树 T' 的叶子节点，则需要重新放置从 $FR(u_2)$ 到 u_2 的分枝，把 u_2 分枝连接到它所在分枝树的距离源节点最近的其它叶子点下，重新加入组播树。这是因为，如果把组播树 v_2 分枝移走以后产生了新的共享拥塞链路，即 v_2 所在组播树 T' 上的新分枝与 u_2 所在分枝产生了共享拥塞链路，则有可能需要把 v_2 的分枝再次分离，并且再次连接到 u_2 上，这将导致在 $e(u_1,v_1)$，$e(u_2,v_2)$ 之间产生振荡。因此当 u_2 变为叶子节点的时候，通过移动 u_2 节点所在的分枝将能够避免这种振荡的产生。而当 v_2 的组播树分离以后，如果 u_2 不是新组播树 T' 的叶子节点，则不需要移动此分枝，这是因为，即使此时产生了新的共享拥塞链路，但这时 v_2 所在分枝经分离后再连接到组播树时，将连接到 u_2 所在分枝的叶子节点，或者其它中间节点上，可以避免再次连接到 u_2 上，从而避免在 $e(u_1,v_1)$，$e(u_2,v_2)$ 之间产生振荡。这样通过有限次的迭代运算调整，必然消除路径间的共享拥塞链路，算法描述如下。

Algorithm 5.4 SCLE_Inter

Begin

  If $d(r,CL(v_1)) \geq d(r,v_2)$ then

    $h \leftarrow t,\{t\,|\,d(r,t) = d(r,v_2)\,,P_r(u_1,t) \subset P_r(u_1,CL(v_1))\}$;

  $T \leftarrow T \cup \{(h,v_2)\} - \{(u_2,v_2)\}$;

    Else

    $T \leftarrow T \cup \{CL(v_1),v_2)\} - \{(u_2,v_2)\}$;

    End if

  If u_2 is a leaf node after v_2 is removed then

  $x \leftarrow Parent(FR(u_2)),\ y \leftarrow FR(u_2)$;

  $c \leftarrow h,\{d(h,CL(h)) \leq d(i,CL(i))\ \ and\ \ \{h,i \in w\,|\,Parent(w) = x, w \neq y\}\}$;

  $T \leftarrow T \cup \{(CL(c),y)\} - \{(x,y)\}$

  End if

End

（2）路径内共享拥塞链路的消除

对于路径内共享拥塞链路的消除，相对于路径间的共享拥塞问题要更复杂，这是因为路径内产生共享拥塞链路的节点可能在拓扑结构上相互关联，在调整组播树分枝时，要避免新的拥塞链路的产生，同时还要保证组播树的代价不要增加过多。为讨论问题方便，假设节点 v_2 比 v_1 距离组播源更远。

当组播树的边 $e(u_1,v_1)$ 和 $e(u_2,v_2)$ 存在路径内共享拥塞链路时，其中的一种情况是节点 v_1 所在的组播树分枝的最近叶子节点 $CL(v_1)$ 可能是 v_2 或者是 v_2 所在组播树分枝的一个叶子节

119

点。如果 v_1 组播分枝树的最近叶子节点 $CL(v_1)$ 不在 v_2 的分枝上，则可以采用路径间拥塞链路消除算法解决这种情况，把 v_1 及其所在分枝连接到 u_1 的最近叶子节点 $CL(u_1)$。否则根据 v_1 和 v_2 之间是否存在分枝出现两种情况：

1）如果节点 v_1 和 v_2 之间存在分枝，且最短分枝的最近叶子节点 $CL(c)$ 的深度没有 v_2 深，则直接把 v_2 组播树分枝连接到 $CL(c)$ 上；如果最短分枝的最近叶子节点 $CL(c)$ 的深度比 v_2 深，则把 v_2 组播树分枝连接到中间节点 c 与 $CL(c)$ 之间路径上的一个节点上，并保证 v_2 节点所在组播树分枝的深度最多只增加一层。如果当 v_2 组播树分枝移走后，u_2 成为组播树的叶子节点，则与路径间共享链路消除算法相似，调整 u_2 的位置，避免产生拓扑结构的振荡变化。

2）如果在 v_1 和 v_2 之间不存在分枝，则把组播树的边 $e(u_1,v_1)$ 和 $e(u_2,v_2)$ 替换成 $e(u_1,u_2)$ 和 $e(v_1,v_2)$，同时把中间边的路由方向反过来，从而保证原有的路由代价不变，总的路由代价得到缩小。

通过上述方法，经过若干次迭代以后就可以消除路径内的共享拥塞链路，并且保证新组播树的深度不增加过多，从而使组播树的代价也不过多的增加，此算法描述如下。

Algorithm 5.5 SCLE_Intra

Begin

    If $FR(v_1) = FR(v_2)$ then

        $T \leftarrow T \cup \{(u_1,u_2),(v_1,v_2)\} - \{(u_1,v_1),(u_2,v_2)\}$;

    Else

    $x \leftarrow Parent(FR(v_2)), y \leftarrow FR(v_2)$;

    $c \leftarrow h, \{d(h,CL(h)) \le d(i,CL(i))$ and $\{h,i \in w \mid Parent(w) = x, w \ne y\}\}$;

    End if

    If $d(r,CL(c)) \le d(r,v_2)+1$ then

        $T \leftarrow T \cup \{(CL(c),v_2)\} - \{(u_2,v_2)\}$;

    Else

    $h \leftarrow t$, $\{t \mid d(r,t) = d(r,v_2)+1$ and $P_r(x,t) \subset P_r(x,CL(c))\}$;

        $T \leftarrow T \cup \{(h,v_2)\} - \{(u_2,v_2)\}$;

    End if

  If u_2 is a leaf after v_2 is removed   then

    $T \leftarrow T \cup \{(CL(c),y)\} - \{(x,y)\}$;

  End if

End

（3）算法收敛性分析

为了证明算法的收敛性，首先定义组播树的两个参数：叶子距离向量 D 和组播树总路由总代价 C。其中 $D = (d(r,u_1),d(r,u_2),...,d(r,u_k))$，$u_1,u_2...u_k \in Leaf(T)$，$Leaf(T)$ 为 T 的叶子节点集合，且当 $i < k$ 时 $d(r,u_i) < d(r,u_{i+1})$。对于两个叶子距离向量 D 和 D'，如果 $|D| \triangleright |D'|$ 或 $|D| \models |D'|$，则有 D 排序在 D' 前，即 $D \prec D'$。对于组播树路由总代价 C，它定义为组播树上所有边的代价的总和，即 $C = \sum_{(u,v) \in T} \sum_{(m,n) \in P_r(u,v)} c(m,n)$。

设 D 和 D' 是执行共享拥塞链路消除算法前和后的叶子距离向量，C 和 C' 是执行路径内共享拥塞链路消除算法前和后的组播树的总的代价，则有结论 $D \prec D'$ 或 $D = D'$ 且 $C > C'$。

证明：分析算法可知，每次执行算法后 v_2 都连接到 v_1 所在分枝的叶子节点上，从而使 $|D| > |D'|$，或者 v_2 都连接到 v_1 所在分枝的中间节点上，从而使 $|D| = |D'|$；当 u_2 成为叶子节点时，u_2 分枝将被移植到其它叶子节点下，从而保证此时 $|D| = |D'|$。因此，当执行算法后，有 $D \prec D'$。

当 v_1 和 v_2 之间没有分枝时，执行算法后边 $e(u_1, v_1)$ 和 $e(u_2, v_2)$ 替换成 $e(u_1, u_2)$ 和 $e(v_1, v_2)$，所以 $D = D'$。设 $P_L(u_1, v_1) = P_L(u_1, m) \bigcup \{(m, n)\} \bigcup P_L(n, v_1)$，$P_L(u_2, v_2) = P_L(u_2, m) \bigcup \{(m, n)\} \bigcup P_L(n, v_2)$，则此时这两个边的总代价为

$$C = \sum_{(x,y) \in P_L(u_1, m)} c(x, y) + c(m, n) + \sum_{(x,y) \in P_L(n, v_1)} c(x, y)$$
$$+ \sum_{(x,y) \in P_L(u_2, m)} c(x, y) + c(m, n) + \sum_{(x,y) \in P_L(n, v_2)} c(x, y)$$

当执行完此算法后，因为 $P_L(u_1, u_2)$ 为 u_1 和 u_2 间的最短路径，所以有

$$\sum_{(x,y) \in P_L(u_1, m)} c(x, y) + \sum_{(x,y) \in P_L(u_2, m)} c(x, y) \geq \sum_{(x,y) \in P_L(u_1, u_2)} c(x, y),$$

同理有

$$\sum_{(x,y) \in P_L(n, v_1)} c(x, y) + \sum_{(x,y) \in P_L(n, v_2)} c(x, y) \geq \sum_{(x,y) \in P_L(v_1, v_2)} c(x, y),$$

又因为 $c(m, n) > 0$，所以，当执行完此算法后 $D = D'$ 且 $C > C'$。综上所述有结论 $D \prec D'$ 或 $D = D'$ 且 $C > C'$。证毕。

通过迭代执行路径内或路径间共享拥塞链路消除算法后，在有限次迭代后所有的共享拥塞链路将被消除。

证明：如果在组播树内存在一个路径间或路径内共享拥塞链路，可以通过执行一次路径内或路径间共享拥塞链路消除算法来消除此共享拥塞链路。由引理 5.3.1 可知，每次执行算法后都改变了叶子距离向量 D，或者是保持叶子距离向量不变的前提下，减少了组播树路由总代价 C。对于组播树叶子距离向量 D，有且仅有限个数的叶子距离向量使 $D \prec D'$；同理组播树总代价 C，有且仅有一个最小代价 C'。因此，通过有限次迭代执行此算法，必然收敛到一个最终的值 D' 和 C'，从而保证通过有限次迭代执行路径内或路径间共享拥塞链路消除算法后，最终消除了共享拥塞链路。证毕。

三、仿真模拟及分析

为了验证 SCLE 算法的性能，分别对组播树的时延和链路负载率进行性能评价。定义两个组播树性能的评价指标，具体如下：

RDP（相对时延率）：为组播树从根节点到目的节点的时延与单播条件下的时延之比。

LLR（链路负载率）：为组播数据流所需带宽与真实链路可用带宽之比。

在仿真实验环境的建立中，随机产生网络拓扑模型，边连接的概率采用 Waxman 模型（取 $\alpha = 0.5$，$\beta = 0.5$）。假设相连节点之间的通信时延正比于它们之间的距离且任意两个节点之间的通信采用时延最短路径路由，在此基础上运行相应的组播树算法，并进行性能评价。为了验证 SCLE 算法的有效性，将其与基于时延的组播路由算法（DHT），和基于带宽的组播路由算法相比较（BHT）。图 5.7 和图 5.8 分别给出了 RDP 和 LLR 指标与组播组成员 n 的关系曲线。

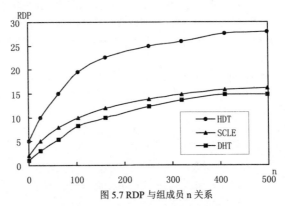

图 5.7 RDP 与组成员 n 关系

Fig 5.7 Relation of the RDP with the group number n

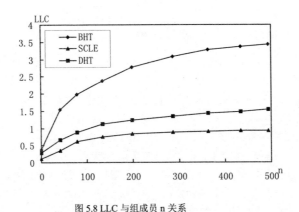

图 5.8 LLC 与组成员 n 关系

Fig 5.8 Relation of the LLC with the group number n

从图 5.7 可以看出，对于不同的组成员数 n，SCLE 和 DHT 算法所求得的 RDP 较 BHT 算法具有明显的下降。这是应为 BHT 算法只考虑了带宽因素，而 SCLE 算法还考虑到组播树的深度问题，因此延迟增长的不是很多。而从图 5.8 中可以看到，SCLE 算法比其它两种算法有较好的链路利用率，其中 DHT 算法最差，这是因为它只考虑了延迟最小的链路，而忽略了带宽因素。以上实验结果表明，SCLE 算法由于综合考虑了带宽利用率，和组播树的深度问题，在不大幅度增加组播树的深度（避免节点的时延增大过多）的前提下提高了带宽利用率，消除了共享拥塞链路。

第四节　协同组播的组播树恢复问题研究

根据前文对组播拥塞控制的介绍论述可知，一般组播拥塞控制都采用"拥塞避免"或"拥塞恢复"机制。前者通过"预防"机制，在拥塞发生之前提前进行控制，从而达到避免拥塞的目的；而后者是在拥塞发生之后，根据已经发生的拥塞状态进行控制，从而达到降低拥塞程度，最终消除拥塞的目的。但是，因为某些非正常状态的特殊原因（例如节点失效，链路中断等）可能产生的拥塞将导致组播树的分裂，这时是不能简单地通过上述拥塞控制方法使节点从拥塞状态恢复到正常状态，而应该采用一种新的方法，使脱离组播树的节点（或组播树分枝）重新连接到组播树上，并且要保证组播树的性能不受到过大的影响，不过多增加组播树的代价。因此本节将就协同组播树的恢复问题进行深入的讨论与分析，并提出协同组播的组播树恢复的基本机制；针对协同组播网络中节点部署的特点，对不满足时延约束的特殊分离节点，利用网络中已有的组播代理节点来实现分离节点重新连入组播树的目的，提出一种基于拉格朗日松弛方法的组播树分裂恢复算法，把一个复杂问题分解为几个简单问题，然后逐一进行求解，在验证综合解的可行性的基础上，得到原始问题的最终目的解。

一、协同组播树恢复机制

在一般得应用层组播系统中，存在两种拓扑结构，一种是控制拓扑，另一种是数据拓扑。在控制拓扑中的组成员周期性的交互刷新消息以相互标识身份并从节点失效中恢复。而数据拓扑通常是控制拓扑的子集，他用于标识组播转发时使用的数据路径。一般来说，数据拓扑是一棵树，而控制拓扑则具有更一般的结构。因此在许多协议中，控制拓扑被称为网（mesh）而数据拓扑被称为树。在基于树的策略中直接采用分布式算法构造数据转发树。然后，每个组成员都主动发现一些并不是自己邻居节点的组播树中的其它节点并和这些节点保持控制连接。在基于树的策略中，数据转发树加上这些额外的连接就构成了控制拓扑。

本书协同组播中由于具有应用层组播的特性，因此可以采用基于树的策略，即先建立数据转发树，然后在此数据转发树的基础上构造控制拓扑（mesh）。在控制拓扑中每个应用层节点都保留一定的它的基于 Overlay Network 的邻居节点状态信息(此邻居节点为非协同组播树上此节点的父或子节点)。当此节点的父节点失效时（正常退出或故障退出），它应根据自己所保留的邻居节点状态信息以及所收到的祖父节点的状态信息（父节点正常退出时可收到)，选择距离自己较近代价较小的并满足约束条件的节点作为其在协同组播树上新的父节点，从而重新加入到协同组播组中，恢复协同组播树的拓扑结构。

对于采用静态路由算法所构造的协同组播树，应该每当网络拓扑结构发生变化时都重新计算一次协同组播树。虽然这种方法能够使组播树的性能最优，但由于组播端用户所固有的动态性，必然导致组播树的振荡，不利于协同组播的应用。而在动态算法中已经考虑到了节点的变化，因此能够很好地适应网络拓扑结构的变化。因此在静态算法中采用动态算法的思想，利用协同组播的控制拓扑，在一定时间或范围内允许组播树拓扑结构的变化，以适应应用层节点的动态变化的要求。而当此变化超过一定时间或范围后可以利用静态算法重新再计算一次组播树的拓扑结构，从而在组播树性能和应用层节点动态变化要求之间做出一定的平衡，利于协同组播的扩展。

二、基于时延约束的组播树分裂恢复问题模型

在协同组播网络中，组播组端用户可以利用网络层组播或应用层组播加入到协同组播组中，而网络层组播的转发节点由组播路由器组成，它们相对于应用层组播节点（组播端用户或组播代理节点）具有更好的稳定性和性能，而且一旦此类节点出现问题时，一般有相应的冗余技术来保证网络层数据的正常转发；而对于应用层组播节点则相反，由于应用层组播是由应用层节点在自组织的覆盖网的基础上来实现组播功能，因此一旦在组播组中节点失效将导致原始组播树的分裂，所以必然需要一种恢复机制来使组播组恢复到正常的

工作状态。

因此，我们考虑协同组播中应用层节点失效将导致的问题，并把网络层组播的链路进行抽象提取，表示成应用层节点之间的链路，如图 5.9（a）所示（实线代表组播树）。由于组播端用户的不稳定性，当个别节点突然失效时，必然导致原始组播树的分裂，尤其是当具有较多子节点的关键节点失效时必然对组播树的性能产生很大的影响。如图 5.9（a）中 m 节点的失效，必然产生 3 个分裂的组播树分枝（图 5.9（a）中 A、B、C 组播树分枝域）。此时可以采用上节介绍的组播树恢复机制，把组播树分枝重新连接到组播树上。但是由于原有组播树节点的度约束，组播树分裂恢复后一些分裂分枝节点的时延约束可能得不到满足（或降低很多），组播树效率降低，如图 5.9（a）中（虚线代表恢复分枝）$a1$ 节点受度约束限制只能连接到 $b2$ 节点上，从而导致 $a2$ 节点的时延约束得不到满足（或降低很多）。

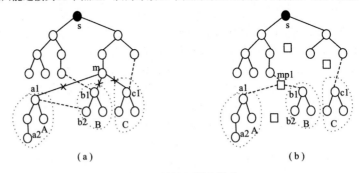

图 5.9 组播树分裂恢复模型

Fig 5.9 The recovery multicast model from divided tree

为了解决上述组播树分裂恢复问题，可以利用已经在协同组播网络中布置的组播代理节点。由于在部署组播代理节点时已经考虑到让所有的组播代理节点能够覆盖应用层节点，从而能够为这些应用层节点提供代理功能。因此，可以通过这些性能更加优越的组播代理节点，让不能满足时延约束的分裂分枝节点通过新的组播代理节点重新加入到组播树中，从而保证这些节点的时延约束条件。如图 5.9（b）所示，节点 $a1$ 和 $b1$ 连接到新组播代理节点 $mp1$ 上，通过 $mp1$ 重新加入到组播树中，从而使组播树上的节点在满足节点度约束的同时也满足时延约束。这些新组播代理节点具有较高的度约束及处理能力，他们的分布可以覆盖所有的分裂分枝节点，从而保证组播树恢复后的效率。

（1）协同组播树分裂恢复问题模型描述

协同组播树是构造在协同组播覆盖网上的，设基于 Overlay Network 的协同组播网络模型为 $G_{ON} = (MV, H, E)$，其中元素 MV 为协同组播网络中网络层组播节点（组播路由器节点）的集合，H 为组播端用户节点的集合；元素 E 为覆盖网中链路的集合；在抽象网络层组播链路的基础上，协同组播树可以表示为 $T = (V_T, E_T)$，其中 $V_T \subset H$ 是组播节点的集合，$E_T \subset E$ 是组播树上链路的集合。设 $Q \subset V_T$ 是组播树分裂后分裂分枝的节点集合，如图 5.9 中 A、B、C 区域中的节点。对于节点 $d \subset Q$，组播源 s 到 d 的路径 $P(s,d)$ 可表示为 $P(s,d) = \{e(i,j) | e(i,j) \in E\}$，其中 $e(i,j)$ 表示从源 s 到 d 路径上的链路，如图 5.9（b）中虚线所示的路径与链路。设变量 x_{ij}^d 当 $e(i,j)$ 为源 s 到 d 路径上的链路时为 1，否则为 0，从而对于

组播树节点存在如下关系。即：

$$x_{ij}^d = \begin{cases} 1 & \text{当} e(i,j) \in P(s,d) \\ 0 & \text{当} e(i,j) \notin P(s,d) \end{cases}$$

其中变量 x_{ij}^d 对于组播树中的不同节点有如下关系：

$(a).$ $\sum_{j \neq i} x_{ij}^d - \sum_{j \neq i} x_{ji}^d = 1$ 　　　当 $i = s$ 且 $d \in Q$

$(b).$ $\sum_{j \neq i} x_{ij}^d - \sum_{j \neq i} x_{ji}^d = 0$ 　　　当 $i \in \{v | v \in V \text{且} v \neq s, v \neq d\}$ 且 $d \in Q$

$(c).$ $\sum_{j \neq i} x_{ij}^d - \sum_{j \neq i} x_{ji}^d = -1$ 　　当 $i = d$ 且 $d \in Q$

它们表示路径 $P(s,d)$ 上各节点的特性：（a）当路径上节点为源节点时，它只有一条输出链路；（c）为目的节点时只有一条输入链路；（b）而为路径上的中间节点时输入和输出链路数相等。

在组播树分裂恢复方法中，由于新组播代理节点的加入，增加了组播树代价，这包括新组播代理节点的代价和新添加的链路的代价。因此在考虑如何选取新组播代理节点时，以增加最小组播树代价为目标。同时，因为协同组播树的端用户节点的处理能力有限，因此在选取节点时还要考虑节点的度约束问题；还有为了满足端用户应用的需要，端到端的时延约束也是考虑的条件。由于采用新组播代理节点进行组播树恢复时，在原始组播树中添加了新的组播链路，因此要对新路径中链路共享的子节点的数目进行约束，避免网络负载过于集中在此链路上，使此链路成为瓶颈节点，从而达到平衡网络负载的目的。因此，根据以上对采用组播代理节点进行组播树分裂恢复方法的论述，可以得到协同组播树分裂恢复问题的数学模型如下。

问题的目标函数为：

$$Min(\sum_{e(i,j) \in E_T} c_{ij} y_{ij} + \sum_{i \in B} h_i z_i)$$

其中 c_{ij} 和 h_i 为链路和节点代价，y_{ij} 表示为 $e(i,j)$ 为新路径的链路时为 1，否则为 0，z_i 表示新组播服务节点被选取时为 1，否则为 0，$B \subset V$ 为备选新组播服务节点。

问题的约束条件为：

(a) $\sum_{j \neq i} x_{ij}^d - \sum_{j \neq i} x_{ji}^d = 1$ 　　　当 $i = s$ 且 $d \in Q$

(b) $\sum_{j \neq i} x_{ij}^d - \sum_{j \neq i} x_{ji}^d = 0$ 　　　当 $i \in \{v | v \in V \text{且} v \neq s, v \neq d\}$ 且 $d \in Q$

(c) $\sum_{j \neq i} x_{ij}^d - \sum_{j \neq i} x_{ji}^d = -1$ 　　当 $i = d$ 且 $d \in Q$

(d) $\sum_{i \neq j} y_{ij} \leq u_i z_i$ 　　　　　　　$i \in V$

(e) $\sum_{e(i,j) \in P(s,d)} de_{ij} x_{ij}^d \leq D$ 　　$i,j \in V$ 且 $d \in Q$

(f) $\sum_{d \in Q} x_{ij}^d \leq K y_{ij}$ 　　　　　$l(i,j) \in P(s,d)$

上述公式中，u_i 为节点 i 的度约束，de_{ij} 为链路 $e(i,j)$ 的时延，而 D 为路径 $P(s,d)$ 的时延约束，K 为链路共享约束。公式（d）（e）和（f）分别代表协同组播树上端用户节点的度约束、端到端时延约束和链路共享约束。

根据上述对问题的模型描述可以看出，带约束条件的组播树分裂恢复问题是复杂整数规划问题，是一个 NP 难问题，因此很难直接求出其解。通过分析问题的约束条件可知，约束条件（a）（b）和（c）是最短路径问题的约束条件，而约束（d）（e）和（f）是松弛约束条件，因此可以采用拉格朗日松弛方法来解决这种松弛问题。拉格朗日松弛方法的基本思想就是把复杂问题的一些约束条件引入到目标函数中，从而减少约束条件，降低目标函数的复杂度。

（2）组播树分裂恢复问题分解

根据对协同组播树分裂恢复问题的分析可知，原问题虽然是整数规划问题，但它具有最短路径问题的约束条件，因此可以利用这种特点，采用拉格朗日松弛方法把它的松弛约束条件（d）（e）和（f）引入到目标函数中，从而减少问题的约束条件，降低问题的复杂度，把原来复杂的问题转化为一个最短路径问题，从而易于问题的求解。因此根据拉格朗日松弛方法可以得到：

P_L 问题的目标函数为：

$$Min\ Z(\lambda) = \sum_{e(i,j)\in Er} c_{ij}y_{ij} + \sum_{i\in B} hz_i + \sum_{i\in E} \lambda_1(\sum_{j\in E} y_{ij} - u_i z_i)$$
$$+ \sum_{d\in Q} \lambda_2(\sum_{e(i,j)\in Er} d_{ij}x_{ij}^d - D) + \sum_{d\in Q} \lambda_3(\sum_{e(i,j)\in Er} x_{ij}^d - Ky_{ij})$$

其中 λ_1、λ_2 和 λ_3 分别为约束条件在引入原目标函数后的（d）（e）和（f）条件所对应的拉格朗日乘数，它限制各个约束条件对原目标函数的影响强度。

P_L 问题的约束条件减少为只有：

$$\sum_{j\neq i} x_{ij}^d - \sum_{j\neq i} x_{ji}^d = 1 \qquad 当 i = s 且 d \in Q$$
$$\sum_{j\neq i} x_{ij}^d - \sum_{j\neq i} x_{ji}^d = 0 \qquad 当 i \in \{v|v \in V 且 v \neq s, v \neq d\} 且 d \in Q$$
$$\sum_{j\neq i} x_{ij}^d - \sum_{j\neq i} x_{ji}^d = -1 \qquad 当 i = d 且 d \in Q$$

对新目标函数进行整理得：

$$Min\ Z(\lambda) = \sum_{d\in Q}(\sum_{e(i,j)\in E}(\lambda_2 d_{ij} + \lambda_3)x_{ij}^d - \lambda_2 D) + \sum_{e(i,j)\in Er}(c_{ij} + \lambda_1 - \lambda_3 K)y_{ij}$$
$$+ \sum_{i\in B}(h_i - \lambda_1 u_i)z_i$$

其中 λ_1、λ_2 和 λ_3 分别为约束（d）（e）和（f）对应的拉格朗日乘数，因此根据整理后的目标函数，原组播树分裂恢复问题 P_L 可以被分解为三个子问题函数 P_{L1}、P_{L2} 和 P_{L3}，它们的表达式如下：

$$P_{L1}: \begin{cases} Min \sum_{d\in Q}(\sum_{e(i,j)\in E}(\lambda_2 d_{ij} + \lambda_3)x_{ij}^d - \lambda_2 D) \\ s.t. \quad \sum_{j\neq i} x_{ij}^d - \sum_{j\neq i} x_{ji}^d = 1 \qquad 当 i = s 且 d \in Q \\ \quad \sum_{j\neq i} x_{ij}^d - \sum_{j\neq i} x_{ji}^d = 0 \qquad 当 i \in \{v|v \in V 且 v \neq s, v \neq d\} 且 d \in Q \\ \quad \sum_{j\neq i} x_{ij}^d - \sum_{j\neq i} x_{ji}^d = -1 \qquad 当 i = d 且 d \in Q \end{cases}$$

$$P_{L2}: Min \sum_{e(i,j)\in Er}(c_{ij} + \lambda_1 - \lambda_3 K)y_{ij}$$

$$P_{L3}: Min \sum_{i\in B}(h_i - \lambda_1 u_i)z_i$$

上述三个子问题中，P_{L1} 为最短路径问题，它包含有原问题的约束条件，而问题 P_{L2} 和 P_{L3} 为无约束条件的求最小值问题，因此原问题被分解为三个不相关的子问题，而且这些子问题的难度都低于原始问题的复杂度，较易于分别对其进行求解。因此，原问题的复杂度得到了降低，减少了构造算法的难度。

三、基于时延约束的组播树分裂恢复算法 MTDR

对于原组播树分裂恢复问题 P_t 的求解，可以分别从求解该问题的三个子问题入手，在求得三个子问题的基础上得到 P_t 问题的最终解。对于子问题 P_{t1}，根据 P_{t1} 问题的描述可知，由于其是一个最短路径问题，因此可以采用经典算法，求解出脱离组播树的节点 d 经过新组播代理节点重新连接到原组播树的最短路径。

对于子问题 P_{t2}，从公式形式上可以看出，它是一个无约束的求最小值问题。分析此公式可知，当 y_{ij} 的系数为负数时，因为 y_{ij} 的取值为 0 或 1，如果当 $y_{ij}=1$，则此时的求得的解能够使目标函数值最小，且此最小值为 y_{ij} 的系数；而当 y_{ij} 的系数为正数时，如果当 $y_{ij}=0$，则此时的解能够使目标函数的值为最小，且此时最小值为 0。因此设 $\gamma=c_{ij}+\lambda_1-\lambda_3 K$，根据上述论述，则有

$$P_{t2}(\lambda)=\begin{cases}\gamma & \text{当}\gamma>0,\ \text{则}y_{ij}=1\\0 & \text{当}\gamma\leq0,\ \text{则}y_{ij}=0\end{cases}$$

对于子问题 P_{t3}，也是一个无约束的求最小值问题，同理根据问题 P_{t2} 的求解分析可知，当 z_i 的系数为负数时，如果 $z_i=1$，则此时的求得的解为目标函数最小值，且此最小值为 z_i 的系数；而当 z_i 的系数为正数时，如果 $z_i=0$，则此时的解能够使目标函数的值为最小，且此时最小值为 0。因此设 $\varphi=h-\lambda_4 u_i$，则有

$$P_{t3}(\lambda)=\begin{cases}\varphi & \text{当}\varphi>0,\ \text{则}z_i=1\\0 & \text{当}\varphi\leq0,\ \text{则}z_i=0\end{cases}$$

根据拉格朗日松弛理论可知，对利用拉格朗日松弛方法分解问题求得的解不能够保证是原问题的可行解，因此需要对分解的子问题求的解进行可行性验证。对于 P_t 问题就是在求得其分解后问题 P_{t1}、P_{t2} 和 P_{t3} 子问题的解后，需要把此解转换成组播树形式，如果此解转换的组播树是一个包含虽有端用户的连通的组播树，则此解是问题的一个可行解；而如果此解构造的组播树不包含所有的端用户，或者组播树不是连通的，则此解不是问题的一个可行解，需要重新计算求原问题的可行解。

对于 λ 值的选取，初始条件下根据经验设定初始值，然后每次迭代对 λ 值进行修改，当满足迭代次数或者目标函数值 $Z(\lambda)$ 在规定的步数内变化不超过一个给定的极小值 ε，这时就认为目标函数值不可能再变化，可以停止运算，则此时的解为目标函数的最优解（或近似最优解）。算法可以描述如下：

Algorithm 5.6 MTDR

Begin

    Step1: Use Dijkstra algorithm to compute x_{ij}^m for rejoin node m to find a new path $p(m)$ to rejoin the multicast tree.

Step2: for all i and j

$y_{ij}=0$, $z_i=0$.

Step3: If $\sum_m x_{ij}\geq1$, then $y_{ij}=1$.

    If $(y_{ij}=1)$ and $(i\in p(m))$, then $z_i=1$.

      If $(y_{ij}=1)$ and $(j\in p(m))$, then $z_j=1$.

Step4: Check feasibility for each node m.

    If the solution is feasible for all node m, then Goto Setp5.

        Otherwise, update the network for feasible node m and compute Dijkstra's algorithm to recomputed x_{ij}^m for infeasible node m .Goto Step 1.

Step5: If $p(m)$ has lower cost then $p'(m)$, then $p'(m)$ is removed from the current solution, and $p(m)$ is added to the current solution.

If termination criterion is not satisfied, then

While all rejoin nodes are not searched,

Select a rejoin node $m \leftarrow m'$ that is not searched. Goto Step1.

Otherwise, Stop.

End

算法时间复杂度分析

由于一般最短路径算法的时间复杂度为 $O(N^2)$ ，对于有 $|Q|$ 个节点要加入组播树，每一次迭代都要计算一次最短路径，则算法的复杂度为 $O(|Q|N^2)$ 。由于在采用拉格朗日松弛分解法 MTDR 算法求解问题时，可能产生不可行解，因此需要重新进行原问题的求解。设经过 n 次重新计算后求得原问题的最优解，则此时 MTDR 算法的时间复杂度为 $O(n|Q|N^2)$ 。

四、仿真模拟及分析

为了验证协同组播树分裂恢复算法的性能，采用 MATLAB7.0 作为仿真工具，分别对具有 40 和 80 端用户节点的组播网络进行仿真实验。在仿真环境中，节点间的链路采用随机生成的方法，并保证仿真网络为全连通网络。网络链路的时延代价为一定范围的随机整数，并且每个节点的度约束指定为 $[1,n/2]$ 之间的一个随机整数。仿真实验中，失效节点随机产生，并保证此节点的失效能够使组播树产生分裂分枝。

表 5.1 不同约束条件下目标函数值

Table 5.1 The object function value with different constrains

40 节点	时延,度约束	10,3	10,5	10,8	20,3	20,5	20,8
	目标函数	126	121	116	112	109	106
80 节点	时延,度约束	15,5	15,10	15,15	25,5	25,10	25,15
	目标函数	206	194	185	174	171	168

为了评价算法性能，分别对不同规模的网络在不同时延和度约束条件下求得的目标函数值，即组播树的最小代价进行比较，如表 5.1 所示，从表中可以看出，在约束条件放宽条件下求得的最小代价越小，而且目标函数值对时延约束要比度约束敏感，网络规模增大，代价也相应的增加。

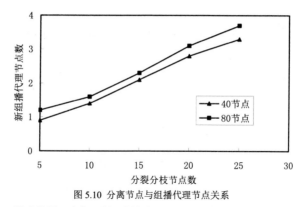

图 5.10 分离节点与组播代理节点关系

Fig 5.10 The relation of the divided nodes with the multicast proxy node

为了发现分裂分枝节点规模与所需新组播代理节点数目的关系，对不同网络规模下，组播树分裂分枝节点与所需新组播代理节点进行了仿真，仿真结果如图 5.10 所示。从此图中可以看出，随着分裂节点的增多，所需新组播服务节点数目也在增多，而且组播网络规模越大需要的新组播服务节点数目也就越多，这是因为组播代理节点的部署跟端用户节点的分布有关系，而且组播代理节点也受到自身的度约束，因此当网络规模增大时，也需要增加相应的节点，从而能够覆盖全部的端用户。

本章深入分析和研究了协同组播的拥塞控制问题，分别从"拥塞避免"和"拥塞恢复"两个方面提出了协同组播的拥塞控制机制。在"拥塞避免"方面，利用现代控制理论的原理，采用经典 PID 控制方案，提出一种基于速率的闭环控制机制，通过从接收端用户获得组播系统瓶颈节点的动态缓存变化信息，动态的调节发送端的发送速率，从而保证组播系统传输速率的稳定，避免在节点发生拥塞。同时利用组播树中间转发节点对反馈信息进行聚集，避免发生"反馈风暴"问题。并利用 Routh－Hurwitz 标准证明了此方案的有效性，仿真实验表明，此方案能够保证在系统的带宽利用率的前提下，避免在瓶颈节点发生拥塞。

在"拥塞恢复"方面，针对协同组播系统端用户利用应用层组播进行通信时所带来的共享链路拥塞问题，提出一种消除共享拥塞链路的机制。在把共享拥塞链路分为路径间和路径内的共享拥塞基础上，分别就此两种情况提出相应的共享链路消除算法。通过采用此算法，经过有限次的迭代运算，最终消除系统的共享拥塞链路。

最后，针对协同组播端用户节点的不稳定性，对由于协同组播端用户失效所带来的组播树分裂问题进行了研究。提出协同组播树恢复的基本机制，并利用协同组播网络中已经部署的组播代理节点性能的优越性，在分裂节点通过其它端用户再次接入组播树不能满足时延约束条件的情况下，提出利用组播代理节点重新接入组播树的方法，从而保证分离节点的时延和度约束得到满足，并且减小组播树代价的增加，从而利于协同组播系统的扩展。

第六章 基于Overlay Network 协同组播安全问题研究

本章针对基于Overlay Network协同组播的安全问题，分别从组播源的认证和密钥的分配方案入手，研究了协同组播的基本安全问题。提出基于认证矩阵的高效组播源认证方案，以解决组播通信数据包丢失对源认证的影响。利用协同组播树拓扑结构特点，提出基于分层结构的密钥分配方案，解决协同组播的动态安全性问题。

第一节 引言

网络的开放性严重地影响着组播的安全，同时组播系统的复杂结构、网络的开放性和内部参数的动态性等都给组播的安全带来了很大威胁。组播通信比单播通信有更大的安全风险。组播通信技术没有专门对组播中成员资格进行限制，且组播的组地址的公开性，使得其很容易遭受到伪造合法成员的攻击；组播报文的明文传输及传输的广泛性使其更容易遭受拦截和窃听。

基于 Overlay Network 应用层与网络层协同组播中，组播组的成员有大量的应用层节点（组播端用户等），而应用层节点相对于网络层节点的不稳定性，系统易受攻击性等都给协同组播的安全带来了风险，因此协同组播也具有传统组播技术的安全风险问题。目前，组播安全所面临的主要问题是组播源认证和组播密钥管理。因此基于协同组播的特点，分别对其组播源认证方案和组播密钥分配方案进行了研究。

第二节 基于Overlay Network 协同组播源认证方案研究

组播源的身份验证，是一个不容忽视的问题，用户需要确定信息的来源是正确的而不是经过伪造篡改，同时也进一步防止信息发送者的否认性。组播源认证的主要要求有：（1）可认证性，数据接收者可以验证数据发起者的身份；（2）完整性，数据接收者可验证接收的数据未被修改过；（3）不可否认性，数据发起者不能否认相应的数据是他发出的；（4）效率，发送数据和接收数据需要的计算时间代价、通信代价和存储代价较小。本书针对协同组播通信一般采用不可靠传输的特性，提出一种能在部分数据包丢失的情况下依然能够进行组播源认证的方案 CMAS，然后在签名安全定义下，证明了该方案的安全性。

一、协同组播源认证矩阵

组播源认证矩阵是认证方案的基础部分，通过此矩阵可以验证接收者收到的组播数据包是否为从数据源发送而来的未经篡改的数据，从而完成组播源的认证工作，通过构造合理的认证矩阵解决组播通信中由于不可靠传输所带来的包丢失问题对源认证的影响。

首先论述几个概念：

抗碰撞函数：称一个可有效计算函数 $H: M \rightarrow \{0,1\}^l$ 是抗碰撞的，如果对选取的 $m_0 \in M$（$M \subseteq \{0,1\}^l$），任何攻击者可以找到 $m \neq m_0$，使得 $H(m) \neq H(m_0)$ 的概率可忽略。通常的 Hash 函数和 MAC 函数都是这一类函数。

单比特伪随机函数：只有一个比特输出的伪随机函数。

假设 $F = \{f_i\}_{i \in A}$ 是伪随机函数簇，其中，每个 $f_i: M \rightarrow \{0,1\}$ 是单比特伪随机函数，那么具有如下性质：

（1）对 $m \in M$，设 $\Pr(f(m) = f(m'))$ 表示多项式能力攻击者可选取 $m' \in M$，使得 $m' \neq m$ 并且 $f(m) = f(m')$ 的概率有 $\Pr(f(m) = f(m')) < 1/2 + \varepsilon$，这里 ε 可忽略。

（2）对任何 $i \neq j$，函数 f_i 与 f_j 不相关。

令 f 是由 M 到 $\{0,1\}$ 的伪随机函数，记 $f(x,y) = f(x|y)$，$(x,y \in M)$。

设 $x_1, x_2, \cdots, x_n, y_1, y_2, \cdots, y_m \in M$，规定"矩阵乘法运算"函数 F 为：

$$F\left[\begin{bmatrix} x_1 \\ x_2 \\ \vdots \\ x_n \end{bmatrix}(y_1 y_2 \cdots y_m)\right] = \begin{bmatrix} f_{11}(x_1, y_1) & f_{12}(x_1, y_2) & \cdots & f_{1m}(x_1, y_m) \\ f_{21}(x_2, y_1) & f_{22}(x_2, y_2) & \cdots & f_{2m}(x_2, y_m) \\ \vdots & \vdots & & \vdots \\ f_{n1}(x_n, y_1) & f_{n2}(x_n, y_2) & \cdots & f_{nm}(x_n, y_m) \end{bmatrix}$$

简记作 $F(X,Y) = \{f_{ij}\}, (i = 1,2,\cdots n; j = 1,2,\cdots, m)$。这里 $X = (x_1, x_2, \cdots, x_n)$，$Y = (y_1, y_2, \cdots, y_m)$，$f_{ij} \in F$ 是上述的单比特伪随机函数。

$F = \{f_{ij}\}$ 是定义 6.2.1 中所描述的单比特伪随机函数簇。令 $C = (c_{ij})_{n \times m}$ 是布尔矩阵，$c_{ij} \in \{0,1\}$，那么对任何多项式计算能力攻击者，可求出 $\alpha = (a_1, a_2, \cdots, a_n)$ 和 $\beta = (b_1, b_2, \cdots, b_m)$，$a_i, b_j \in M$，使得 $F(\alpha, \beta) = C$ 的概率可以忽略。

证明：伪随机函数 F 的性质，意味着对多项式计算能力主体只能通过试验求出 $X = (x_1, x_2, \cdots, x_n)$ 和 $Y = (y_1, y_2, \cdots, y_m)$ 使得 $F(X,Y) = C$。令 $w = 1/2 + \varepsilon$，不失一般性，假设 $n \leq m$，那么只需证明当攻击者试验次数为 l，则成功概率 $q \leq l w^n$，即证明了本定理。显然，攻击者试验 1 次，可以看作是选取 X_0, Y_0，验证 $F(X_0, Y_0) = C$ 是否成立。假设事件 A_s 表示攻击者第 s 次试验成功，即选取 $X^s = (x_1^s, x_2^s, \cdots, x_n^s)$，$Y^s = (y_1^s, y_2^s, \cdots, y_m^s)$ 使得 $F(X^s, Y^s) = C$ 成立，那么，当试验次数为 l 时，至少有 1 次成功的概率为 $q = \sum_{s=2}^{l} \Pr(A_s | A_{s-1}, \cdots, A_1) + \Pr(A_1)$。由函数 f_{ij} 的随机性，

显然 $\Pr(A_1) = w^{mn}$。所以，只需要证明 $\Pr(A_s | A_{s-1}, \cdots, A_1) \leq w^n$，则 $q < (l-1)w^n + w^{mn} \leq l w^n$。

由于第 s 次试验与前面的试验时间不是相互独立的，必须考虑事件 A_s 与 $A_{s-1}, \cdots, A_1$ 的关系。由伪随机函数 f_{ij} 的性质可知，在第 s 次试验中，如果攻击者选取的 (x_i^s, y_j^s) 在前面的试验中没有出现，即 $(x_i^s, y_j^s) \neq (x_i^t, y_j^t), t < s$，那么使得 $f_{ij}(x_i^s, y_j^s) = c_{ij}$ 成立概率为 w，记作 $\Pr(f_{ij}(x_i^s, y_j^s) = c_{ij}) = w$。下面分两种情况进行讨论：

（1）若在 $x_1^s, x_2^s, \cdots, x_n^s, y_1^s, y_2^s, \cdots, y_m^s$ 中至少有一个变量 x_i^s（或 y_j^s）在以前试验中没有出现，这时 $f_{i1}(x_i^s, y_1^s), \cdots f_{im}(x_i^s, y_m^s)$ 在前面的试验中没有被计算，故

$$\Pr(f_{i1}(x_i^s, y_1^s) = c_{i1}) = w, \cdots \Pr(f_{im}(x_i^s, y_m^s) = c_{im}) = w,$$

从而得到

$$\Pr(A_s | A_{s-1}, \cdots, A_1) \leq \Pr(f_{i1}(x_i^s, y_1^s) = c_{i1}) \cdots \Pr(f_{im}(x_i^s, y_m^s) = c_{im}) = w^m \leq w^n$$

对于 y_j^s 也有完全类似的结果。

（2）否则假设 $x_1^s = x_1^{t_1}, \cdots, x_n^s = x_n^{t_n}, y_1^s = y_1^{k_1}, \cdots, y_m^s = x_m^{k_m}$，其中 $t_i, k_j < s$。首先 $t_1, \cdots, t_n, k_1, \cdots, k_m$ 不能全部相等，否则，假设都等于 t，则 $X^s = X^t, Y^s = Y^t$，即重复了第 t 次试验，从而有

$$\Pr(A_s | A_{s-1}, \cdots, A_1) = 0$$

1）若 $k_1 = k_2 = \cdots k_m$，那么至少有一个 t_i，使得 $t_i \neq k_1, \cdots, t_i \neq k_m$，故在前 $s-1$ 次试验中没有出现过 $(x_i^s, y_1^s) = (x_i^{t_i}, y_1^{k_1}), \cdots (x_i^s, y_m^s) = (x_i^{t_i}, y_1^{k_m})$，由 $F = \{f_{ij}\}$ 的性质有

$$\Pr(f_{i1}(x_i^s, y_1^s) = c_{i1}) = w, \cdots \Pr(f_{im}(x_i^s, y_m^s) = c_{im}) = w,$$

故有 $\Pr(A_s|A_{s-1},\cdots,A_1) \le \Pr(f_{i1}(x_1^s,y_1^s)=c_{i1})\cdots\Pr(f_{im}(x_i^s,y_m^s)=c_{im})=w^m \le w^n$

2）若 $k_1,k_2,\cdots,k_m$ 不都相等，那么对任何 t_i，$i=1,\cdots,n$，必然存在 $k_n \in \{k_1,\cdots,k_m\}$ 使得 $t_i \ne k_n$，$n \in \{1,\cdots,m\}$，因此，$(x_1^s,y_n^s)=(x_1^{ks},y_n^{ks}),\cdots,(x_n^s,y_n^s)=(x_n^{ks},y_m^{ks})$ 在前 $s-1$ 次试验中没有出现，那么有 $\Pr(f_{1n}(x_1^s,y_n^s)=c_{1n})=w,\cdots,\Pr(f_{nn}(x_n^s,y_n^s)=c_{nn})=w$，故有

$$\Pr(A_s|A_{s-1},\cdots,A_1) \le \Pr(f_{1n}(x_1^s,y_n^s)=c_{1n})\cdots\Pr(f_{nn}(x_n^s,y_n^s)=c_{nn}))=w^n$$

综上所述，无论哪一种情况，都有 $\Pr(A_s|A_{s-1},\cdots,A_1) \le w^n$。

证毕。

通过上述定理可知，利用定义 6.2.1 所构造的单比特伪随机函数簇能够保证任何具有多项式计算能力的攻击者伪造的密钥通过认证的概率可以忽略，从而保证利用单比特伪随机函数构造的密钥的安全性。因此可以利用单比特伪随机函数构造认证所需要的密钥。

在定理 6.2.1 的假设下，设 $\alpha=(a_1,a_2,\cdots,a_n)$ 和 $\beta=(b_1,b_2,\cdots,b_m)$，其中 $a_i,b_j \in M$，使得 $F(\alpha,\beta)=C$，那么对任何多项式攻击者求 $X=(x_1,x_2,\cdots,x_n)$ 和 $Y=(y_1,y_2,\cdots,y_m)$，并且 $X \ne \alpha$ 或 $Y \ne \beta$ 使得 $F(X,Y)=C$ 的概率可忽略，因此，F 是抗碰撞函数。

证明：由对定理 6.2.1 的证明过程可得出推理 6.2.1 的结论，这里不再详细证明。

通过上述推论可知，由定义 6.2.1 构造的单比特伪随机函数簇是抗碰撞函数。根据抗碰撞函数的定义可知，函数 F 是一个可有效计算的函数，因此可以利用 Hash 函数或 MAC 函数来构造单比特伪随机函数簇 F，生成组播源认证所需要的密钥。

在上述推论中，称矩阵 $C=(c_{ij})_{n \times m}$ 是消息 $a_1,a_2,\cdots,a_n,b_1,b_2,\cdots,b_m$ 的认证矩阵。

为了保证认证矩阵的安全性，需要保证自然数 $N_0(=\min\{n,m\})$ 足够大，N_0 的选取根据应用中假设攻击者具有的能力而定，称 N_0 为认证矩阵的安全基数。安全基数为 N_0 的认证矩阵相当于 N_0 比特输出的 Hash 函数的安全性，因此，可通常认为 80 是相当安全的，在要求较强安全性的应用中，N_0 选取 128 或更多。

认证矩阵有以下性质：

设 C 是消息 $a_1,a_2,\cdots,a_n,b_1,b_2,\cdots,b_m$ 的认证矩阵，若剩余消息集为 $\{a_{i1},\cdots,a_{ik},b_{j1},\cdots,b_{jl}\}$，其中 $\{i_1,\cdots,i_k\} \subseteq \{1,2,\cdots,n\}$，$\{j_1,\cdots,j_l\} \subseteq \{1,2,\cdots m\}$，那么只需 $i_k \ge N_0$ 且 $j_l \ge N_0$，同样可以安全地进行认证。从而利用这个性质解决传输中包丢失的问题。

二、协同组播源认证方案

利用认证矩阵，可构造一种协同组播的源认证方案 CMAS。此方案采用报文链（Packet chaining）认证方法。其思路是将数据报文形成链，利用认证矩阵，对每个报文计算认证信息，并在每个报文中含有此认证信息，仅对链的第一个报文进行使用公开密钥的数字签名，从而提高效率。在进行验证时，首先利用公钥验证签名的合法性，然后利用认证矩阵进行数据报文的认证。CMAS 的特点是利用认证矩阵的性质，可以允许一定的报文丢失，只要接收的数据报文达到一定数量就可以进行验证，抵抗组播数包的突发丢失。

为描述 CMAS 方案方便，先规定一些符号：

1）H 表示抗碰撞 Hash 函数，输出值为 80bits（或者 128bits）。

2）(Gen,Sig,Ver) 是消息签名体制。

3）消息发送者 A 有一个公开密钥证书，$SK_A(PK_A)$ 分别是相应私钥（公钥）。

4）$Sig(SK_A,m)$ 和 $Ver(PK_A,m,s)$ 分别表示用 A 的私钥和公钥对消息 m 的签名和验证，如果

$s = Sig(SK_A, m)$ 则 $Ver(PK_A, m, s) = T$ 。

5）$F = \{f_{ij}\}_{1 \le i \le n, 1 \le j \le m}$ 是一个函数簇，其中每个 $f_{ij} : M \to \{0,1\}$ 是单比特输出的 MAC 函数，F 对所有接收者公开。

6）N_0 为认证安全基数。当接收者接收到一个数据列 P 总的数据包数目不小于 N_0 时，可以进行安全的认证，否则，认证失败。

协同组播源认证的基本思想是：消息发送者将要发送的消息包划分为一些链，而每条链由消息块组成，对每一条链的认证处理是相同的。假设一条链记为 M ，链 M 由 l 个数据包列 P 组成，而每个数据包列由 n 个数据包 p 组成。形式化的，数据链可以表示为

$$M = \bigcup_{i=1}^{l} P_i = \{p_{ij} \mid j = 1, 2, \cdots, n\}$$

其中 $P_i = \{p_{ij} \mid j = 1, 2, \cdots, n\}$ 是发送包集，给每一个包 p_{ij} 编号为 (i, j) 。适当地选取 n, l 的大小，可具有很高的概率使得每一个消息块剩余的包不少于 N_0 。

（1）签字生成：

1）生成 P_l 的认证信息。

计算 $k_{lj} = H(p_{lj}), j = 1, 2, \cdots, n$ ，k_{lj} 作为 p_{lj} 的认证信息，附加在数据包 p_{lj} 上传输。

2）依次生成 $P_{l-1}, P_{l-2}, \cdots, P_1$ 的认证信息。

对所有 $1 \le i \le l-1$ 和 $1 \le j \le n$ ，计算 $c_{rj}^i = f_{rj}(k_{i+1,r}, p_{ij}), p_{ij} \in P_i, r = 1, 2, \cdots, n$ ；

令 $k_{ij} = (c_{1j}^i \mid c_{2j}^i \mid \cdots \mid c_{nj}^i) \in \{0,1\}^n$ ，k_{ij} 作为 p_{ij} 的认证信息，附加在数据包 p_{ij} 上传输。

3）生成 P_1 认证信息的数字签名。

$s_{1j} = Sig(SK_A, k_{1j}), j = 1, 2, \cdots n$ 附加在数据包 p_{1j} 上传输。

（2）数字验证

假设接收到的消息为 $M' = \bigcup_{i=1}^{l} P_i'$ ，其中 $P_1' = \{p_{1j}' = (p_{1j}, k_{1j}, s_{1j})\}$ ，$P_i' = \{p_{ij}' = (p_{ij}, k_{ij})\}(i = 1, 2, \cdots l)$ ，i, j 是包的编号，k_{ij} 是包 p_{ij} 的认证信息，s_{1j} 是 k_{1j} 的签字。由于组播传输的不可靠性，可能丢失一些数据包，因此每个收到数据包列都是发送列的子集。在下面每步对数据包列 P_i' 验证时，先检查其中数据包的数目，如果小于 N_0 ，则认证失败。否则，执行下面的步骤：

1）验证 P_1 认证信息的数字签名：$Ver(PK_A, k_{1j}, s_{1j}) = T$ 是否合法。

2）验证 $P_2, P_3, \cdots, P_l$ 的认证信息。

令 $J_i = \{j \mid p_{ij} \in P_i'\}, 1 \le i \le l$ ，对所有的 $j \in J_i, r \in J_{i-1}$ 验证（$(k_{ij})_r = f_{rj}(k_{i+1,r}, p_{ij})$ 对所有 $j \in J_i, r \in J_{i+1}$ 是否成立，这里 $(k_{ij})_r$ 表示 k_{ij} 的第 r 比特。

3）对所有 $j \in J_l$ ，验证 $k_{ij} = H(p_{ij})$

如果上面所有验证都通过，则认为所有消息为真。

三、协同组播源认证方案分析

（1）有效性分析

CMAS 方案的有效性分析就是对此方案的安全性进行证明，保证采用此方案能够进行有效的组播源认证。设 $A = (a_{ij})_{n \times m}$ 是 $n \times m$ 矩阵，集合 $I = \{i_1, i_2, \cdots, i_s\} \subseteq \{1, 2, \cdots, n\}$ ，$J = \{j_1, j_2, \cdots, j_t\} \subseteq \{1, 2, \cdots, m\}$ 用 A_{IJ} 记第 r 行、第 v 列元素为 a_{i_r, j_v} 的矩阵，即 $A_{IJ} = (a_{ij})_{i \in I, j \in J}$ 。

在 CMAS 中，任何一个不知道 A 的私钥的主体可伪造消息 m ，使得接收者作为真实消

息接受的概率可忽略，即 CMAS 是一个安全认证方案。

证明：在 CMAS 中，只需证明对任何 $m \notin M$，这里 $M = \{p_{ij} | j = 1, \cdots, l\}$，任何多项式的计算能力主体可以使 m 通过 CMAS 中的验证的概率可忽略。

令 $J_i = \{j_1^i, j_2^i, \cdots, j_{N_i}^i\}, i = 1, \cdots, l, |J_i| = N_i \geq N_0$；$\alpha_i$ 和 （$(p_{i,j_1^i}, p_{i,j_2^i}, \cdots, p_{i,j_{N_i}^i})$ 和 $k_i = (k_{i,j_1^i}, k_{i,j_2^i}, \cdots, k_{i,j_{N_i}^i})$，这里每个 k_{i,j_i} 是附加在 p_{i,j_i} 上的认证信息。令

$$\beta_i = \begin{bmatrix} (k_{i,j_1^i})_{j_1^{i+1}} & (k_{i,j_2^i})_{j_1^{i+1}} & \cdots & (k_{i,j_{N_i}^i})_{j_1^{i+1}} \\ (k_{i,j_1^i})_{j_2^{i+1}} & (k_{i,j_2^i})_{j_2^{i+1}} & \cdots & (k_{i,j_{N_i}^i})_{j_2^{i+1}} \\ \vdots & \vdots & & \vdots \\ (k_{i,j_1^i})_{j_{N+1}^{i+1}} & (k_{i,j_2^i})_{j_{N+1}^{i+1}} & \cdots & (k_{i,j_{N_i}^i})_{j_{N+1}^{i+1}} \end{bmatrix}$$

是一个 $N_{i+1} \times N_i$ 的矩阵，$(k_{i,j_i})_{j_i^{i+1}}$ 表示 k_{i,j_i} 的第 j_i^{i+1} 比特，在 CMAS 中验证其合法性意味着：

$$\beta_1 = F_{J_2, J_1}(k_2, \alpha_1), \beta_2 = F_{J_3, J_2}(k_3, \alpha_2), \cdots \beta_{l-1} = F_{J_l, J_{l-1}}(k_l, \alpha_{l-1})$$

其中 β_i 是消息组 (k_{i+1}, α) 的认证矩阵，注意到 β_i 是 k_i 的一个子矩阵，因而由 k_i 可惟一确定 $Ver(PK_A, k_{1,j}, s_{1,j}) = T$ 意味着每个 k_{i,j_i} 被伪造的概率可忽略，从而有 k_i 被伪造概率可忽略，β_i 是同样的。因为 $|J_2|, |J_1| \geq N_0$，由推论 6.2.1 可知，F_{J_2, J_1} 是抗碰撞函数，故 α_1, k_2 被伪造的概率可忽略，而 β_2 由 k_2 唯一确定，如此继续下去，$\alpha_2, \cdots, \alpha_{l-1}$ 和 k_2 被伪造概率可忽略，又由于 $k_l = (H(p_{l,j_1^l}), \cdots, H(p_{l,j_{N_l}^l}))$，由 Hash 函数 H 的安全性可知，每个 p_{l,j_l} 只有可忽略的概率被伪造，这样就证明了 CMAS 组播源认证方案的安全性，从而证明采用此方案进行组播源认证是有效的。

证毕。

通过上述定理的证明可知，在 CMAS 方案中，对消息的签字由发送者的公钥签字和认证矩阵抗碰撞性保证其真实性，前文讨论过它们都能够阻止伪造和否认，且任何第三方均可验证它的真实性，同时由安全性分析看到，除了发送者外，任何人（包括合法接收者）都不能伪造或篡改消息，因此接收者可以通过出示消息的签字来证明发送者确实发送过这些消息，即是不可否认的。

（2）效率分析

CMAS 方案的效率由块的大小以及链的长度来确定。设每条链的包数不超过 2^{18}，用 C 记每个附加信息量（包括认证信息和编号），a 是单比特输出伪随机函数 f_{ij} 完成 1 次运算所需要的时间，而 b 是公钥产生 1 个签字的时间，d 是公钥验证 1 个签字所需时间，则

签字长度为

$$C = n + 18 bits$$

签字平均速度为

$$R_s = \frac{nl}{n^2(l-1)a + na + nb} = \frac{l}{n(l-1)a + a + b} (pachkets / s)$$

验证平均速度为

$$R_s = \frac{nl}{n^2(l-1)a + na + nd} = \frac{l}{n(l-1)a + a + d} (pachkets / s)$$

综上所述，CMAS 方案的认证矩阵基于伪随机函数，可通过加大每组消息数来加强安全性，并且能够避免由于组播的不可靠传送所带来的数据包丢失所引起的认证失败问题。

同时，CMAS 中附加到每个数据包的认证信息很少，使签字速度提高，并减少了延缓验证时间，具有高效率的特点。

第三节 基于 Overlay Network 协同组播密钥分配方案研究

在协同组播中，由于网络的开放性，当包含有组播组密钥材料的消息在网络上发布时，可能会被非组组成员获得。因此，必须保证任何一个非组播组成员不能从此消息中获得组密钥的有用信息。而组成员的加入或退出，就产生了相应的问题。当组成员加入一个已经存在的组时，必须为此新成员与原来所有的组成员建立一个新的共享密钥。而当组成员退出时，必须为其余的成员重新建立一个新的组密钥，使得已退出的成员不能够获得任何关于新组密钥的有用信息，这统称为动态安全性。

为了解决协同组播中密钥分配的动态安全性问题，根据协同组播中具有应用层组播代理节点和可以利用应用层组播的特点，利用已有的协同组播树拓扑结构，在建立协同组播密钥分配模型的基础上，提出一种基于分层结构的组播组密钥分配方案，以解决协同组播密钥分配的动态安全性问题。

一、协同组播组密钥分配数学模型

组播中密钥分配方案可以采用集中式或分布式，本书提出一种集中式的密钥分配模型，并证明该方案具有可扩展性，能够适应于大规模的，动态组播组的密钥分配，以解决协同组播中密钥分配的动态安全性问题。

在协同组播中，一个成员成为协同组组成员的标记是：它拥有组播组成员身份标识和相应的一个初始的秘密密钥，这个过程是在组播组用户（端用户或组播代理）向组播管理服务器申请加入组播组并获准通过的过程中获得的，可通过单点通信完成。令 U 是组成员所有可能的密钥的集合，称为用户空间，一般 U 是一个有限集。存在概率分配算法使得每个组播组成员拥有一个密钥，即 U 中的一个元素。故 U 上的概率分布 $\{p(u)\}_{u\in U}$，$p(u) > 0$，这里 U 的元素是均匀分布且相互独立的，即有一个组成员的密钥不能推测出另一个成员的密钥。M 表示所有可能涉及的消息集合。

对于自然数 n 和集合 $A \subseteq M$，A 上的一个 n 元序列是 A^n 中的元 $a = (a_1, a_2, \cdots, a_n)$，记 $\bar{a} = \{a_1, a_2, \cdots, a_n\}$，令 X 是 M 的子集，如果对每个 i 有 $p(a_i|X) = p(a_i)$，$p(a_i)$ 表示 a_i 在 A 中出现的概率，则称 X 与 a 统计无关。令 $A^* = \bigcup_{n=1}^{\infty} A^n$，$N$ 为自然数集合。

设 U 是一个用户空间，U 上的一个组播组密钥分配方案（CMKDS）定义为三元组 (U, σ, F)，$F = \{f_i\}_{i\in N}$ 是函数簇，其满足下面条件：

（1）$\sigma : U^* \to M$ 是可有效计算的函数，对任何自然数 n 和 U 上的一个 n 元序列 $X = (x_1, x_2, \cdots, x_n)$，$\sigma(X) \in M$；

（2）$f_n = (f_{1,n}, f_{2,n}, \cdots, f_{n,n})$，其中每个 $f_{i,n} : U \times M \to M$ 是可有效计算的函数，满足对任意 $1 \le i \le n$，有 $f_{i,n}(x, \sigma(X)) = k_X$，$k_X \in M$ 称为 X 的组密钥。

其中，令 $K = \{f_{i,n}(x, \sigma(X)) \mid n \in N, X \in U^n, x \in X\}$ 称 K 为关于用户空间 U 的组密钥空间。U 上的概率分布自然导出 K 上的概率分布，$p_X(k)$ 表示 k 是 X 的组密钥的概率。$\sigma(X)$ 是组成员集 X 用于计算组密钥公开的广播消息，因而，称 σ 为广播消息产生函数；而 f_n 是相应的组成员分别用于计算组密钥的函数。

上述定义描述可适用于任何大小、动态变化组密钥分配方案，定义中没有包含安全性要求，组动态安全性要求任何一个非组成员不能由广播消息 $\sigma(X)$ 获得关于密钥的有用信息，下面是安全性的形式化定义。

设 (U,σ,F) 是用户空间 U 上的一个 CMKDS，其中 $F=\{f_i\}_{i\in N}$ 对于自然数 n 和 U 上的一个 n 元序列 $X=\{x_1,x_2,\cdots,x_n\}$。由定义 6.3.1 自然地导出三元组 $(X,\sigma(X),f_n)$ 和 $k_X \in K$ 使得 $f_{i,n}(x_i,\sigma(X))=k_X, 1\le i\le n$，称 $(X,\sigma(X),f_n)$ 为 (U,σ,F) 在 X 的一个分配比例，记作 $DI_{(U,\sigma,F)}(X)=(X,\sigma(X),f_n)$。

对于上述的 $(X,\sigma(X),f_n)$，如果满足条件：对 $\forall A \subset U$，当 A 与 X 统计独立时，有 $H(K|\sigma(X)A)=H(K)$，那么称 $(X,\sigma(X),f_n)$ 是秘密安全分配实例，H 是熵函数，

$$H(K|\sigma(X)A)=-\sum_{k\in K}p_X(k|\sigma(X)A)\log_2 p_X(\sigma(X)A)。$$

设 (U,σ,F) 是空间 U 上的一个 CMKDS，$X_1,X_2,\cdots,X_n$，Y 是 U 的任意子集序列，若满足：对于 $\forall A \subset U$，有 $p(k_Y|\sigma(Y)\sigma(X_1)\cdots\sigma(X_n)A)=p(k_Y|\sigma(Y)A)$，则称 (U,σ,F) 的分配实例互不干扰。

动态安全性，设 (U,σ,F) 是空间 U 上的一个 CMKDS，其中 $F=\{f_i\}_{i\in N}$。如果对于任何一个自然数 n 和 U 上的一个 n 元序列 $X\in U^n$，分配实例 $DI_{(U,\sigma,F)}(X)=(X,\sigma(X),f_n)$ 都是安全的，并且 (U,σ,F) 的分配实例之间互不干扰，则称 (U,σ,F) 是一个动态安全的组播组密钥分配方案。

上述定义中，描述的是适用于任意大小组播组的动态分配密钥方案，并且基于信息论方法描述了安全性，因此，这是一种完善安全性，通过单向函数可以构造此种 CMKDS。

单向函数就是求逆运算不可行的可有效计算函数，由单向函数可构造伪随机函数。其一类有密钥控制的单向函数，称为陷门单向函数，其具有如下性质：$h:K\times M\to C$ 是有效计算函数，K 是密钥集合，对任意不知道 k 的攻击者观察到序列 $\{m_i,h_k(m_i)\}$，对于 $m\ne m_i$，它可计算出 $h_k(m)$ 的概率可忽略。单向函数是一个动态安全的组播组密钥分配方案的必要条件，由单向函数可以构造出一个动态安全的组密钥分配方案。

在一个组播组密钥分配方案 (U,σ,F) 中，组播组成员数小于 n，即在定义 6.3.1 中限制 $\sigma:\bigcup_{i=1}^{n}U^i\to M, F=\{f_i\}_{i=1,2,\cdots,n}$，称这类的组播组密钥分配方案为 n 维分配组。

分配组合成，U 是用户空间，设 (U,σ,F) 是一个 n_1 维分配组，而 (U,σ',F') 是 n_2 维分配组，其中 $F=\{f_i\}_{i=1,2,\cdots,n_1}, F'=\{f_i'\}_{i=1,2,\cdots,n_2}$ 如下定义函数 $\theta:\bigcup_{i<n_1+n_2}U^i\to M$，对于 $X=\{x_1,x_2,\cdots,x_m\}\in\bigcup_{i<n_1+n_2}U^i\to M$。

当 $m\le n_1$ 时，规定 $\theta(X)=\sigma(X)$；

当 $n_1<m<n_1+n_2$ 时，令 $X_0=\{x_1,x_2,\cdots,x_n\}$，那么有 $k_{X_0}=f_{i,n}(x_i,\sigma(X_0))$，令 $X'=(k_{X_0},x_{n+1},x_{n+2},\cdots,x_m)$，规定 $\theta(X)=(\sigma(X_0),\sigma'(X'))$；

相应的，当 $m\le n_1$，定义函数 $g_{i,m}(x_i,\theta(X))=f_{i,m}(x_i,\sigma(X))$，这里 $i=1,2,\cdots,m$。当 $n_1<m<n_1+n_2$ 时，定义

$$g_{i,m}(x_i,\theta(X))=\begin{cases} f'_{1,m-m+1}(f_{i,m}(x_i,\sigma(X_0)),\sigma'(X')),i\le n_1 \\ f'_{i-m+1,m-m+1}(x_i,\sigma(X')),n_1<i\le m \end{cases}$$

令 $g_m = (g_{1,m}, g_{2,m}, \cdots, g_{m,m})$，$G = \{g_m\}_{m=1,2,\cdots,n_1+n_2-1}$ 则可验证 (U, θ, G) 构成了 U 上的一个 $(n_1 + n_2 - 1)$ 维分配组，称 (U, θ, G) 是 (U, σ, F) 与 (U, σ', F') 的合并分配组。特别的，对任何一个 n 维分配组 (U, σ, F) 可按上述方法得到 $(2n-1)$ 维分配组 (U, θ, G)，称为分配组的扩张。

由上面的定义，可由小分配组扩展为任意大小组的密钥分配方案。当两个安全的分配组合并后，如果两个分配方案的算法相互不干扰，则可以保持安全性，下面证明这个结论。

设 (U, σ, F) 与 (U, σ', F') 是两个组组播密钥的分配方案，对于 $X_1, X_2, \cdots, X_s, Y_1, Y_2,$ $\cdots, Y_t, Y \in U^*$，$A \subset U$ 如果有

$$p(k_Y | \sigma'(Y)\sigma'(Y_1) \cdots \sigma'(Y_s) | \sigma'(X_1) \cdots \sigma(X_t)A) = p(k_Y | \sigma'(Y)\sigma'(Y_1) \cdots \sigma'(Y_s)A)$$

称 (U, σ, F) 相容于 (U, σ', F')；如果 (U, σ', F') 也相容于 (U, σ, F)，则称 (U, σ', F') 与 (U, σ, F) 相容。

U 是用户空间，设 (U, σ, F) 与 (U, σ', F') 分别为动态安全的 n_1 维分配组和 n_2 分配组，并且 (U, σ, F) 与 (U, σ', F') 相容，则它们的合并分配组 (U, θ, G) 也是动态安全的。

证明：只需要证明对于 $X_1, X_2, \cdots, X_s$，$Y \in \bigcup_{i<n_1+n_2} U^i$ 和 $A \subset U$ 与 Y 统计无关，有

$$p(k_Y | \theta(Y)\theta(X_1) \cdots \theta(X_s)A) = p(k_Y)$$

令 $Y = (y_1, y_2, \cdots, y_m)$，其中 $m < n_1 + n_2$，分两种情况证明：$m > n_1$ 和 $m \leq n_1$

当 $m > n_1$ 时，令 $Y = (y_1, y_2, \cdots, y_m)$，$Y' = (k_{Y^0}, y_{m+1}, y_{m+2}, \cdots, y_m)$，其中 k_{Y^0} 是分配实例 $DI_{(U,\sigma,F)}(Y^0)$ 的组密钥。类似地，对于 X_i 可定义 X_i^0 和 X_i'，若 $|X_i| \leq n_1$，则规定 $X_i' = \varnothing$。那么由定义得到 $\theta(Y) = (\sigma(Y^0), \sigma'(Y'))$，$\theta(X_i) = (\sigma(X_i^0), \sigma'(X_i'))$，规定 $\sigma(\varnothing) = \varnothing, i = 1, 2, \cdots, s$，所以

$$p(k_Y | \theta(Y)\theta(X_1) \cdots \theta(X_s)A) = p(k_Y | \sigma'(Y')\sigma'(Y_1) \cdots \sigma'(Y_s')A)$$

另外由定义 6.3.5 有 $k_Y = k_{Y'}$，故上式等于 $p(k_{Y'} | \sigma(Y^0)\sigma'(Y')\{\sigma(X_i^0), \sigma'(X_i')\}_{i=1,2,\cdots,s}A)$，那么，因为 (U, σ, F) 与 (U, σ', F') 相容，故 $p(k_Y | \theta(Y)\theta(X_1) \cdots \theta(X_s)A) = p(k_{Y'} | \sigma'(Y')\sigma'(Y_1) \cdots \sigma'(Y_s')A)$

另一方面，因 A 与 Y 统计无关，而 Y^0 是 Y 的子串，故而 A 与 Y^0 统计无关，又 (U, σ, F) 是动态安全的，因此 $p(k_{Y^0} | A) = p(k_{Y^0})$，从而 A 与 $Y' = (k_{Y^0}, y_{m+1}, y_{m+2}, \cdots, y_m)$ 统计无关，那么由于 (U, σ', F') 的动态安全性，立即得到

$$p(k_{Y'} | \sigma'(Y')\sigma'(Y_1) \cdots \sigma'(Y_s')A) = p(k_{Y'})$$

综上所述，$p(k_Y | \theta(Y)\theta(X_1) \cdots \theta(X_s)A) = p(k_Y)$

对于证明 $m \leq n_1$ 的情形可以类似地证明。
证毕。

从上面的定义及定理可以推出，任何一个动态安全的 n 维分配组可以扩展为适于任意大小组播的动态安全的 CMKDS。因此，对于协同组播的密钥分配方案可以采用单向函数构造一个 CMKDS，根据协同组播组的扩展，把此方案也可进行扩展，从而解决协同组播的密钥分配的动态安全性问题。

二、协同组播组密钥分配方案

根据上节讨论的组播组密钥分配方案的模型，基于单向函数可以构造一个协同组播组密钥分配方案。即由单向函数构造一个 n 维分配组，然后将其扩张为任意大小的组密钥分配方案。

在协同组播组中，假设每个组成员已经建立了一个只与组管理员共享的秘密密钥，组成员的所有可能秘密密钥的集合设为 U（用户空间）。若选择密钥长度为 l，则 $U = \{0,1\}^l$，可以选择消息认证函数 MAC 函数作为单向函数。设 h 是 MAC 函数，$h(k,m)$ 表示在密钥 k 控制下 m 的 MAC。

根据协同组播采用有源树的特点，在域间协同组播中每个域的首组播代理加入到域间协同组播树中，而在域内以首组播代理为根构造了一棵域内协同组播树，这样在拓扑结构上就形成了一种分层结构，即域间协同组播树为上层骨干组播树，而域内组播树为骨干组播树分枝。骨干组播树的根节点为源组播代理（MP_S），树的节点为各个域的组播代理。利用协同组播树这个分层结构，采用一种分层树形结构的密钥分配方案。此方案以源组播代理为组管理员，叶节点为组播组成员（端用户），分枝节点为组播代理节点，如图 6.1 所示。每个节点关联着一个节点密钥，叶节点的节点密钥是组成员的秘密密钥 $a_i \in U$。

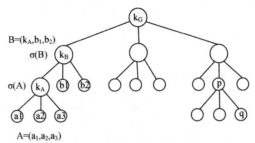

图 6.1 协同组播组密钥分配树

Fig 6.1 The cooperation multicast group key distribution tree

每个分枝节点关联着两个消息 $\sigma(A)$ 和 k_A，k_A 是由组管理员随机生成的节点密钥，还关联着一个节点公开消息 $\sigma(A)$，这个节点公开消息由该节点密钥和它所有子节点密钥公同计算得到。如图 6.1 中，节点 k_A 的所有子节点密钥：$a_1, a_2, \cdots, a_n$，令 $A = (a_1, a_2, \cdots, a_n)$，组管理员选取 I_A（$I_A \neq I_B, \forall A \neq B$），则 $\sigma(A) = (I_A, m_1, \cdots, m_n)$，$m_i = k_A \oplus h(a_i, I_A)$，$\sigma(A)$ 是节点 k_A 的公开消息，节点 a_i 通过节点 k_A 的公开消息 $\sigma(A)$ 计算出相应的节点密钥 $k_A = m_i \oplus h(a_i, I_A)$。又由 k_A 和公开消息 $\sigma(B)$ 可计算节点密钥 k_B，最后，每个叶节点可以计算出根节点密钥（组密钥）。

在密钥分配树中，根节点的节点密钥是组密钥。由密钥分配树的算法结构看出：每一个组成员可以计算出它到根节点路径上所有节点的密钥，只需要存储它到根节点路径上所有节点的公开消息，公开消息不必保密，故每个组成员只需要保存它自己的一个秘密密钥。为了降低组管理员的关联负担，可以设立一些分组管理员协助管理，这种结构适用于协同组播树的分层结构，根节点为中心管理员。分组管理员为分枝节点（组代理），如图 6.1 中 k_B 为分组管理员，它只负责管理以它下一级的分组管理员所构成的子树。

组播组成员加入

当一个新成员想加入协同组播组时，它选择它所在的域的分组管理员的分配子树，即域内协同组播树，并通过安全信道建立只与分组管理员共享的秘密密钥（记为 q），如果相应的密钥分配子树有一个次级节点的子节点数小于 n，这个节点记为 p，那么分组管理员分派新成员 q 作为节点 p 的子节点，若 p 的其它子节点 $p_1, p_2, \cdots, p_s, s<n$，令 $P=(p_1, p_2, \cdots, p_s, q)$，选取新的 I_p 和 p'，分组管理员计算出 $\sigma(P) = (I_p, h(p_1, I_p) \oplus p', \cdots, h(p_s, I_p) \oplus p', h(q, I_p) \oplus p')$ 广播给 P 中所有成员，同时 p 更换为 p'，并通知它的上一级管理员，作相应改变。类似地，可计算出 p' 的父节点的新节点密钥和相应公共消息，最后由 p 到根节点的路径上所有节点更新相应的节点密钥和公开信息，需要广播的消息总数为 $(l-1)\sigma(P)$。

组播组成员退出

如果某个成员需要退出，那么在密钥分配树中删除相应的叶节点，并且更新由它到根节点的路径上所有的节点密钥并且广播相应的节点公开消息，更新方法与成员加入的更新方法完全相似。在这个过程中不需要更换任何其他组成员的秘密密钥，需要广播消息量与加入情况一样为 $(l-1)\sigma(P)$。

三、协同组播密钥分配方案分析

本方案安全性分析

本方案每个分枝节点的节点密钥只能由它的后代节点知道，每个组成员只能获知它到根节点路径上所有节点的节点密钥，此外不能获知任何其它的节点密钥。此方案的安全性只与单向函数安全性相关，不依赖其它的密码学假设。在单向函数是安全的条件下，CMKDS 具有可证明的安全性，且可认证密钥真实性。它的另一特点是：任何一部分成员联合不能获知其他成员的秘密密钥，每个组成员只需要保存它自己的密钥即可，因而降低了安全性管理风险。

CMKDS 与其它密钥管理方案比较

Table. The comparison of the CMKDS with other key distribution management scheme

	成员泄密相互影响	成员秘密密钥数	中心管理控制	存储数据库	广播消息长度	多成员同时加入退出	适用环境
CMKDS	N	1	Y	大可分散	$2(\log 2m-1)k$	容易	集中分层
OFT	Y	$\log 2m$	Y	大	$(k+1)\log 2m$	容易	高度集中
DMG	Y	$2\log 2m+1$	N	小	$3k\log 2m$	难	高度集中

本方案与其它方案比较

文献[]提出一种也是基于单向函数构造密钥管理方案，称为单向函数树（OFT）。在 OFT 中每个成员必须秘密保存它到根节点路径上所有节点和它兄弟节点的盲密钥和节点密钥。而本书提出的 CMKDS 方案中，每个组成员只需要秘密保存它自己的密钥即可，因而降低了安全性风险。CMKDS 属于集中分层式的管理方案，而与文献[129,]中提出的 OFT 和 DMG 集中式管理方案的不同之处是，CMKDS 引入了分组管理员协助组密钥分配，中心管理员只需存储到分组管理员节点的子密钥树结构，从而降低了中心管理员的负担，同时这种结构降低集中程度，可通过建立分层管理方式，进行有效的管理。CMKDS 方案支持组成员加入或退出，对于 n 元密钥分配树，每次加入或退出广播的消息量为 $(l-1)nk$，l 是树高，k 是密钥长度，$m=n^l$ 是组成员数量，故广播消息量也可表示为 $(\lg m/\lg n-1)nk$。CMKDS 与其它密钥分配方案比较如表 6.3.1 所示。从表中可以看出 CMKDS 方案比其它两种方案具有更好的安全性，成员需要保存的密钥数量少，存储数据库可以利用分组管理员进行分散管理，具有分布性特点，适于组播进行密钥分配管理。

　　本章在分析基于 Overlay Network 协同组播安全性要求的基础上，分别对协同组播的源认证方案和组播组密钥的分配方案进行了深入研究。针对协同组播的通信传输的不可靠性，利用认证矩阵，提出一种基于链式的组播源认证方案，在保证源认证真实性的基础上克服数据包丢失对源认证所带来的影响。另一方面，根据协同组播树的拓扑结构特点，提出一种分层结构的树形密钥分配方案，它具有高效和安全性的特点，能够解决组播的动态安全性问题。

第七章 实际应用——雷达扫描视频合成理论和技术

第一节　基础理论

一、overlay 技术

overlay（覆盖）是数字视频显示技术中的一种，它可以直接通过显存将数字 信号在屏幕上显示出来，而不需要经过显示芯片的处理。在数字视频显示中， overlay 最大的优点就是可以对视频的播放进行优化，对于不同的视频文件，由于 它具有不同的饱和度、亮度、对比度等等，为了使视频能够有最好的显示效果， 需要调节不同的电脑、不同的视频文件的各种不同的属性，很显然，普通的显示 技术是无法完成这一目标的，所以本书可以使用overlay的显示技术对视频进行单 独的处理。overlay 的显示技术具有很多的优点，如占用系统资源少、画质好、以 及播放速度快等优点，所以这种显示技术非常适合视频的播放。日常生活中使用 的电视，默认情况下采用的就是overlay 的显示模式，也就是播放的电视节目的窗 口是覆盖在电视机屏幕上的。

本书中的视频合成系统就是基于这种overlay 的思想完成设计和实现的，即将 两个不同的视频或图像分层显示在屏幕上，以便于可以单独的处理每层的视频或 者图像，使得两者互不干扰，这样，在处理过程中可以大大地减少计算量。

二、视频合成技术

视频合成，在图像处理的范畴之内，主要指通过加工、处理、叠加或组合两 个或两个以上的视频或图像信号，从而创造出一个新的图像效果。也就是在原有 的视频或者图像的基础之上，进行相关的处理，达到人们想要的艺术效果。众所 周知，电视画面是二维的，但是电视画面可以表现出一种空间的层次感，这就是 图像或者视频合成的效果。在这种方式下，人们可以从电视画面中获得更多的信 息，可以欣赏更加富有艺术效果的视频或者图像。在这种趋势下，合成技术已经 成为了电视制作中不可缺少的一部分。视频合成也是视频特技中常见的一种特技 效果，它可以将不同的视频或者图像叠加在一起，叠加的方式可以是透明的，同 样也可以是不透明的，通过这样的方式可以产生人们所想要的电视画面。

尽管视频叠加技术已被普遍的研究，并主要以显示的效果为首要目标，但随 着视频叠加技术的广泛应用，对视频叠加技术提出了更加高的要求，如增强视频 叠加的效率、增加资源利用率等。

视频合成所涉及的领域很多，主要包括数字图像处理，数字视频处理，人工智能和计算机 视觉等。

三、雷达扫描视频终端显示

（一）雷达显示器

雷达终端显示系统以显示雷达扫描过程中扫描到的目标和情报为主。按照雷 达显示器完成任务的不同，可以将雷达显示器分为距离、高度、情况、综合、平 面以及光栅扫描雷达显示器。距离显示器是一度空间显示器，它仅仅是用来显示 雷达目标的斜距，它可分为A 式、J 式、A/R 式三类。高度显示器包括两种形式， 均称为E 显示器，距离用他们的横坐标来表示，仰角和高度都是由纵坐标来表示。 平面显示器提供360°范围内的全部平面信息,它用来显示距离和方位既可以是极 坐标，也可以是直角坐标，后者叫做B 显示器，他的方位是以横坐标来表示的， 其距离是以纵坐标表示的。光栅扫描雷达显示器不但能显示目标回波的信息，而且能够显示背景地图和二次信息。

（二）雷达显示原理

雷达就像人的眼睛与耳朵，当然，它不是大自然的杰作，同时，无线电波是他的信息载体。

事实上，无论是可见光还是无线电波，在本质上是同一种东西，即电磁波，在真空中传播的速度均是光速C，他们各自的频率和波长不同是他们的差别。雷达扫描主要是天线按照360 度进行旋转，然后每隔一定的时间间隔或者角度发射一次电磁波，电磁波遇到障碍物就会返回回来，雷达接收到返回回来的电磁波后，就可以通过计算和分析得出目标物的各种信息。测量发射脉冲与回波脉冲之间的时间差实际上就是测量距离，因为距离可以通过时间和传输速度计算出来。通过天线的尖锐方位波束测量，可以得到目标方位。靠窄的仰角波束可以测出仰角，目标高度可以通过距离和仰角进行计算。

四、雷达扫描视频图像的数字表示

从计算机科学的角度来看，可以将一幅图像看作是一个矩阵，矩阵的长度为图像的宽度，矩阵的宽度为图像的高度。图像中的每个点的值可以对应矩阵中的每个元素的值，我们称这些点为图像元素或是像素。由这些图像组成的序列就是数字视频。

对于彩色图像，它是由红（R）绿（G）和蓝（B）三种彩色像素来表示的，同样也可以用亮度和色度来表示一幅彩色图像按照PAL 的标准可以实现R-G-B 到Y-U-V 的转换，同样也可以实现Y-U-V 到R-G-B 的转换。因为对于RGB 的图像，可以分别对R，G，B 进行处理，就像处理一个单色图像那样。只是当图像用 YUV 来表示时，为了实现更好的压缩比，对U 和V 的处理与Y 的处理会有所不同。

一幅二值图像只有两种颜色，可以用计算机的1bit 来表示，而灰度图像和索引图像需要用8bit来分别表示它的灰度或者色彩，对于RGB 的彩色图像，则需要24bit 来表示，因为RGB 的图像的一个像素都是由R，G，B 组成的，一个像素需要三个字节，所以RGB 彩色图像的一个像素需要用24bit 来 表示。

五、面向 PCI-E 总线实时高速数据传输技术

（一）PCI-E 总线的简介

PCI-E 总线并不是PCI 总线的一种扩展，它不像EISA 总线那样，是ISA 总线 的一种扩展和延伸。PCI-E 的出现将会改写计算机的架构，就像 PCI 取代 ISA 一样。如图2-1 所示给出了PCI-E 1.0 的总线系统拓扑结构图。

Root Complex（根联合体）Switch（交换器）和各种 Endpoint（终端设备）形成了PCI-E 总线的基本架构。根联合体用来连接内存、 CPU、交换器和PCI 总线设备或者PCI-E 总线设备；交换器主要是用来连接根联 合体和PCI-E 总线的设备。随着交换器的出现，原先在PCI 架构中的I/O 桥接器已 经被交换器所取而代之了PCI-E 中的交换器支持各个PCI-E 总线设备之间的通信，而且它们之间是对等的。端点就是一些其它的设备，可以是外围设备，比 如USB 设备。

PCI-E 总线为了能够在各个平台上实现应用程序的开发，采用了分层的结构， 就像人们熟悉的 OSI 结构一样，PCI-E 总线根据不同的功能，将结构划分成了 4 层，各层之间是相互独立的，这4 层从上到下分别为软件层Software Layer）处理层（ Transaction Layer）数据链路层（ Data Link Layer）以及物理层（Physical Layer）其中，PCI-E 总线规范的协议层由物理层、数据链路层和处

理层组成。

（1）软件层

因为软件层是保持与 PCI 总线兼容的关键，所以软件层被称为是 PCI-E 总线中最重要的组成部分。当人们在使用 PCI-E 总线时，就像使用 PCI 总线一样，不需要做任何的改变，是 PCI-E 软件层所要完成的一个目标。实际上，在系统中，从计算机软件的角度看，PCI 总线过渡到PCI-E总线是可以实现的，当PCI-E 总线替换PCI 总线时，操作系统在引导总线时，不需要做任何的改变。

PCI-E 总线体系结构在软件相应时间模式方面也支持PCI 的存储方式，所以在 PCI 总线环境下编写的程序代码在PCI-E 系统中都可以不需要做任何改变就可以运行。

（2）处理层

PCI-E 总线处理层也是一个非常重要的概念，它的作用主要是接收应用层发来 的一些请求，比如读写请求，当接收到这些请求以后，处理层就会处理这些请求，它会将请求建立成一个请求包，然后会将这个请求包发送到数据链路层，处理层 也会接收数据链路层发来的响应，并对其进行相应的处理，处理层还会处理处理级别的数据包，就像在 OSI 模型中一样，对数据包进行整合或者拆分，从而使得端与端之间的通信正确无误，让无效数据不能通过整个组织。

（3）数据链路层

数据链路层的作用是将处理层的数据发送到物理层，或者将物理层的数据传送给处理层，它是介于处理层和物理层中间的一层。数据链路层必须要保证数据 能够正确无误，可靠的进行传输，保证数据包必须是完整的，否则它就会将该 包丢掉进行重传正是由于错误检查和出错重传这两种机制的使用才使得PCI-E 总线可以正确无误的快速的使数据能够在设备之间进行传输。

（4）物理层

物理层是4 层模型中最底的一层他的作用是连接PCI-E 总线硬件设备PCI-E 总线接口的物理特性是由物理层来决定的，如热插拔特性，点对点的串行连接等 等。由于PCI-E 总线的4 层是相互独立的，所以要想升级PCI-E 总线也是比较简 便的，比如要想通过提高速度来升级 PCI-E 总线，只需要改变物理层，其他 3 层 都是不需要改变的，因为速度的提高只会影响PCI-E 体系机构中的物理层。

（二）面向 PCI-E 总线DMA 高速数据传输技术

在早期的计算机系统中，外部设备与计算机之间的数据传输主要是通过程序 I/O 方式，或称为忙-等待方式，即在处理机向控制器发出一条I/O 指令启动输入设备输入数据时，要同时把状态寄存器中的忙/闲标志busy 置为1，然后不断地循环 测试busy，在程序I/O 方式中，由于CPU 的高速性和I/O 设备的低速性，指示CPU 的绝大部分时间都处于等待I/O 设备完成数据I/O 的循环测试中，造成对CPU 的 极大浪费，在该方式中，CPU 之所以要不断地测试I/O 设备的状态，就是因为在 CPU 中无中断机构使I/O 设备无法向CPU 报告它已完成了一个字符的输入操作。

现代计算机系统中，都毫无例外地引入了中断机构，致使对I/O 设备的控制，广泛采用中断驱动方式，即当某个进程要启动某个I/O 设备工作时，便由CPU 向 相应的设备控制器发出一条I/O 命令，然后立即返回继续执行原来的任务。设备控 制器于是按照该命令的要求去控制指定I/O 设备此时CPU 和I/O 设备并行操作， 在I/O 设备输入每个数据的过程中，由于无须CPU 的干预，因而可使CPU 与I/O 设备并行工作。仅当输完一个数据时，才需CPU 花费极短的时间去做些中断处理。 可见，中断驱动方式可以成百倍地提高CPU 的利用率。

虽然中断驱动I/O 比I/O 方式更为有效但须注意它仍以字节为单位进行I/O 的，每当完成一个字节的I/O 时，控制器便要向CPU 请求一次中断，换言之，采用中断驱动I/O 方式时CPU，是以字节为单位进行干预的。为了进一步减少CPU 对I/O 的干预而引入了DMA（Direct Memory Access）DMA 即存储器直接访问。

在传输数据时，通过DMA 通道传输时的速度非常快，因为DMA 允许外部设备和 存储器之间可以直接传输数据，而不需要经过 CPU，整个数据的传输过程是在 DMA 控制器下进行的。只有在数据传输开始和结束的时候 CPU 做一点处理外，其他的时候 CPU 是不干预的，所以利用 DMA，数据传输的速度非常快，而且可以释放 CPU，让 CPU 去做其他的工作。

在 PCI-E 硬件设备中，一共有两个模式的设备，一种是主模式设备，另一种是从模式设备，其中 DMA 的操作只有主模式设备才具有因为只有主模式的 PCI-E 设备才可以向 PCI-E 总线进行请求，申请操作 PCI-E 总线，而从模式的 PCI-E 设备只能接受 PCI-E 总线的操作。在 DMA 的操作过程中，硬件设备必须要先向 CPU 发送一个 DMA 的请求，然后等待 CPU 的响应，当 CPU 响应 PCI-E 设备的 DMA 数据传输请求时，系统会转换为 DMA 工作方式，并将总线的控制权交给 DMA 控制器，然后 DMA 控制器利用系统总线进行 DMA 的高速传输。DMA 操作结束后，DMA 控制器就会把总线控制权交还给 CPU。

以往的设备采用中断或其他的方式进行数据的传输，存在很大的弊端，首先它会占用大量的 CPU 的时间，导致整个计算机的系统的性能下降；其次是在一些高速设备中，使用这些方式，由于传输速度慢，很容易导致大量的传输数据的丢失，DMA 高速传输方式的出现，这些问题便迎刃而解了。

六、面向 GPU 架构的并行系统和并行计算技术

（一）GPU 的概念

GPU 中文名称叫"图形处理器"，是 Graphic Processing Unit 的缩写。GPU 是一个专门的现代计算机中图形处理的核心处理器。

GPU 的作用不容小视他的作用好比 CPU 在电脑中的作用是显卡的"心脏"，他能区别 2D 显卡和 3D 显卡，同时也能够决定该显卡的档次及其性能。在很多 PC 中，CPU 的任务比较多，包括输入相应非 3D 图形处理工作、做内存管理，所以在实际运算中，经常因性能下降而出现显卡等待 CPU 数据的情况，对于运算速度要求极高的复杂的三维游戏是满足不了的。事实上，这是由于 PC 本身设计的原因，就算 CPU 的工作效率比 3GHZ 更高，也解决不了这个问题。

随着 GPU 通用计算技术的发展，GPU 已经不再局限于 3D 图形处理了，GPU 在并行计算、浮点运算等部分计算方面，GPU 的性能远远高于 CPU。

（二）面向 GPU 架构的并行系统和并行计算技术

GPU 架构的并行计算系统是以共享内存架构设计实现的，全部的计算单元均可以通过总线连接，对每个区域进行访问，同时每个计算单元，都有自己自带的缓存设备，加速自身的算法，不需要数据传递的过程，只需要考虑各个自己单元间的协调一致问题。

目前已经有两个并行计算编程的框架，它们分别为 CUDA 和 OpenCL，CUDA（Compute Unified Device Architecture）是显卡厂商 Nvidia 于 2007 年推出的业界第一款异构并行编程框架，在 Nvidia 的大力支持下，CUDA 拥有良好的开发环境，丰富的函数库，优秀的性能。但是 CUDA 只能被用在 Nvidia 的显卡上进行并行编程；OpenCL 是业界第一个跨平台的异构编程框架，它是一种开发标准。

如果只需要在 Nvidia 的 GPU 卡上进行并行编程，并且非常看重性能，CUDA 应该是第一选择，在 Nvidia 的强力支持下，CUDA 在 Nvidia 硬件上的性能一直保持领先，CUDA 的开发环境非常成熟，拥有众多扩展函数库的支持，在一部分应用中，CUDA 的性能稍好于 OpenCL。

如果更加注重不同平台间的可移植性，OpenCL 可能是目前最好的选择，作为第一个异构计算的开发标准，OpenCL 已经得到了包括 Intel，AMD，Nvidia，IBM，Oracle 等众多软硬件厂商的大力支持。

本书中在对系统优化处理时，使用的计算技术是OpenCL，相关的OpenCL 知 识将在第五章详细介绍。

本章主要介绍了雷达扫描视频合成中的各种相关技术，主要有overlay 技术、 视频合成技术、雷达扫描视频终端显示、雷达扫描视频图像的数字表示的相关内 容，还介绍了面向PCI-E总线实时高速数据传输技术以及面向GPU 架构的并行系 统和并行计算技术。在第三节中还详细介绍了雷达显示器和雷达显示的原理，在 第五节中详细介绍了PCI-E 总线和面向PCI-E 总线DMA 高速数据传输技术在第 六节中详细介绍了GPU 的概念和面向GPU 架构的并行系统和并行计算技术。

第二节　雷达扫描视频合成系统的设计

一、雷达扫描视频合成系统的总体设计

雷达设备进 行扫描，采集完扫描视 频数据之后，需 要将扫描视 频数 据传输到 PC 上进行进一步的处理和显示，由于扫描视频的处理和显示需要实时性，必须有 高速率的数据传输通道，由于PCI-E 1x 总线理论上可以达到512Mbit/s的传输速率， 完全可以满足实时性的要求,所以本书通过设计基于PCI-E 总线的DMA 驱动程序 来完成对雷达扫描视频数据的传输。

雷达扫描视频数据经DMA 高速传输到PC 以后，需要进行相应的处理，然后 将背景地图和雷达扫描视频合成在一起，形成一个完整的雷达扫描终端显示系统。

在背景地图与雷达扫描视 频合成中主要包括背景地图与雷达 扫描视 频合成原 理，背景地图漫游缩放设计，雷达扫描视频的设计。

其中视频合成原理是应用overlay 的思想，将背景地图和雷达扫描视频分层合 成在一起，并分层对其处理，背景地图漫游缩放算法设计和雷达扫描视 频设计即为分层处理的内容。

由于视频合成系统在运行过程中，存在大量的计算问题，为了加速计算，本书 应用 OpenCL 对相关的计算进行进一步的优化处理，加快数据的处理，使得系统 运行更加流畅。

二、雷达扫描视频数据高速传输设计

由于雷达扫描 合成系统对 所需的雷达扫描数据 的处理具 有实时性，所以设备 接收到的数据需要高速传输到显示设备上，本书在Windows 操作系统下，通过编 写基于PCI-E 总线的DMA 驱动程序可以将雷达扫描视频数据从数据接收设备上 高速传输到PC 上，进行处理，并显示在屏幕上。

（一）Windows 操作系统的体系结构

以将Windows 操作系统分为两个不同的层次，一个层次为用户态，另一个层次为内核态。它使用了CPU 在不同运行空间的不同的运行管理 权，因为这样，操作系统可以更加安全有效地管理系统的资源。

核心模式（Kernel Mode）是计算机操作系统中执行核心代码所处于的一种模 式，是计算机系统中最高的运行模式，其它的模式都不及它。在Windows 操作系 统的核心管理进程中，包括任务分发管理、虚拟内存的管理、硬件资 源分配等基 本功能。同时也包含了为了提高系统效率的内核Win32 子系统功能。

Windows 操作系统的另外一种模式就是用户模式,程序运行在用户模式上时， 这时CPU 运行状态的优先级最低它只能给用户模式下的应用程序分配一些资源， 如内存。不能像处于核心模式下的CPU 可以执行一些其他的特权指令。

（二）WDM 驱动程序工作原理

驱动程序是应用程序和底层的硬件设备进行数据交换的一种程序，它的好坏直接影响了操作系统的性能和它的稳定性，所以它是操作系统的一个可信任部分。Windows 操作系统是当代最为流行的的一种操作系统，所以他的稳定性和性能的优劣直接影响着社会的发展和人们的生活水平。WDM 模式是 Windows 操作系统的驱动程序的一种模式，随着 Windows 的发展，WDM 的驱动程序的作用越来越重要。

Windows98 以后的 Windows 系统都支持 WDM 驱动程序模型。WDM 是微软公司推出的 Windows Driver Model 的缩写也就是 Windows 32 模式驱动程序模型。在这种驱动模型下，使得驱动程序的开发更加的灵活和方便，它可以实现硬件的即插即用的管理，使得驱动程序代码的开发数量大大的减少以及复杂度大大的降低。

用户模式的应用层程序通过 WDM 驱动程序与底层硬件设备进行通信的原理。图中可以得出应用程序对设备进行 I/O 请求时是通过调用 Win32 API 函数，将其 I/O 请求传给操作系统，I/O 系统服务接口负责接收这个调用，随后，I/O 管理器负责为这个请求创建一个合适的 IRP，然后将该 IRP 传递给下面的设备驱动程序，然后设备驱动程序会与硬件设备或者是更低层的驱动程序进行交互，当 IRP 处理结束后，I/O 管理器会根据该 IRP 的返回状态将 I/O 请求的结果返回到用户应用程序。

在上面的 WDM 驱动程序的工作原理介绍中，可以将设备和设备驱动程序看成了一个整体来进行处理的，但是实际上 WDM 的驱动程序功能被划分好几个层次，这也是 WDM 驱动程序的特点。图 3-4 描述了 WDM 驱动程序和设备对象的层次结构。

物理设备对象简称为 PDO，是在堆栈最底层的由物理总线驱动程序创建的。功能设备对象简称为 FDO，是在设备堆栈中间的对象，是由设备程序驱动创建的。过滤器设备对象（Filter Device Object）主要位于功能设备对象（FDO）的上面或者下面，它们分别是上层过滤器和下层过滤器。当硬件设备被插入到总线后，驱动程序会给插入的设备创建物理设备对象，物理设备对象创建完之后，驱动程序会根据物理设备对象的相关属性以及物理设备对象的注册表信息等来搜寻它的功能和过滤器驱动程序，等找到了对应的驱动程序以后，就加载他们，加载的时候会按照一定的规则，一层一层的加载。加载好了驱动程序，他们又会创建与它们相互对应的设备对象，这样就有了设备对象堆栈的形成，并且建立了设备对象和驱动程序之间的联系。

最底层的总线驱动程序是值得注意的该驱动程序由操作系统来进行加载的，主要是根据总线物理设备的属性和信息，比如说系统的主 PCI-E 总线，它是由软件虚拟的"根总线"来负责管理的。因此，系统中的总线的设备对象就被建立了，同时其对应的驱动程序也被加载了，至此，总线就可以开始和 PNP 管理器一起负责管理加入到本地的设备。

（三）DMA 高速传输驱动程序设计

Windows 操作系统下基于 PCI-E 总线的 DMA 高速传输驱动程序设计流程，从中可以得出：驱动程序启动以后，就会进入入口函数，完成一些初始化的工作，初始化完成以后，驱动程序会为检测到的设备创建一个设备对象，并将该设备对象添加到设备栈中去，接下来就会访问 PCI-E 硬件设备的配置空间，从而获取硬件设备的一些信息，如中断、IO 以及 Memory 等信息。这些工作完成之后，驱动程序会等待 DMA 事件请求的到来，判断是否有 DMA 事件的请求，当 DMA 事件来临时，驱动程序就会启动 DMA，进行 DMA 的高速传输。传输完成后，会产生一个 DMA 中断，中断服务程序就会进行 DMA 中断处理，中断处理完后，DMA 数据的传输完成。

三、视频合成的原理

由于雷达扫描视频数据的处理的计算量比较大，本书运用 overlay 的思想，分层处理背景地图、雷达扫描视频以及雷达刻度线，这样可以解决系统运行过程中计算量偏大的问题。在系统中，本书并不是将背景地图、雷达扫描视频、刻度线合成在同一层上，而是在不同层上。这样，雷达扫描视频的显示分成了三层，如图 3-6 所示：

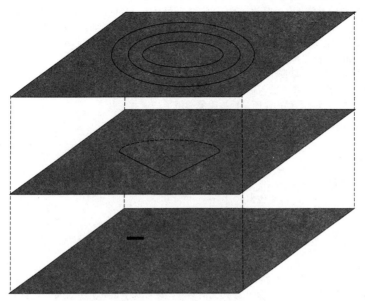

图3-6　雷达扫描视频合成的原理图

第一层为雷达扫描视频刻度线的显示区域层。 第二层为雷达扫描视频的显示区域层。该层负责雷达扫描视频的生成，它按照定时器的频率读取雷达数据区的数据，然后更新扫描角度的数据，对于非扫描 角度的数据则做余辉处理，然后将数据显示在屏幕上。

第三层为背景地图的显示区域层。该层主要负责对背景地图进行处理，处理 过程主要是实现地图的漫游缩放的功能。

第三节　雷达扫描视频合成系统的实现

一、视频合成系统平台

本书中雷达扫描视频合成系统是在VS2008 环境下使用MFC 开发的，下面对 MFC 程序作简要的介绍。

（一）MFC 函数库

MFC（Microsoft Foundation Class），即为微软基础类库，微软公司为了减少应 用程序人员的工作量而提供的一套类库，Windows 的API 以C++的形式被封装起 来了，而且这套类库中也提供了一个应用程序的框架。它 的主要优点就是开发效 率高，在建立Windows 程序时，大大的减少了一些必须编写的程序代码，同时， 它还为开发人员提供了所有一般 C++编程所拥有的优点。程序开发工作者可以通 过继承MFC 类库已有的对象从而派生出新的对象,这样，新的对象不仅具有MFC 类库中函数的所有基本特性和功能，同时还可以添加一些自己所需要的特殊功能， 从而可以产生一个更加专业，功能更加完美，更能满足自身开发的新对象。

MFC 函数库中还拥有消息映射机制，即创建一张消息映射表，将消息处理函 数和消息标识存储在里面，并一一对应，当应用程序调用 窗口函数处理消息时， 窗口函数会自动搜索相应的消息映射表，这样就可以调用 出消息映射表中所对应 的消息处理函数，进行相应的处理，这种机制可以避免了性能较差的虚函数表的 使用。

对Win32 API 的封装是MFC 最重要也是最有特色的部分所以理解Windows Object 和MFC Object 之间的关系是非常重要的。他们两者之间虽是不一样的，却 又是相互联系着的。MFC Object 它是一个C++的实例，但是它不像平时所写那些 C++的实例一样,它是特定的,是封装 Windows 对象的C++实例。Windows Object， 它是Windows 操作系统的对象,是用句柄来表示的。

（二）MFC 程序框架

在 Win32 编写的的程序代码中，可以找到类似于普通程序中 main（）的 WinMain（）函数，它是 Win32 程序中的入口函数，但是在MFC 的应用程序中，无 法找到类似与这样的入口函数，并不是它不存在，而是他被隐藏调用了。

MFC 程序的框图如图7-1 所示：

图7-1 MFC 程序的框图

MFC 程序启动时，一开始产生一个（有且只有一个）应用对象theApp，也即 一个CWinApp 对象，这个全局对象一产生，便执行其构造函数，因此，CWinApp 中的成员变量因为theApp 的产生而获得初值。

在调用完CWinAPP 的构造函数之后将会进入到MFC 程序的入口函数中，这 时候成员函数 CWinApp::InitApplication（）会被调用，完成文档部分的的初始化工作。

文档部分的初始化工作完成以后,成员函数CWinApp::InitInstance（）会被调用， 在这个函数中，最重要的工作就是创建一个窗口。窗口创建完成以后，成员函数 CWinApp::Run（）会被调用，这个函数的作用就是创建和处理消息的循环。在 MFC 程序运行的过程中，它会收到很多消息，这些消息都是由操作系统发送过来的。 当应用程序收到消息以后，就会查找映射表，找到消息对应的处理函数，处理函 数找到以后，剩下的工作就是由该处理函数来对消息进行相关的处理。

当用户点击了退出按钮以后，计算机操作系统会向 MFC 程序发送一个 WM_CLOSE 消息，当程序收到这个消息以后，MFC 程序中的 DestroyWindows（）函数将会被调用，然后会发送一个WM_DESTORY 消息，当MFC 应用程序收到 这个消息后，会发送一个WM_QUIT 消息，然后成员函数CWinApp::Run（）会停止 运行，MFC 程序退出。

二、合成系统程序结构与实现

本书中的程序由两部分组成，一部分是 EXE 文件，另一部分是动态链接库（DLL）EXE 文件主要用来处理合成系统界面的显示，雷达扫描视频数据的获取 以及对动态链接库（DLL）中内容的的调用，DLL 中主要是实现背景地图漫游缩 放功能和处理雷达扫描视频。DLL 中的具体内容将在本章第四节和第五节分别进 行详细的介绍，下面本书主要分析EXE 文件的具体实现。

具体的类的功能和实现如下：

（1）CRadarWinDlg 类：负责界面显示，用户操作按钮等功能，内含雷达扫 描视频类、地图处理类的对象；

（2）CMapArea 类：主要处理背景地图的漫游缩放功能。 产生一个浮动的窗口，用来显示背景地图，函数如下：

```
void CMapArea::Create（CWnd   *wnd,int   x,int  y,int  width,int   height）

{

    ......

    CWnd::CreateEx（0, _T（"STATIC"）, L"", WS_POPUP, CRect（x,y,width,height）, wnd, 0）;

    SetWindowLong（this->m_hWnd,   GWL_EXSTYLE,

    GetWindowLong（this->m_hWnd,   GWL_EXSTYLE）|WS_EX_LAYERED）;

}
```

处理背景地图的漫游缩放功能将生成好的数据缓冲buffer发送到显示设备的 上下文，然后将显示设备的图像显示到窗口里面，函数如下：

```
void CMapArea::DrawWindow（）

{

    ......

    SetDIBitsToDevic（pDC.m_hDC,0,0,bmpinfoHeader.biWidth,

                bmpinfoHeader.biHeight,0,   0, 0,

                bmpinfoHeader.biHeight, （BYTE*）g_Mapbuff,

                （BITMAPINFO*）（&（bmpinfoHeader）），

                DIB_RGB_COLORS）;

    ......

    UpdateLayeredWindow（NULL,NULL,&szWindow,

                &pDC,&srcPoint,RGB（0,0,0）,   &bf,ULW_COLORKEY）;

    ......

}
```

（3）CRadarPrime 类：雷达扫描视频类，在类中，由函数GetRadarData（）获取 雷达扫描视频数据，主要实现了DMA 高速传输中的应用程序，负责接收驱动程序 传给应用程序的数据。

对雷达扫描视频图像进行处理的函数如下：

```
void CRadarPrime::RadarComputePic（）

{

    ......

    m_radarUtility->ComputeRC（m_start,m_end）;   //雷达扫描视频的计算与形成 if
    （m_bMoved）//当有漫游缩放事件时，进行漫游缩放的处理

    {

        m_radarUtility->ComputeMove（&m_MidPoint,m_Enlarge）; m_bMoved =
        FALSE;

    }

    ......
```

　　}

　　（4）CRadarRing 类：负责刻度线的绘制，由函数 CRadarRing::DrawRing（）完成。

　　（5）CRadarUtility 类：负责 DLL 的接口，背景地图和一次视频处理时的具体 运算，将通过该接口调用 DLL 的相关函数。

三、雷达扫描视频数据高速传输的实现

　　在第三章中，已经介绍了 DMA 高速传输驱动程序的设计流程，下面几节本书 详细介绍在合成系统中 DMA 驱动程序是如何实现的。

　　（一）设备的初始化

　　在 WDM 设备驱动程序中，并没有像在应用程序中常见的 main（）和 Winmain（） 这样的入口函数，WDM 驱动程序提供了一个叫做 DriverEntry（）的函数作为入口函 数，而所有的 Windows 驱动程序都必须包含 DriverEntry（）函数，当驱动程序被装 载时，DriverEntry（）函数就是调用一次。在 DriverEntry（）函数中需要完成一些必要 的初始化设置，如：宣布例程地址，并设置必要的回调函数。

　　部分关键程序代码如下：

```
NTSTATUS DriverEntry（    PDRIVER_OBJECT    pDriverObject,

                        PUNICODE_STRING pRegistryPath）

{

    ……

    pDriverObject->DriverUnload=    DriverUnload;

    pDriverObject->MajorFunction[IRP_MJ_CLOSE]=    Dispatch_Close;

    pDriverObject->MajorFunction[IRP_MJ_READ]    = Dispatch_Read;

    pDriverObject->MajorFunction[IRP_MJ_WRITE]    = Dispatch_Write;

    pDriverObject->MajorFunction[IRP_MJ_DEVICE_CONTROL]=Dispatch_Io
Control;

    pDriverObject->MajorFunction[IRP_MJ_PNP] = Dispatch_Pnp;

    pDriverObject->DriverExtension->AddDevice    =AddDevice;

    ……

}
```

　　在 DriverEntry 例程中通常完成的功能：

　　（1）设置 AddDevice，Unload，Dispatch 和其他例程的入口指针。

　　（2）初始化其它的驱动程序范围内的数据结构。

　　（3）如果 DriverEntry 例程成功，则返回 STATUS_SUCCESS 给 I/O 管理器。

　　（二）创建设备对象

　　当驱动程序的初始化工作完成以后，每一个设备需要创建一个设备对象，无 论是物理的还是逻辑上的。这个工作主要由例程 AddDevice 来负责完成。在例程 AddDevice 中，驱动程序需要创建一个设备对象，并要将该设备对象添加到设备堆 栈上去，每一个相关的设备驱动程序的对象都在设备堆栈上。当系统启动以后， 插在总线上的物理设备就会被枚举到，然后对应的驱动程序就会为该物理设备创 建设备对象，并将它添加到设备堆栈中去，这个工作是由 AddDevice 例程来完成 和实现的。

该函数的功能就是创建一个设备对象。其中pDriverObject 参数指向一个驱动 程序对象，就是DriverEntry 例程中初始化的那个驱动程序对象。

设备对象创建完成以后，在AddDevice 中需要寄存一个或者多个设备的接口，该接口是用来方便驱动程序发现设备的存在，和应用程序进行通信的。下面的函 数实现了该功能。

status=IoRegisterDeviceInterface（pdo,&g_Guid,NULL,

&pdx->DeviceLinkName_Unicode）；

设备的接口寄存之后，初始化设备扩展 ，并将新设备对象附着到设备堆栈中，以下函数实现了该功能。

pdx->pLowerDeviceObject =IoAttachDeviceToDeviceStack（fdo, pdo）；

在AddDevice 中，驱动程序为硬件设备创建一个FDO，然后添加到设备堆栈 中，该FDO是设备在驱动程序中的称呼，而PDO 是由物理总线创建的，它是设 备在系统中的称呼，所以FDO 和PDO 都是指对应的同一个硬件设备，只是它们 在不同的地方，名字不一样而已。

（三）访问PCI-E 配置空间

当机器上电启动以后，相关的配置 软件会对系统中的所有总线进行扫描，包 括PCI-E 总线、PCI 总线和其他的总线，从而可以确定总线上存在哪些设备，然后 确定每个设备都有什么样的配置要求，这个常常被称为 PCI-E 总线的枚举程序， 它主要扫描总线，检查总线，激活总线，总线枚举，发现工程，执行 PCI-E 总线 扫描。通过PCI-E 枚举，CPU 知道当前系统有多少PCI-E 设备，多少根PCI 总 线，PCI 配置空间初始化。对于每条总线，系统都会扫描，读出每个设备配置空间 的Device ID 和Vendor ID 寄存器，如果这两个寄存器的值是个无效值，则说明 当 前没有设备存在，就会接着扫描下个总线位置。如果是有效值，进而会读出该设 备的Header Type 寄存器，如果寄存器值为1，则表明当前的设备是PCI-E 桥，否 则就是PCI-E 设备。

为了实现即插即用功能，所有的PCI-E 设备都必须要实现由PCI-E 规范定义 的一组配置寄存器。根据不同设备的操作特性，不同的设备功能还可以实现有 PCI-E 规范定义的其他要求的或者可以选择的配置寄存器。另外，为了实现一些功 能指定的配置寄存器，PCI-E 规范保留了许多附加的配置单元。一般情况下，操作 系统可以通过配置寄存器的内容，如设备ID，供应商ID，类别代码，版本号，子 供应商ID，子系统ID 等来判断PCI-E 设备应该加载什么样的驱动程序，PCI-E 设 备所需的地址空间并不是固定的，这个特点是 PCI-E 中总线中的一大特色，也是 一个非常重要的功能。因为这个特点它可以简化设备的配置过程，不需要每次插 入不同的机器而重新进行复杂的配置。在系统加电以后，有哪些设备存在，这是 系统必须要确定的，除此之外系统还需要为硬件设备建立一个地址映射关系。可 以通过访问配置空间中寄存器的基地址来获得相应的地址空间。

当驱动程序启动以后， 如果 PCI-E 总线枚举到了硬件设备， 一个叫做IRP_MN_START_DEVICE 的IRP 便会产生并发送到驱动程序中，接着驱动程序就 会根据 IRP的消息对其进行处理。驱动程序自己不能给硬件设备分配资源，硬件 设备的资源是由操作系统来分配的，前提是操作系统检测到了硬件设备的存在和硬件设备向系统发送了资源请求信息。

如果硬件设备请求的资源已经被其他的硬件设备给占用了，即插即用管理可 以对已经分配的资源进行重新分配。

驱动程序首先将资源请求的IRP 逐层发送到系统的PCI-E 总线驱动上，PCI-E 总线驱动程序会访问硬件设备的配置空间，从配置空间中获取相关的硬件资源， 如IO，Memory 和中断资源，等PCI-E 总线驱动程序完成以后，就会将IRP 传到 上一层，然后驱动程序就可以从 IRP中获得所需要的信息。驱动程序不仅可以在 系统启动以后访问PCI-E 的配置空间，在其他的时间也可以访问。

NTSTATUS PciRegisterBufferRead（

PDEVICE_OBJECT fdo,

```
                         U16 offset,
                         VOID *buffer,
                         U16 size
                         )
```

该函数主要用来负责从配置空间中读取基地址寄存器的地址。除了可以读取基地址寄存器之外，还可以读取中断、IO 以及 memory 等信息。

主要实现如下：

```
NTSTATUSStartDevice（  PDEVICE_OBJECT  fdo,
                       PCM_PARTIAL_RESOURCE_LIST   ResourceListRaw,
                       PCM_PARTIAL_RESOURCE_LIST   ResourceList
                       )
    {……
    for   (i = 0; i < ResourceListRaw->Count;   ++i, ++Resource, ++ResourceRaw）
    {
        switch   （ResourceRaw->Type）//判断资源的类型
        { case   中断：   如果是中断，就读取该中断的中断号
          case   端口：   如果是端口，就读取端口地址
          case   内存：   如果是内存，就读取内存地址

        }
    }
    return STATUS_SUCCESS;

    }
```

（四）中断处理

当一个事件发生了它总是希望操作系统或者 CPU 能够及时的为其提供服务，处理该事件，尤其是中断事件的产生。否则，如果不及时地处理，系统可能会忽略了这个事件，例如当 PCI-E 设备需要传输数据时，就会给操作系统发出相应的中断请求，要求 CPU 响应请求，从而进行数据的传输，否则，PCI-E 设备上的数据可能会丢失。

在 Windows 操作系统中，它使用了 IRQL，即中断请求级别策略，让操作系统中的各个任务能够平衡的使用处理器。因为 Windows 操作系统，它不是单线程的，它是多线程的操作系统，CPU 在同一时刻无法同时响应多个同时发来的请求，在多个线程同时进行时，如何很好的使用 CPU 资源是一个问题，为了解决这个问题，Windows 操作系统使用了 IRQL，很好的解决了这个问题。

Windows 操作系统中的进程和设备是运行在不同的中断请求级别策略上的，表4-1 列出了 Windows 提供的抽象的处理器中断级，其中软件产生的中断总是要低于硬件设备产生的中断，在中断优先级中无中断的优先级最低。

在本书的 DMA 高速传输驱动程序中，应用了其中的三个中断级。硬件中断服务例程在设备中断级 DIRQL 上运行。分发例程在 PASSIVE_LEVEL 上被调用。回调例程则运行在 DISPATCH_LEVEL 中断级上。

驱动程序中断处理首先要获取中断资源，这在第3节访问配置空间中已经说明了，它是根据 CM_PARTIAL_RESOURCE_LIST 结构中 type 域来区分要获取什么样的中断资源，DMA 中断资源获取完之后就要进行中断的注册。

status = IoConnectInterrupt（

&pdx->pInterruptObject,

OnInterrupt, pdx,

NULL,vector,IrqL,IrqL,

mode,TRUE,affinity,

FALSE

）；

该函数实现了中断的注册，其中pdx->pInterruptObject 指向了驱动程序提供的 中断对象存储地址，OnInterrupt 就是中断服务程序的入口函数，vector 就是DMA 的中断向量，IrqL 就是获取的DMA 中断的中断优先级 DIRQL。注册完成之后， 如果有中断的产生就可以进行中断处理了。

中断处理过程需要中断服务程序，DMA 中断处理程序的流程如图4-5 所示， 在中断服务程序中，中断服务程序首先要判断是否是DMA 传输终止中断，因为系 统中会产生很多中断，如果是DMA 传输终止的中断，就进行相应的中断处理，如 果不是，就返回，不做任何处理，如果做了不正确的处理，可能会扰乱系统，造 成系统的崩溃。

在中断服务程序中，不能将运行时间很长的任务放在里面进行处理，因为他 的运行的优先级别很高，如果中断服务程序的运行时间过长，硬件中断优先级以 下的程序都会处于等待状态，如果在驱动程序中，存在大量的这样中断优先级的 且中断服务程序运行时间较长的程序，整个系统的性能会受到大大的影响，大量的急需要处理的事件会被延迟处理， 这样会给使用者带来惨重的损失。为了解决这个问题，在WDM 的驱动程序中，提供Deferred Procedure Call，简称为DPC， 驱动程序可以将中断服务程序中不用立即处理而且比较消耗时间的任务放到 DPC 中去处理，这样其他的中断服务程序就不会被阻塞。在驱动程序中， 如果中断 服务程序结束以后，处理器获得了DISPATCH_LEVEL 的运行权，那么DPC 就会 被运行，执行中断服务程序留给它的比较消耗时间的任务。

在驱动程序中他的实现如下：

KeInsertQueueDpc（

&(pdx->DpcForIsr),（VOID

*）InturrptValue, （VOID *）

NULL

）；

其中DpcForIsr 就是DPC 处理函数，用来处理一些比较耗时的任务。 在驱动程序停止运行之前， 驱动程序需要断开硬件中断的连接， 并且要释放相关的中断资源。

（五）DMA 数据高速传输

基于PCI-E 总线的DMA高速数据传输方式中使用到的操作系统的物理内存，可以使用两种不同的方式来对其进行管理,一种方式是使用Packet,而另一种方式是使用Common Buffer。其中在第一种方式中使用了MDL，这种方式下， 数据直 接在设备和被锁定的用户空间缓冲区页面间传输，这是DMA 访问类型的直接I/O 操作，每个新的I/O 请求都有可能使用不同的物理页面作为他的缓冲区,这就使得 驱动程序不得不在每次I/O 时都要执行建立和清理工作第二种方式是在系统的物理内存中开辟一段连续的物理地址，提供给硬件设备和CPU 进行访问。这种方式 下，驱动程序中每次使用的地址空间都是一样的,而且是非分页的。如果驱动程 序需要进行间断性的DMA传输不需要分配一块固定的内存空间可以使用Packet 的方式，每次使用时，在应用层申请一块内存，然后映射到内核空间使用。如果 驱动程序要进行连续的 DMA 操作，最好要选择 Common Buffer 方式，因为它使用 的是同一块物理地址，适合不断的 DMA 传输，本书中的 DMA 传输方式采用的就 是 Common Buffer 方式。

驱动程序中实现 DMA 的高速传输时首先要加载一个 Adapter 对象，在驱动程序中可以通过函数 IoGetDmaAdapter（）来实现该功能；Adapter 加载 完成以后，在系统中需要申请一块连续的物理内存，程序如下：

```
pKernelVa =pdx->pDmaAdapter->DmaOperations->AllocateCommonBuffer
            ( pdx->pDmaAdapter,BufferSize,
        &BufferLogicalAddress,
    bCacheEnabled   );
```

通过 AllocateCommonBuffer 函数便可以在系统中申请一块连续的物理内存。 其中 pdx->pDmaAdapter 为本书前面申请的适配器对象，BufferSize 为申请内存的 大小，返回值 pKernelVa 指向申请的物理内存的首地址。

在物理内存申请完毕后，如果有 DMA 事件的产生，便启动 DMA 进行数据的 高速传输。

本书 中 的 雷 达 扫 描 视 频 数 据 接 收 设 备 的 SG_DMA 中 增 加 了 Descriptor Processor，可以实现批量工作，即当多个 DMA 传输完成以后，系统才会通知处理 器 DMA 操作完成，这样可以进一步减轻处理器的工作。在 DMA 的驱动程序实现 中，首先，必须要记录每个 descriptor 的地址和长度，程序如下：

```
for（sgCount=Transfered   =0;pdx->transferSize;++sgCount）
{/*transferSize 指物理传输数据的大小 sgCount 是记录 descriptor 的个数 */
  sgList->Elements[sgCount].Address.u.LowPart=pMemory->PhysicalAddr+Transfer;
                                          /* 记录每个 descriptor 的起始地址   */

DesMaxLength=((~a2p_mask)+1)((pMemory->PhysicalAddr+Transfered) & (~a2p_mask));
  if（DesMaxLength > pdx->transferSize）    {
      DesMaxLength = pdx->transferSize;}

sgList->Elements[sgCount].Length = DesMaxLength ;
                                      /*记录每个 descriptor 的长度*   /

PerTransfer   = DesMaxLength ; pdx->transferSize
-= PerTransfer; Transfered+=   PerTransfer;   }

sgList->NumberOfElements   = sgCount;

}
```

然后，需要对每个 descriptor 表进行填充，设置寄存器，并启动 DMA。
部分代码如下：

```
int construct_standard_mm_to_mm_descriptor （sgdma_standard_descriptor *descriptor, alt_u32
*read_address, alt_u32 *write_address, alt_u32 length,   alt_u32 control）

{
    descriptor->read_address = read_address; /* 硬件设备地址 */ descriptor->write_address
    = write_address; /* 申请的物理内存首地址 */ descriptor->transfer_length = length;
    /*       descriptor 的长度       */
```

```
descriptor->control  = control|DESCRIPTOR_CONTROL_GO_MASK;
                                        /*设置DMA 控制寄存器*/

}
```

四、背景地图漫游缩放算法的实现

当合成系统出现漫游缩放事件时，首先获取地图中心坐标（cx，cy），计算出背景地图左下角的坐标（mapx， mapy） 以 及 偏 移 量 （offset_x,offset_y） 显 示 区 域 在 原 地 图 中 的 实 际 大小 为 （MapLenx,MapLeny），然后判断显示部分是否在原始地图大小范围内，如果不在， 调整（cx,cy），（mapx,mapy），（offset_x,offset_y）确保显示部分在原始地图的大 小范围内。最后就可以从原始地图中获取相应的需要显示的背景地图数据。

其中（cx,cy），（mapx,mapy），（offset_x,offset_y）的调整的代码如下： if
（offset_x+MapLenx>ORIWIDTH）/* ORIWIDTH 为背景地图的宽度*/

```
{
    offset_x = ORIWIDTH-MapLenx; mapx
    =-offset_x *g_Enlarge;
    cx = mapx +HalfMapWidth*g_Enlarge;
                            /* HalfMapWidth 为背景地图的宽度的一半*/
}
if（offset_y+MapLeny>ORIHEIGHT）/* ORIHEIGHT 为背景地图的高度*/
{
    offset_y = ORIHEIGHT-MapLeny;
    mapy = -offset_y *g_Enlarge;
    cy = mapy +HalfMapHeight*g_Enlarge;
                            /* HalfMapHeight 为背景地图高度的一半*/
}
if（offset_x  <0）
{
    offset_x = 0;
    mapx = 0;
    cx = mapx +HalfMapWidth*g_Enlarge;
}
if（offset_y  <0）
{
    offset_y = 0;
    mapy = 0;
```

cy = mapy +HalfMapHeight*g_Enlarge;

　　}

　　首先需要获得显示区域在原地图中的偏移量，根据偏移量可以得到显示区域在原地图中的雷达扫描数据；然后需要知道背景地图放大的倍数β，最后对放大区域的横向和竖向分别进行填充。

　　部分代码如下所示：

```
BOOL Simplelarge（LPBYTE  lpbyBitsSrc24,  int offset_x,  int offset_x, int
                nWidth, int nHeight,  int nScanWidth,
                int nScanHeight,  LPBYTE lpbyBitsDst24, int
                nWidthImgDst,  int nHeightImgDst）
```

/*　　其中 lpbyBitsSrc24 为指向原地图的指针，offset_x，offset_y 为地图左下角的偏移量，nWidth,nHeight 分别为放大后显示区域在原地图中的宽和高；nScanWidth，nScanHeight 为原地图的大小；nWidthImgDst,nHeightImgDst 为显示区域的大小；lpbyBitsDst24 为指向漫游缩放后显示区域的指针。*/

```
{ int nTime,i,j,k,l;
    int Linstart,offset;int  Linstart1; int
    value;LPBYTE   pImg; int
    x=offset_x,y=offset_y;
    nTime=    （int）（nWidthImgDst/nWidth）;/*地图的放大倍数*/
    for（j=0;j<nHeight;j++）
    { Linstart =  （y+j）*nScanWidth*3+x*3; for
        （i=0;i<nWidth;i++）
        {offset = Linstart+i*3;
            value = *（lpbyBitsSrc24+offset）; value = *
            （lpbyBitsSrc24+offset+1）; value = *
            （lpbyBitsSrc24+offset+2）;
            for（l=0;l<nTime;l++）/*对放大区域进行填充*/
            {Linstart1=（j*nTime+l）*nWidthImgDst+i*nTime; Linstart1
                *= 3;
                pImg = lpbyBitsDst24+Linstart1;
                for（k=0;k<nTime;k++）
                { *（pImg+3*k）=value;
                    *（pImg+3*k+1）=value;
                    *（pImg+3*k+2）=value;
                }
```

```
        }
      }
    }
return TRUE;

}
```

五、雷达扫描视频的实现

（一）线程结构体的定义

```
struct ThreadArg
{
    int No;
    UCHAR *pImage; int
    NumPixel; BOOL
    bTable;
};
```

该结构体定义了每个线程在处理显示区域时的信息其中No 表示线程导分 别为0，1，2，3) pImage 指向该线程处理的起始像素地址；NumPixel 表示线程 处理的像素数量；bTable 表示该线程处理的像素是否在正在扫描的范围内，是否 有漫游缩放事件。

```
struct POLAR
{
    int r_en; int
    r;
    int theta;
    BOOL Draw;
};
```

该结构体定义了显示区域内每个像素的信息，r_en 表示漫游缩放后的极坐标 值，r 为对应的原极坐标的值，theta 是角度，draw 表明是否需要对这个像素点进 行绘画。

（二）雷达扫描视频的实现

雷达扫描视频的处理流程如图4-9 所示,在线程内部,线程循环处理每一个像 素点, 先判断是否有漫游缩放事件的发生，如果有，将该像素点所在的直角坐标 转化成极坐标，并更新直角坐标到极坐标的转换表，否则 直接在转化表中查找极 坐标值；然后根据极坐标 值判断该像素点是否在最新的雷达扫描的区域内，如果 在，就根据极坐标值查找 对应的雷达扫描视频的数据，进行处理并显示，如果不 在，就对该像素点进行余辉处理，并显示在屏幕上。

部分程序代码如下：

```
static void ComputingPrimePic（THREADARG  *pThrd）
{……
    int js=pThreadArg->NumPixel  * pThrd->No; /*线程处理区的起始像素点*/ int
    je=js+pThrd>NumPixel;/*最后一个像素点*/
```

```
pPic=g_Picbuff+js*WIDTH*3+1;/*g_Picbuff 为显示区域的buffer*/ for（ j=js;j<je;j++）
/*  循环处理每块区域的像素点  */

{

    for（i=0;i<WIDTH;i++）
    { pTran=&g_PolarTran[j][i];/* g_PolarTran 是坐标转化表    */ if（pThrd->bTable）

    {rTmp=sqrt （（（float）（i-mpnt.x）*（i-mpnt.x）+（float）（j-mpnt.y）*（j-mpnt.y）））;
                                        /*直角坐标的计算*/

    pTran->r_en=rTmp;/*pTran 是每个像素的极坐标信息*/

    pTran->r=rTmp/g_Enlarge;
    iTheta=ComputingTheta（i,j）;/*  直角坐标转化成极坐标*/ pTran->theta =
    iTheta; }

    ……

    if（pTran->Draw）    {

    if（（pThrd->bTable）   || （（iTheta>=g_th1）&&（iTheta<=g_th2））
                                    /* g_th1 和g_th2 是扫描范围    */

    {*pPic = * （g_Radarbuff + iTheta*MAXDATALEN   + pTran->r）; }
                                    /*  取出雷达扫描数据*/
    else{…… *pPic-=FAINTVALUE;   }/*做余辉处理*/

    ……

    }

}
```

本章的内容主要是对雷达扫描视频合成系统的程序实现。在第二节中分析和 实现了合成系统的程序结构；在第三节中实现了雷达扫描视频数据的高速传输； 第四节中实现了背景地图漫游缩放算法以及放大过程中图像的填充；在第五节中， 实现了雷达扫描视频的处理。

第四节 OpenCL 对雷达扫描视频合成系统的优化

一、OpenCL 的简介

OpenCL 是Open Computing Language 的简称，即开放运算语言。由于并行技 术在现实生活中的应用越来越多，越来越重要，研究的人员也变得越来越多，各 种并行技术随之也跟着雨后春笋般的慢慢地发展了起来，各种不同的并行技术也 有着自己不同的发展特点。由于并行技术发展越来越好，它所要求的性能也变的 越来越高，在这样的环境下，并行计算语言诞生了，尤其是在 NVIDIA 开发出了 CUDA 和由苹果公司提出而由Khronos Group 创立OpenCL 之后，并行计算进入了 一个新的时代，OpenCL 它是一种开放的标准，所有的人都可以使用它，它的开发 效率也非常的高，开发成本也很低，只要拥有一台计算机和GPU 设备就可以开发 出性能高效的并行计算代码,满足开发人员的需求,完成需要的工作[38,39].OpenCL 可以完美的使用 CPU 和 GPU 进行运算，从而降低了硬件的成本和减低了系统能 耗。不仅如此，OpenCL 还可以被使用在C，C++，JAVA，Python 等各种语言上， 所以各种不同的背景的人都可以很快的学习和掌握它的使用，这样程序开发人员 可以把更多的时间和精力放在加速算法上。由于 OpenCL 有这么多的优势，所以 它的发展前景很广阔。

二、OpenCL 的规范

OpenCL 规范中定义了平台、执行、内存和编程模型这四种模型[40,41]，下面 本书分别对其作简要的介绍和分析。

（一）平台模型

OpenCL 平台模型中定义了两个角色，其中一个是主机，另外一个是设备。 在平台模型中，也为硬件设备定义了一个抽象的硬件模型。

OpenCL 平台由一个主机和若干个与之相连的 OpenCL 硬件设备组成。其中 每个OpenCL 设备又由若干个计算单元组成，而计算单元又由若干个处理单元组 成的，并且各个单元之间是相互独立的。在平台模型中，主机主要是用来负责一 个或者多个OpenCL 设备上的程序的执行。

按照OpenCL 的模型，每个应用程序都以 host 平台定义的方式运行在主机上， 比如 Windows 程序、Linux 程序以及 Mac 程序。当应用程序执行时，就会将计算 命令从 host 提交到OpenCL 设备的各个处理单元上进行计算。一个计算单元上的 处理单元执行的都是一样的程序代码。

（二）执行模型

在执行模型中，有一些非常重要的概念需要理解，他们分别是上下文和命令 队列。上下文是主机和设备进行通信的桥梁，没有它主机和设备之间无法完成信 息的交互。命令队列的作用是将主机上编写的内核程序发送到内核，然后执行。 OpenCL 执行模型定义了内核是如何执行的，主机程序和内核kernel 程序组成 了执行模型。其中主机程序在主机上运行，内核kernel 程序在GPU 上执行。在 OpenCL 的内部，定义了主机程序之间是怎样进行交互的，但是具体的细节没有提 供。OpenCL 内核是由C 语言编写的函数，编译时，它使用的是OpenCL 自带的编 译器。

OpenCL 程序编写的重点是内核的执行，所以对内核函数的执行是否有清晰的 了解是学好 OpenCL 的关键。内核函数执行的步骤如下，首先在主机上定义一个 内核函数，然后将在主机上定义的函数发送到内核，内核函数就可以在GPU 上进 行处理。在内核函数被执行之前，一个N-维的范围（NDRange）需要被指定， 还要定义全局工作节点的的数目和工作组中的节点的数目，其中定义工作组的作 用是为有些在组内交换数据的程序提供方便。如图7-2 所示，全局工作节点的范围 为{12,12}，工作组的数量为9 个，工作组的节点范围是{4,4}。

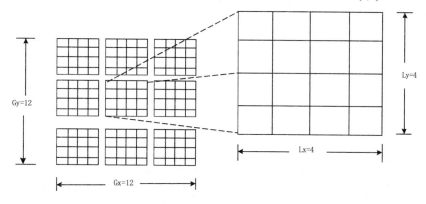

图7-2 NDRange 索引空间

OpenCL 内核函数要是被执行，就需要一个上下文和命令队列，上下文是主机 和 GPU 设备进行通信的桥梁，没有它，主机和 GPU 之间是无法通信的。命令队 列的作用主要是将主机的任务提交给硬件设备，然后任务就会在设备上进行，一 个设备有一个命令队列，且与上下文无关。

（三）内存模型

通常情况下，不同的平台它们的存储系统是不一样的。如果用 OpenCL 开发 的程序要想运行在不同平台上，它必须拥有很好的移植性能。为了解决这个问题， OpenCL 自身定义了一个抽象的内存模型，从而很好的解决了可移植性这个问题， 因为内存模型的出现使得人们不需要关心地址映射关系，它专门是由驱动程序来 完成相关的映射。

OpenCL 的内存模型如图5-3 所示，其中，私有内存是隶属于一个工作项中的 内存，在工作项中定义的私有变量对另外一个工作项是不可见的。

局部内存是属于一个工作组内部的内存，在其中定义的变量可以被工作组中 的工作项所共享和使用。

常量内存是全局内存中的一块内存区域，在内核执行的过程中， 该内存中定 义的变量不变，常量内存中的变量的内存分配和初始化由主机负责。

全局内存可以被所有的工作项所共享，工作项可以读写此全局内 存中的所有 变量。

（四）编程模型

OpenCL 的编程模型一共有两种，一种是任务并行，另一种则是数据并行。其 中在任务并行编程模型中，它的任务被定义成了内核，由单个工作项来执行。程 序设计者在设计并发任务的时候，就需要考虑使用这种模型。

在数据并行编程模型中，它的作用主要是用来处理一些并行化的数据，将数 据进行并行处理，从而大大的减少了计算时间。

三、OpenCL 对合成系统的优化

（一）OpenCL 内核编程

OpenCL 中的内核编程语言是运行在 OpenCL 设备上的代码，通常，称这种内 核语言叫做 OpenCL C 编程语言。OpenCL 内核编程语言与 CPU 的并发编程差不 多它的语法也类似与C函数的语法不过还是存在一些区别主要区别是OpenCL 编程有一个额外的OpenCLkernel 实现的执行模型，在开发过程中，需要考虑很多 因素所带来的不良问题，如内核中需要开启的线程数量超过了能使用的资源的数 量所带来的问题等等。下面通过举例，讨论数组相加的过程。

在普通的串行C 语言的中，计算两个数组的相加，需要将两个数组中的数据， 按照对应的下标一一的相加起来，它是一个循环的过程，循环的次数和数组中元 素的个数一样多，如果数组中元素的数量异常庞大，在计算过程中需要消耗的时 间也是不容乐观的。代码如下：

```
void add（int *c,int *a,int *b,int n）

{

    int i; for

    （i=0;i<n;i++）

    c[i]=a[i]+b[i];

}
```

在OpenCL 的并发执行中，执行单元是一个work_item，每个work_item 执行 kernel 载体，在程序执行过程中，work_item 的数目会和输入输出的元素一样多，所以不需要自己手动的去划分。OpenCL 执行的kernel 代码如下：

```
_kernel void add（_global int *c,_global int *a,_global int *b）
```

```
{
    int i=get_global_id;
    c[i]=a[i]+b[i];
}
```

（二）合成系统优化的程序实现

在雷达扫描视频合成系统中，生成雷达扫描视频时，需要对显示区域的每个点进行循环判断，如果该点是被扫描点，还需要计算其在漫游缩放过程中，对应的原雷达扫描点的值，这个步骤是最耗时的。

本书可以使用 OpenCL 对每个点进行并行计算，而不需要像普通程序那样进行循环迭代，这样可以大大减少整个过程中计算的时间，从而使得雷达扫描视频合成系统运行更加流畅。

程序启动后，首先创建一个平台对象，获取一个OpenCL 平台，因为不同的OpenCL 组织里面不同的厂商的不同硬件都会支持OpenCL 的标准而不同的厂商会对 OpenCL 进行不同的具体实现，如果计算机中有多个不同厂家的硬件那么计算机中就会有几套OpenCL 的实现比如计算机中安装了intel的CPU，可能就会有一套 intel 的实现，如果计算机中安装了AMD 的显卡，那么计算机中可能还有一套关于AMD 的实现。另外，即使没有安装AMD 的显卡，不过安装了它的OpenCL 开发包，机器中也可能存在一套关于AMD 的实现。对于程序开发人员，就需要编写程序来获得平台信息，根据平台信息来选择所需要的平台。在程序中，可以使用函数clGetPlatformsIDs（）来得到一个平台的ID，给定了一个平台，可以使用函数clGetPlatformInfo（）来获取该平台的一些属性。

然后获得GPU 的设备，创建作用于 GPU 上的上下文，上下文是OpenCL 应用的核心部分，它为关联设备，内存对象和命令队列提供了容器，是主机与设备进行数据交互的桥梁，可以使用函数clCreateContext（）来创建一个上下文。

上下文创建完之后，需要使用函数 clCreateCommandQueue（）来创建一个command 队列，它的作用是将工作提交给设备。接着需要创建程序对象并编译程序，分别通过函数 clCreateProgramWithSource（）和clBuildProgram（）来实现；之后需要创建一个内存对象，可以使用函数clCreateBuffer（）来实现，该内存对象是用来存放输入和输出的数据的，最后创建kernel 对象，设置kernel 参数，运行kernel，将运行后的数据拷贝到主机上，给主机上的程序进行处理。

在合成系统中，原先对雷达扫描视频的处理是开启 4 个线程来分块处理，而在用OpenCL 对其优化时，只需要在主机程序中开启一个线程，对整块显示区域进行控制和处理，具体的计算用GPU 进行并行化处理。

部分kernel 程序如下：

```
_kernel void simple（_global unsigned    char * g_Picbuff,    int g_MidPoint_x,
        int g_MidPoint_y,    int g_th1, int g_th2, int Width, int g_Enlarge, Bool    bCHange,
        _global unsigned    char * g_Radarbuff, POLARTRAN    *dataTable）
/*  其中g_th1, g_th2 为雷达扫描的角度；bCHange 为是否有漫游缩放事件的发生；
dataTable 为直角坐标到极坐标的转化表  */
{        …
…
        int i,j,iTheta;
```

```
float x,y,rTmp;

float m_thetagrad,theta,res,nt;

POLARTRAN *pTran; i=get_global_id

（1）; j=get_global_id（0）;

m_thetagrad=2*PI/RESOLUTION;

pTran=&dataTable[i*Width+j];

if（bChange）

{rTmp=sqrt（（float）（i-g_MidPoint_x）*（i-g_MidPoint_x）+（float）（j-g_MidPoint_x）

*（j-g_MidPoint_x））   ;

……/*省略部分类似于优化前的代码*/ if（(pThrd->bTable)‖（（iTheta>=g_th1）&&

（iTheta<=g_th2））

    {

      g_Picbuff[（（Width*i）+j）*3  +1]=*（g_Radarbuff+iTheta*MAXDATALEN

      +r）;/*  取出雷达扫描数据 */

    }

    else

    {

      g_Picbuff[（（Width *i）+ j）*3+1]-=1;/*做余辉处理*/

    }

  }
```

本章的主要内容是 OpenCL 对雷达扫描视频合成系统的优化，主要介绍了 OpenCL 的相关知识以及OpenCL 的规范，在OpenCL 的规范中分别定义了平台、执行、内存和编程这四种模型，在第二节中对其进行了详细的介绍和分析。在第 三节中，具体实现了OpenCL 是如何优化雷达扫描合成系统的。

六、雷达扫描视频合成系统的测试

（一）DMA 高速传输的测试

本书中的驱动程序的测试环境为Windows7 系统，CPU 为Intel i3，双核；硬件设备为ALTERA Stratix IV 的开发板。DMA 传输速度如图7.3 和图7.4 所示：

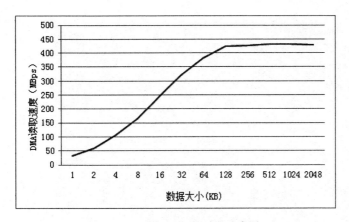

图7-3 DMA 读取速度图

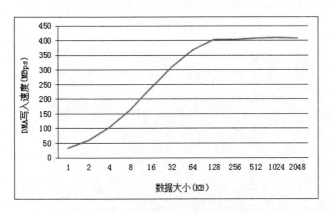

图7-4 DMA 写入速度图

图中的读取速度指从数据接收设备到PC 的数据传输速度，写数据则相反。

在本书中，雷达扫描视频数据的传输需要实时性，需要高速传输的速度，才能满足合成系统的需求,从图中可以得知:(1)DMA 的数据传输速度可以达到400 MBps，实现了数据的高速传输，可以满足系统的需求。(2) DMA 在数据传输时， 随着传输数据量的增加， 速度在不断地加快，但达到一定的数量时，加快速度会 变慢，数据传输速度逐渐地平缓。

（二）合成系统显示的测试

程序启动后，系统加载地图并显示，显示界面如图7-5 所示：

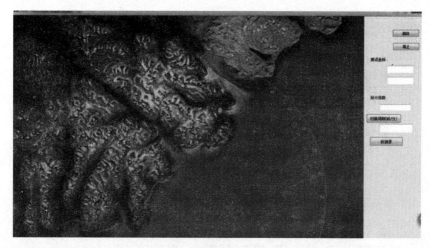

图7-5　合成系统启动界面

图7-6　背景地图与扫描视频合成显示图

　　点击启动按钮后，雷达开始扫描，将雷达扫描视频数据高速传输到PC 上，根据合成原理，将背景和雷达扫描视频合成在一起，显示界面如图7-6 所示；在合成系统中，主要实现了背景地图、雷达扫描视频和刻度线的合成，背景地图和扫描视频的漫游缩放功能以及扫描视频的余辉处理，显示效果如图7-7、图7-8 和图7-9 所示（分别是放大1 倍、2 倍和4 倍的效果图）。

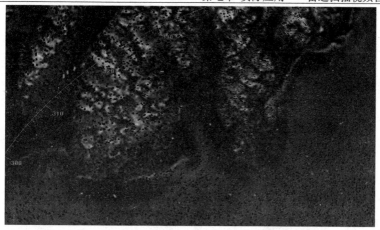

图7-7 放大1 倍显示图

图7-8 放大2 倍显示图

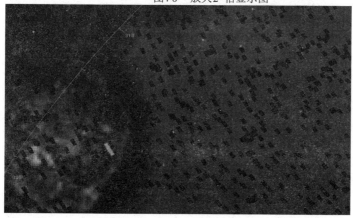

图7-9 放大4 倍显示图

三、OpenCL 优化前后的数据测试

本书中优化前后的测试环境为CPU 为Intel i3双核GPU 为NVIDIA GeForce 210。

系统运行时，记录了大量的数据，下面几副图分别记录了合成系统在优化前后，一帧雷达扫描视频图像的处理时间以及整个合成系统的CPU 占用率。

（1）当没有漫游缩放事件时，一帧雷达扫描视频图像处理时间在优化前后的 数据比较如图7-10 所示：

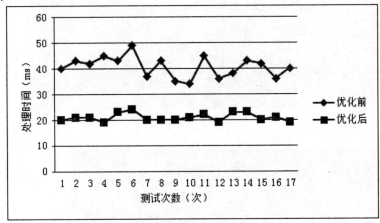

图7-10　无漫游缩放时扫描视频优化前后处理时间对比图

（2）当有漫游缩放事件时，一帧雷达扫描视频图像处理时间优化前后的数据比较如图7-11 所示：

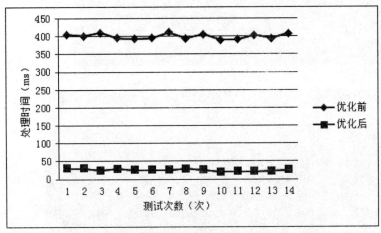

图7-11　有漫游缩放时扫描视频优化前后处理时间对比图

（3）当没有漫游缩放事件时，优化前后合成系统CPU 的占用率的比较如图7-12 所示：

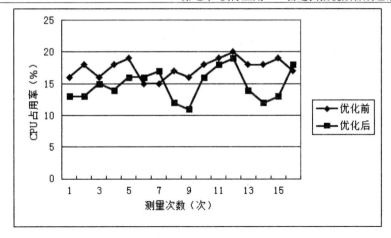

图7-12　没有漫游缩放时优化前后合成系统CPU 占用率对比图

（4）当有漫游缩放事件时，优化前后合成系统CPU 的占用率的比较如图7-13 所示：

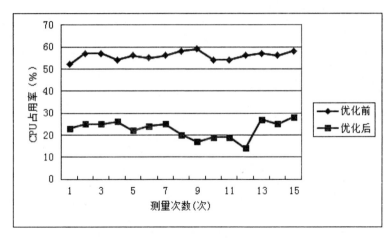

图7-13　有漫游缩放时优化前后合成系统CPU 占用率对比图

从上面4 幅图中的数据对比，可以分析得出：

（1）OpenCL 对合成系统有一定的优化作用，尤其是有漫游缩放事件时，优 化效果更加明显，OpenCL 优化后雷达扫描视频处理的时间大大地得到了减少。

（2）当没有漫游缩放事件时，OpenCL 优化前后合成系统的CPU 占用率差不 多，优化效果不是很明显；但出现漫游缩放事件时，OpenCL 优化前合成系统的 CPU 占用率非常大，优化后系统的CPU 占用率明显下降很多，优化效果很明显。

本章的主要内容是对雷达扫描视频合成系统的测试。在第一节中，通过对 DMA 高速传输的测试数据的分析，达到了预期的效果，实现了雷达扫描视频数据 的高速传输；第二节主要对合成系统显示的测试，包括漫游缩放功能的测试。第 三节主要是系统在OpenCL 优化前后数据的测试和对比。

第八章 结论与展望

在本章中，首先总结了本论文各部分的研究工作，分析了论文中所存在的不足。最后，基于现有的工作，对需要进一步研究的问题提出一些设想，并对协同组播网络的发展前景做出了展望。

第一节 创新性工作及结论

组播是一种实现多点通信的有效途径，是目前网络研究的热点问题之一。但是，由于现有组播技术（网络层组播和应用层组播技术）自身的缺陷，导致组播服务至今没有得到大范围的部署和应用。但是，网络层组播具有的高效性和应用层组播具有的灵活性是两者最大的优势，如果能够把两者有机的融合在一起协同工作，将弥补两者的不足之处，从而利于组播服务的部署和扩展。因此，本书利用 Overlay Network 的虚拟和自适应的特点，将传统的组播服务基于 Overlay Network 之上进行研究。通过对现有组播体系结构及最新研究成果的分析，在网络体系结构思想的指导下，提出在网络中部署一定的组播代理服务器，由组播代理、端用户和组播路由器共同构造协同组播 Overlay Network，在此覆盖网的基础上，实现网络层组播与应用层组播的协同工作，以此向全网提供组播服务的思想和概念。其核心思想是把全局的协同组播分解为域内协同组播和域间协同组播两层结构。通过应用层和网络层的协同组播，在域内以组播代理为根，建立一棵包含端用户及组播路由器的域内协同组播有源树；在域间以源组播代理为根，建立一棵包含组播代理和域间组播路由器的域间组播有源树；从而构成两层的协同组播网络，建立一棵以域间组播树为骨干，域内组播树为子树的全局组播树，实现应用层组播与网络层组播的协同工作。

本书对协同组播 Overlay Network 的构造及优化、协同机制的描述、协同组播路由及拥塞控制进行了深入研究，主要工作在于以下几个方面：

（1）对已有的组播技术进行了较全面的分析和综述。

本论文的主要工作之一是提出一种新的协同组播网络体系结构。因此，本书首先对已有的组播技术进行了深入的分析和较详尽的综述。

（2）提出基于 Overlay Network 应用层与网络层协同组播的网络体系结构。

在深入分析传统组播技术所存在问题的基础上，本书提出了基于 Overlay Network 的协同组播概念和体系结构的逻辑框架，定义了各组成部分的功能以及相互关系。确定在此框架基础下，协同组播需要研究的若干关键性问题。并对协同组播模型进行了形式化描述，在此基础上对协同组播机制的正确性和完备性进行了证明。

（3）研究了协同组播 Overlay Network 的构造问题。

协同组播 Overlay Network 的构造是协同组播研究的基础性问题之一。本书根据协同组播的特点，提出通过在网络中部署组播代理服务节点，由组播代理节点、端用户和组播路由器共同构造协同组播 Overlay Network 的思想。针对组播代理节点部署问题 MPP，提出了相应的求解 MPP 问题的贪婪算法 Greedy_MPP 和改进遗传算法 GA_MPP；针对协同组播 Overlay Network 虚拟链路选取问题 ONSLS，提出求解此问题的改进蚁群算法 IACO。

（4）研究了协同组播的路由问题。

根据协同组播的网络体系结构，分别对协同组播的域内和域间路由问题进行了深入研究。首先，从研究协同组播域内静态路由问题入手，针对域内协同组播的多约束 QoS 路由问题进行形式化描述，并提出求解此问题的静态克隆算法 MCQCSA。然后，针对协同组播域内动态 QoS 路由问题，提出相应的动态算法 MCQDRA，并证明了算法的有效性。对于域间协同组播也从静态路由入手，提出带度约束的最小时延路由问题的启发式低代价路由算法 DCLSP。然后，针对域间路由动态特性，提出动态算法 IMDRA。最后，针对协同组播域间路由的组播树聚集问题，提出了域间组播树聚集匹配算法 ATMA。

（5）研究了协同组播的拥塞控制问题。

针对协同组播的特点，分别从"拥塞避免"和"拥塞恢复"方面进行了研究。提出一种利用现代控制理论原理，基于速率的拥塞控制机制，从而使组播系统流量稳定，避免在组播网络节点产生拥塞。针对协同组播网络中端用户节点由于利用应用层组播而产生的共享链路拥塞问题，提出一种共享拥塞链路消除算法 SCLE。最后，针对协同组播由于组播端用户节点失效而导致的组播树分裂问题，提出组播树分裂恢复的基本机制和满足时延约束的组播树分裂恢复算法 MTDR。

（6）研究了协同组播的基本安全问题。

针对协同组播的基本安全问题，分别从组播源的认证和密钥的分配方案入手，研究了协同组播的安全问题。提出基于认证矩阵的高效的组播源认证方案，以解决组播通信数据包丢失对源认证的影响。利用协同组播树拓扑结构特点，提出基于分层结构的密钥分配方案，解决协同组播的动态安全性问题。

本书的主要创新点如下：

（1）提出了基于 Overlay Network 应用层与网络层协同组播的概念和体系结构，并对模型进行了形式化描述，及协同组播机制的正确性和完备性证明；对协同组播 Overlay Network 构造问题，提出覆盖网组播代理部署问题和虚拟链路选取问题模型及其相关算法。

（2）研究了协同组播的路由问题，提出了协同组播域内和域间路由问题模型及其相关静态和动态算法，及域间组播树聚集匹配算法。

（3）研究了协同组播的拥塞控制问题，提出了基于速率的拥塞控制机制及协同组播共享拥塞链路消除算法和基于时延约束的组播树分裂恢复模型及算法。

由于时间和条件等关系，加上作者知识和能力水平的限制，以上研究工作尚存在以下一些不足和有待改进之处：

（1）本论文只提出了基于 Overlay Network 协同组播网络体系结构的基本概念和理论框架，在模型建立中对组用户管理、安全等因素的考虑是基于目前组播应用研究基础之上的，因此，随着组播及网络技术的发展，有必要对其模型构造进行进一步的研究和探讨。

（2）本书所提出的协同组播 Overlay Network 构造主要是进行静态网络拓扑构造，包括组播代理节点的部署和虚拟链路的选取，还需要对覆盖网的动态性问题进一步研究，从而利于覆盖网的扩展。

（3）论文中提出的许多算法只进行了数字仿真和模拟，而在一个实际网络环境中对算法的性能进行实际测试是今后需要做的重点工作。另外，设计出适合协同组播的仿真模拟环境也是进一步的研究重点。

（4）对协同组播的诸如服务发现、可靠组播和安全性保障等关键技术，以及对协同组播模型及其关键技术的一致性，还有待进一步研究。

第二节 设想与展望

当前，计算机网络在迅速扩展，尤其以 Internet 为代表的网络发展方向，让越来越多的计算机用户连接到互联网中。而以多媒体技术为代表的用户服务需求越来越需要网络提供更多的带宽。组播技术正是在这种环境下产生，而且随着时间的推移，在不远的将来组播必将成为网络应用的主流之一，所以，对组播向全网实施的相关研究是十分必要的，也是具有一定前瞻性的。

本书提出了基于 Overlay Network 协同组播网络体系结构，部分解决了其关键技术，下一步的研究工作中我们还需要深入研究以下问题：

（1）进一步完善协同组播的网络体系结构，研究协同组播体系结构的相关协议。

（2）对相关问题进行严格的形式化描述，在此基础上设计更为高效的求解算法。

（3）研究设计协同组播原型系统并构建模拟实验环境，进一步研究系统的特性。

（4）对协同组播的服务发现、组播组管理、计费模型和安全等相关的关键技术进行深入的研究，为实行协同组播提供有效的保证。

　　综上所述，本书从协同组播的网络体系结构入手，提出了基于 Overlay Network 的协同组播的思想与理论，并对其关键技术进行了一定的研究，虽然完成的工作还有很多未尽人意之处，但它毕竟为组播技术的研究提出了一个新的研究思路，在组播向全网实施部署的研究过程中迈出了新的一步，为后来者对组播技术的进一步研究打下一个奠基。

参考文献

1. S.Deering. Host extensions for ip multicasting (RFC1112), August, 1989.

2. 徐恪, 吴建平, 徐明伟. 高等计算机网络－体系结构、协议机制、算法设计与路由器技术. 北京: 机械工业出版社, 2003.

3. David G. Andersen, Hari Balakrishnan, M. Frans Kaashoek, and Robert Morris. Resilient Overlay Networks.In Proceedings of SOSP 2001, October 2001.

4. Yang hua Chu, Sanjay Rao, and Hui Zhang. A Case for End System Multicast. In Proceedings of ACM Sigmetrics, June 2000.

5. C. K. Yeo, B. S. Lee, and M. H. Er. A survey of application level multicast techniques. Computer Communications, 2004, 27(15): 1547-1568.

6. David G. Andersen, Hari Balakrishnan, M. Frans Kaashoek, and Robert Morris. Resilient Overlay Networks.In Proceedings of SOSP 2001, October 2001.

7. Li Lao, Jun-Hong Cui, Mario Gerla, and Dario Maggiorini, A Comparative Study of Multicast Protocols: Top, Bottom, or In the Middle. Proc. IEEE Global Internet Symposium (GI2005), Miami (FL, USA), March 18-19 2005.

8. 李珺晟, 余震危, 潘耘等. 应用层组播综述. 计算机应用研究, 2004, (11): 14-17

9. H.Eriksson. Mbone:The Multicast Backbone. Communication of ACM,1994,37(8):54-60.

10. . S.Deering. D.Cheriton. Multicast routing in datagram internetworks and extended LANs. ACM Transactions on Computer Systems, 1990, 8(2): 85-111.

11. W.Fenner. Internet Group Management Protocol,Version,2.RFC 2236,November 1997.

12. T.Pusateri.Distance vector multicast routing protocol. IETF Internet Draft, draft-ietf-idmr-fvmrp-v3 -06.txt, 1998.

13. Andrew Adams, Jonathan Nicholas, and William Siadak. Protocol Independent Multicast-dense mode (PIM-DM): Protocol specification. IETF Internet draft, draft-ietf-pim-dm-new-v2-01.txt, Feb 2002.

14. D.Estrin. Protocol Independent Multicast-sparse Mode (PIM-SM): Protocol Specification. RFC2362, 1998.

15. A.Ballardie. Core Based Trees (CBT) Multicast Routing Architechture. RFC2201, 1997.

16. J.Moy. Multicast Extensions to OSPF. RFC1584, 1994.

17. Pawel Winter,Steriner Problem in Networks. A Survey. Network, 1987,Vol.17:129-167.

18. F.Hwang , D.Richards. Steiner tree problems. Networks, 1992,22(1):55-89.

19. Layuan li, Chunlin Li. A QoS multicast routing protocol for dynamic group topology. Information Sciences, 2005,169(1): 113-130.

20. X.Masip-Bruin, M.Yannuzzi, and J.Domingo-Pascual, A, et al. Research challenges in QoS routing. Computer Communication, 2006, 29(5):563-581.

21. Jinquan Dai, Touchai Angchuan and Hung Keng Pung. QROUTE: an QoS-guaranteed multicast routing. Computer Communications, 2004, 27(2):171-186.

22. El-Sayed A, Roca V, Mathy L. A Survey of proposals for an alternatice Group Communicaion

Service. IEEE Network, Jan, Feb, 20003.

23．T.Bates. Multiprotocol Extensions for BGP-4. RFC2858. June, 2000.

24．D.Farinacci, et al. Multicast Source Discovery Protocol. IETF Internet draft, draft-ietf-msdp-spec-01.txt, work in progress, 1999.

25．S.Kumar et al. The MASC/BGMP Architecture for Inter-Domain Multicast Routing. In Proceeding of ACM SIGCOMM, 1998.

26．. Hugh W.Holbrook, David R. cheriton. IP Multicast Channels: EXPRESS Support for Large-scale Single-source Applications. In Proceedings of ACM SIGCOMM, 1999.

27．Perlman. Simple multicast: A design for simple low-overhead multicast. IETF Internet Draft (Work in Progress), 1999.

28．. K.Almeroth. The evolution of multicast: From the MBone to inter-domain multicast to Internet2 deployment. IEEE Network, 2000,14(1): 10-20.

29．S.Bhattacharyya. An Overview of Source-Specific Multicast (SSM). RFC3569, July 2003.

30．Yang hua Chu, Sanjay Rao, and Hui Zhang. A Case for End System Multicast. In Proceedings of ACM Sigmetrics, June 2000.

31．Y.-H, S.G.Rao, S.Seshan, H.Zhang. Enabling Conferencing Applications on the Internet using an Overlay Multicast Architecture . In Proceedings of ACM SIGCOMM,2001.

32．Y. Chawathe, Scattercast: An Architecture for Internet Broadcast Distribution as an Infrastructure Service. PhD thesis, Department of EECS, UC Berkeley, Dec. 2000.

33．Sushant Jain, Ratul Mahajan,David Wetherall, and gaetano borriello. Scalable Self-Organizing Overlays. Technical Report UW-CSE 02-06-04, University of Washington, 2002.

34．P. Francis, Yoid: Your own Internet distribution, Tech.Rep. www.aciri.org/yoid, UC Berkeley ACIRI Tech Report, Apr. 2000.

35．. Dimitrios Pendarakis, Sherlia Shi, Dinesh Verma, et al. ALMI: An Application Level Multicast Infrastructure. In Proceeings of USENIX Symposium on Internet Technologies and Systems, 2001.

36．Beichuan Zhang, Sugih Jamin, and Lixia Zhang. Host Multicast: A Framework for Delivering Multicast to End Users. In Proceeding of IEEE INFOCOM, 2002.

37．David A.Helder, Sugih Jamin. End-host Multicast Communication using Swithch-trees Protocols. In Proceedings of Workshop on Global and Peer-to-Peer Computing on Large Scale Distributed Systems, 2002.

38．John Jannotti, David K. Gifford, Kirk L. Johnson, M. Frans Kaashoek, Jr. James W. O'Toole. Overcast: Reliable Multicasting with an Overlay Network. In Proceedings of Operating Systems Design and Implementation (OSDI), October 2000.

39．. Suman Banerjee, Bobby Bhattacharjee, and Christopher Kommareddy. Scalable Application Layer Multicast. In Proceedings of ACM SIGCOMM, 2002.

40．Jorg Liebeherr, Michael Nahas. Application-layer Multicast with Delaunay Triangulations .InProceedings of IEEE GLOBECOM, 2001.

41．Sylvia Ratnasamy, Mark Handley, Richard Karp, and Scott Shenker. Application-level Multicst using Content-Addressable Networks. In Proceedings of 3rd International Workshop on Networked Group Communication, 2001.

42．Miguel Castro, Peter Druschel, Anne-Marie Kermarrec, Antony Rowstron, "Scribe: A large-scale and decentralized application-level multicast infrastructure," IEEE Journal on Selected Areas in Communications, Vol.20, No.8, October 2002.

43．. Suman Banerjee, Bobby Bhattacharjee, and Christopher Kommareddy. Scalable Application Layer Multicast. In Proceedings of ACM SIGCOMM, 2002.

44．. Minseok Kwon, Sonia Fahmy. Topology-Aware Overlay Networks for Group Communication. In Proceedings of International Workshop on Network and Operating Systems Support for Digital Audio and Video, 2002.

45．. 刘克俭. 基于 Overlay 的层间协同组播及其关键技术的研究. 北京: 中国矿业大学博士学位论文, 2005.

46．Clark, D. and D. Tennenhouse, Architectural Considerations for a New Generation of Protocols. Proc ACM SIGCOMM, Sept 1990.

47．Robert Braden, David Clark, Scott shenker, and John Wroclawski. Developing a Next-Generation Internet Architecture. Internal White paper, July, 2000.

48．Clark, D., Sollins, K., Wroclawski, J., and Faber, T. Addressing Reality: An Architectural Response to Real-World Demands on the Evolving Internet. ACM SIGCOMM 2003 FDNA Workship, Karlsruhe, August, 2003.

49．Clark, D., Braden, R., Falk, A., and Pingali, V. FARA: Reorganizing the Addressing Architecture. ACM SIGCOMM2003 FDNA Workshop, Karlsruhe, August,2003.

50．LU Jun-xin, SHAN Xiu-ming, REN Yong. Overlay networking: applications and research challenges. Journal of china institute of communications, 2004, 25(12): 46-53.

51．Minseok Kwon, Sonia Fahmy. Path-aware overlay multicast. Computer Networks, 2005, 47(1): 23-45.

52．Suman Banerjee, Christopher Kommareddy, and Koushik Kar, et al. OMNI: An efficient overlay multicast infrastructure for real-time applications. Computer Networks, 2006, 50(6):826-841.

53．Y.Chu. S. Rao, H. Zhang. A case for end system multicast. In proceesing ACM Sigmetrics, 2000.

54．Min-You Wu, Yan Zhu and Wei Shu. Placement of proxy-based multicast overlays. Computer Networks, 2005, 48(4):627-655.

55．David Helder, Sugih Jamin. Banana tree protocol, an end-host multicast protocol. Technical Report CSE-TR-429-00, University of Michigan, 2006.

56．. Y.Chawathe, S.McCanne, and E.A.Brewer. RMX: Reliable multicast for heterogeneous networks. In Proceedings of IEEE INFOCOM, Mar, 2000.

57．S.Shi, J.S.Turner, and M.Waldvogel. Dimensioing server access bandwidth and multicast routing in overlay network. In Proceedings of NOSSDAV'01, June, 2001.

58．S.Banerjee, C.Kommareddy, K.Kar, B.Bhattacharjee, and S. Khuller. Construction of an efficient overlay multicast infrastructure for real-time applications. In Proceedings of IEEE INFOCOM, April, 2003.

59．Li Lao, Jun-Hong Cui, Mario Gerla. Multicast Service Overlay Design. in Proceedings of International Symposium on Performance Evaluation of Computer and Telecommunication Systems (SPECTS'05), Philadelphia, Pennsylvania, July 2005.

60．L. Lao, J.-H. Cui, and M. Gerla. A Scalable Overlay Multicast Architecture for Large-Scale Applications. Technical Report TR040008, Computer Science Department, UCLA, 2004.

61．王德志, 余镇危. 基于代理的应用层组播覆盖网设计与研究. 微计算机信息, 2007, 23(2): 124-125.

62．邢文训. 现代优化计算方法. 北京: 清华大学出版社, 2005: 223-125.

63．A. T. Haghighat, K. Faez, M. Dehghan, A. Mowlaei and Y. Ghahremani. GA-based heuristic algorithms for bandwidth-delay-constrained least-cost multicast routing. Computer Communications, 2004,27(1):111-127.

64．Alberto Medina, Anukool Lakhina, Ibrahim Matta, John Byers. BRITE: An Approach to Universal Topology Generation. in Proceedings of MASCOTS '01, August 2001.

65．. Bernard M Waxman. Routing of Multipoint Connections. IEEE Journal on Selected Areas in Communications, 1988,6(9):1617-1622.

66．Li Z, Mohapatra P. Impact of topology on overlay routing service. In: Proc. of the INFOCOM 2004. 2004.

67．黄樟灿, 杨鹏, 李亮等. 网络拓扑结构的数学模型及遗传算法. 计算机工程与应用, 2001, (2): 68-70.

68．Andrew Lim, Jing Lin, Brian Rodrigues and Fei Xiao. Ant colony optimization with hill climbing for the bandwidth minimization problem. Applied Soft Computing, Volume 6, Issue 2, January 2006, Pages 180-188.

69．Gutjahr W J. ACO algorithms with guaranteed convergence to the optimal solution. Info. Processing Lett., 2002, 82(3):145-153.

70．黄席樾, 张著洪, 何传江等. 现代智能算法理论及应用. 北京: 科学出版社. 2005. 370-372.

71．林闯, 李雅娟, 王忠民. 性能评价形式化方法的现状和发展. 电子学报, 2002, 30(12): 1917-1922

72．林闯. 计算机网络和计算机系统的性能评价. 北京: 清华大学出版社, 2001

73．袁崇义. Petri 网原理. 北京: 电子工业出版社.1998

74．王兰芹, 沙静, 徐颖蕾. Petri 网在传输协议中的应用. 山东科技大学学报, 2003, 23(3): 56-58

75．曹阳, 张维明, 沙基昌, 等. Petri 网在通信网络仿真建模中的应用. 计算机仿真, 2001, (5): 38-41

76．Angela Adamyan, David He. Sequential Failure Analysis Using Counters of Petri Net modes. IEEE TRANSACTION ON SYSTEMS MAN AND CYBERNETICS-PART:SYSTEMS AND HUMANS,2003, 33(1)

77．Jonathan Lee, Senior Member. Modeling Uncertainty Reasoning With Possibilistic Petri Nets. IEEE TRANSACTION ON SYSTEMS MAN AND CYBERNETICS-PART B: CYBERNETICS, 2003, 33(2)

78．王德志, 余镇危. 基于 Petri 网的 PIM-SM 协议建模与分析, 计算机工程与应用, 2007, 43(3):157-159

79．Niansheng Chen, Layuan Li, and Wushi Dong. Multicast routing algorithm of multiple QoS based on widest-bandwidth. Journal of Systems Engineering and Electronics, 2006, 17(3): 642-647

80．Gang Feng. A multi-constrained multicast QoS routing algorithm. Computer Communications, 2006, 29(10): 1811-1822

81．Jinquan Dai, Touchai Angchuan, and Hung Keng Pung. QROUTE: an QoS-guaranteed multicast routing. Computer Communications. 2004, 27(2): 171-186

82．L. Li, C. Li. A QoS-guaranteed multicast routing protocol. Computer Communications, 2004, 27(1): 59-69

83．Li Layuan, Li Chunlin. A routing protocol for dynamic and large computer networks with clustering topology. Computer Communication, 2000, 23(2): 171-176

84．H De Neve, P Van Mieghem. TAMCRA: A tunable accuracy multiple constraints routing algorithm. Computer Communications, 2000, 23(5): 667-679

85．Bin Wang, Jennifer C Hou. Multicast routing and its QoS extension: Problems, algorithm, and protocols. IEEE Network, 2000: 22-36

86．孙宝林, 李腊元. 基于遗传算法的多约束 QoS 多播路由优化算法. 小型微型计算机系统, 2005, 26(8): 1313-1318

87．潘耘, 余镇危. 求解 QoS 组播路由问题的启发式遗传算法. 计算机工程, 2004, 20(9): 112-114

88．Leandro N De Castro, Fernando J Von Zuben. Learning and Optimization using the clonal selection principle. IEEE Transactions on Evolutionary computation, 2002, 6(3): 239-251.

89．王德志, 余镇危. 基于多克隆策略的应用层组播路由算法, 2006, 26(9): 2169-2171

90．王德志, 余镇危. 基于免疫克隆策略的带度约束的应用层组播路由算法, 计算机工程, 2007, 33(3):105-107

91．H.Lin,S.Lai. VTDM: A Dynamic Multicast Routing Algorithm. Proc. IEEE INFOCOM'98, 1998, Vol.3:1426-1432

92．Li Layuan, Li Chunlin. A QoS multicast routing protocol for dynamic group topology. Information Sciences, 2005, 169(1): 113-130

93．石坚, 董天临, 石瑛. 基于 QoS 的动态组播路由算法. 通信学报, 2001, 22(8): 14-21

94．Frank Adelstein, Golden G.Richard III, Loren Schwiebert. Distributed multicast tree generation with dynamic group membership. Computer Communications, 2003, 26(4): 1105-1128

95．Xiaofan Yang, Graham M. Megson and David J. Evans. An oblivious shortest-path routing algorithm for fully connected cubic networks. Journal of Parallel and Distributed Computing, 2006, 66(10):1294-1303

96．Shu Li, Rami Melhem and Taieb Znati. An efficient algorithm for constructing delay bounded minimum cost multicast trees. Journal of Parallel and Distributed Computing, 2004, 64(12): 1399-1413

97．Y.Y.Fan. Shorstest Paths in Stochastic Networks with Correlated Link Costs. Computers and Mathematics with Applications, 2005, 49: 1549-1564

98．王涛, 李伟生. 低代价最短路径树的快速算法. 软件学报, 2004, 15(05): 660-666

99．Zhang BX, Mouftah HT. A destination-driven shortest path tree algorithm. In: IEEE Communications Society, ed. Proc. Of the 2002 IEEE Int'l Conf. on Communications, Vol 4. Los Alamitos:IEEE Press, 2002,2258-2262

100．Shaikh A, Shin K G. Destination-driven routing for low-cost multicast. IEEE Journal on Selected Areas in Communications. 1997, 15(3):373-381

101．王珩, 孙亚民. 聚合组播及组一树映射算法的研究. 小型计算机系统, 2004, 25(7): 1375-1377

102．Jun-Hong Cui, Jinkyu Kim, Dario Maggiorini, Khaled Boussetta, and Mario Gerla. Aggregated Multicast-A Comparative Study. In Proceedings of Networking 2002, Pisa, Italy, May 19-24, 2002

103．Mario Gerla, Aiguo Fei, Jun-Hong Cui, and Michalis Faloutsos. Aggregated Multicast for Scalable QoS Multicast Provisioning. In Proceedings of 2001 Tyrrhenian International Workshop on Digital Communications (IWDC 2001), Taormina, Italy, September 17-20, 2001 (invited paper)

104．Aiguo Fei, Jun-Hong Cui, Mario Gerla, and Michalis Faloutsos. Aggregated Multicast: an Approach to Reduce Multicast State. In Proceedings of Sixth Global Internet Symposium (GI2001) in conjunction with Globecom 2001, San Antonio, Texas, USA, November 25-29, 2001

105. Jun-Hong Cui, Li Lao, Dario Maggiorini, and Mario Gerla. BEAM: A Distributed Aggregated Multicast Protocol Using Bi-directional Trees. In Proceedings of IEEE ICC2003, Anchorage, Alaska, USA, May 11-15, 2003

106. Nicolas BonmariageGuy, Leduc. survey of optimal network congestion control for unicast and multicast transmission. Computer Networks, 2006, 50(3): 448-468

107. Jiang Li, Murat Yuksel, and Shivkumar Kalyanaraman. Explicit rate multicast congestion control. Computer Networks, 2006, 50(15): 2614-2640

108. Jiang Li, Shivkumar Kalyanaraman. MCA: an end-to-end multicast congestion avoidance scheme with feedback suppression. Computer Communications, 2004, 27(13): 1264-1277

109. Byers.J, Frumin.M. FLID-DL: Congestion Control for Layered Multicast. In the Proceeding of Second Intl Workshop on Networked Group Communication. Palo Alto, CA, USA, 2000.

110. Sherlia Shi Marcel Waldvogel. A Rate-based End-to-end multicast congestion control protocol. In Proceedings of Fifth IEEE Symposium on Computiers and Communications, Antibes France, 2000: 678-686

111. Rizzo.L. A TCP-Friendly Single Rate Multicast Congestion Control SchemeIn the Proceeding of ACM SIGCOMM, Vol 1:17-28,Stockholm, Sweden, 2000

112. Jorg Widmer, Mark Handley. Extending Equation-based Congestion Control to Multicast Applications. In SIGCOMM'01, USA, 2001,27-31

113. Puangpronpitag S, Boyle R. Performance comparison of explicit rate adjustment with multi-rate congestion control. In Proceeding of the 19th UK Performance Engineering Workshop (UKPEW2003), WARWICK, 2003, 142-153

114. L.Benmohamed, S.M.Meekov. Feedback control of congestion in packet switching networks: the case of a single congested node. IEEE/ACM Transactions on Networking, 1993, 1(6):693-703

115. Liansheng Tan, Qin Liu, Li chen and Jie Li. A novel feedback congestion control method to regulate the ABR service rate in high speed ATM networks. In Proceedings of Networks, Parallel and Distributed Processing, and Applications, October 2-4, 2002, Tsukuba, Japan, pp. 132-137

116. Liansheng Tan, Min Yin. On rate-based PID congestion control for high-speed computer communication networks. In Proceedings of the International Conference on Telecommunications 2002, Publishing House of Electronics Industry, Beijing, 2002, pp. 737-741

117. 谭连生, 熊乃学, 杨燕. 一种基于 PGM 的单速率组播拥塞控制方案. 软件学报, 2004, 15(1): 1538-1547

118. Min Sik Kim, Yi Li, and Simon S. Lam. Eliminating Bottlenecks in Overlay Multicast. Proceedings of IFIP Networking 2005, Waterloo, Canada, May 2005.

119. 王德志, 余镇危. 应用层组播共享拥塞链路消除算法. 计算机工程, 2007, 33 (5): 84-86

120. Min Sik Kim, Taekhyun Kim, YongJune Shin, Simon S. Lam, and Edward J. Powers. A Wavelet-based Approach to Detect Shared Congestion. Proceedings ACM SIGCOMM '04, Portland, Oregon, Aug. 30-Sept.3, 2004

121. Hee K. Cho and Chae Y. Lee. Multicast tree rearrangement to recover node failures in overlay multicast networks. Computers & Operations Research. 2006, 33(3): 581-594

122. Malouch NM, Li Z, Rubenstein D, Sahu SA. Graph theoretic approach in proxy-assisted, end-system multicast, Quality of Service, 2002. Tenth IEEE International Workshop. May, 2002, 106-131

123. 王德志, 余镇危. 应用层组播树分裂恢复算法研究. 计算机应用, 2006, 26(11): 2561-2563

124. Park J M, Chong E K P, Siegel H J. Efficient multicast stream authentication using erasure codes. ACM Transactions on Information and System Security, 2003,6(2):258-285.

125. 李先贤. 密码协议形式化分析与设计研究. 北京航空航天大学博士学位论文. 2002

126. Perrig A, Canetti R, Tygar J D, Song D. Efficient authentication and signing of multicast streams over lossy channels. IEEE Symposium on Security and Privacy, May, 2000:56-73

127. Pankaj, Rohatgi. A compact and fast hybrid signature scheme for multicast packet authentication. Proceedings of the 6th ACM Computer and Communications Security Conference Singapre:ACM Press, 1999, 93-100.

128. Rodeh O, Biman K and Dolev D. Optimized group key for group communication systems. In Network and Distributed System Symposium. San Diego, CA, February 2000.

129. Dinsmore P T, Balenson D M, Heyman M et al. Policy-based security management for large dynamic groups: Anoverview of the DCCM project. In: Proc the DARPA Information Survivability Conference & Exposition, SC, USA, 2000:64-73

130. Caronni G, Waldvogel M, Sun D et al. Efficient security for large and dynamic groups In: Proc the 7th Workshop on Enabling Technologies, (WET ICE'98), Stanford, California, USA, 1998:376-383